ISBN: 978-7-04-054601-9

ISBN: 978-7-04-048718-3

ISBN: 978-7-04-049097-8

ISBN: 978-7-04-039670-6

ISBN: 978-7-04-043991-5

ISBN: 978-7-04-036960-1

ISBN: 978-7-04-042411-9

ISBN: 978-7-04-055873-9

1938年诺贝尔物理学奖获得者

ENRICO FERMI 著作选译

QUANTUM MECHANICS

费米量子力学

E. 费米 著　罗吉庭 译　赵富鑫 校

中国教育出版传媒集团
高等教育出版社·北京

图书在版编目（CIP）数据

费米量子力学 /（美）E. 费米著；罗吉庭译；赵富鑫校 . -- 北京：高等教育出版社，2023.6

ISBN 978-7-04-060025-4

Ⅰ. ①费… Ⅱ. ① E… ②罗… ③赵… Ⅲ. ①量子力学 Ⅳ. ① O413. 1

中国国家版本馆 CIP 数据核字（2023）第 037557 号

FEIMI LIANGZI LIXUE

策划编辑 王 超　　责任编辑 王 超　　封面设计 王 洋　　版式设计 李彩丽
责任绘图 李沛蓉　　责任校对 张 薇　　责任印制 韩 刚

出版发行 高等教育出版社
社 址 北京市西城区德外大街 4 号
邮政编码 100120
印 刷 涿州市星河印刷有限公司
开 本 787mm × 1092mm 1/16
印 张 25.25
字 数 360 千字
购书热线 010-58581118
咨询电话 400-810-0598
网 址 http://www.hep.edu.cn
http://www.hep.com.cn
网上订购 http://www.hepmall.com.cn
http://www.hepmall.com
http://www.hepmall.cn
版 次 2023 年 6 月第 1 版
印 次 2023 年 6 月第 1 次印刷
定 价 79.00 元

本书如有缺页、倒页、脱页等质量问题，请到所购图书销售部门联系调换

物 料 号 60025-00

恩里科·费米小传

费米是在意大利出生的物理学家。1901 年 9 月 29 日生于罗马, 1954 年 11 月 28 日逝世于芝加哥。他是 20 世纪唯一的在现代物理理论和实验两方面都作出重大贡献的一位多学科的伟大学者。

费米多才博学, 21 岁获博士学位, 25 岁任罗马大学教授, 27 岁任意大利科学院院士。在 1925—1926 年, 与英国狄拉克各自独立导出“费米–狄拉克量子统计法”, 1934 年第一个提出原子核 β 衰变的量子理论。1934 年以后, 由于人工放射性的发现, 费米开始转向实验工作。他用慢中子轰击周期表中各个元素, 进行了系统的实验研究并取得了成果。他提出了中子慢化和热中子扩散理论。1939 年因受意大利法西斯政权的迫害而移居美国。此后, 费米致力于裂变链式反应的研究, 为发展原子弹和原子核反应堆的理论作出了重大贡献。1942 年在他领导下建成了世界上第一个原子核反应堆。1944 年前后, 他积极参加原子弹的研制和试验并取得了成功。此外, 费米对原子、分子、原子核、基本粒子、宇宙射线、相对论等方面的研究也都有很大贡献。费米于 1938 年获诺贝尔物理学奖, 1946 年获梅里特国会勋章, 1953 年任美国物理学会会长, 1954 年获美国原子能委员会第一届特殊奖。

费米热心于教育事业, 为培养高级科研人才, 先后在罗马和芝加哥创立了近代物理学校和研究生学校, 并亲自授课。他的许多学生成为诺贝尔奖获得者, 如塞格雷、盖尔曼、张伯伦、杨振宁和李政道等。人们为表示对他的怀念, 于费米逝世后, 在芝加哥大学设立费米讲座, 把原子核物理中的常用长度 10^{-15} m 定为 1 费米 (即 1 fm), 并将第 100 号化学元素命名为镄 (Fm, 即 Fermium)。

译者的话

国内编著和翻译量子力学的书已达十余种, 有些是公认的优秀著作。为什么要翻译费米的量子力学呢? 因为这本书有它独具的特色。该书不是费米在世时想要写下的一部完整的著作, 而是他逝世那年在芝加哥大学给学生们讲授量子力学时准备的提纲 (手稿)。正因为是讲授提纲, 我们可以从中直接领略这位杰出的物理大师是怎样组织教材, 怎样安排每讲内容的。量子力学是令人费解的, 而费米的讲授艺术很高超, 这份手稿可以使我们看到这位伟大的科学家是怎样深入浅出, 提纲挈领地论述这些内容的。为使广大读者直接感受原作的特色, "品尝" 大师的教学 "风味", 我们决定把手稿与译文同时印出。

我们翻译本书, 承蒙西安交通大学赵富鑫教授, 姚国维副教授的推荐和支持, 赵富鑫教授亲自校审译稿并提出了许多宝贵意见; 二炮技术学院领导的支持, 魏玉锦副主任等同志的帮助, 在这里向他们一并致以衷心的感谢。

由于译者水平不高, 错误和不妥之处难免, 恳切希望广大读者批评指正。

译者

1984 年 7 月, 西安, 洪庆

英文版前言

恩里科·费米不止一次地讲授量子力学。早在薛定谔的文章在《物理学年鉴》杂志刚刚出现时，费米在非正式的课堂讨论中就对他的学生们分析研究过它的内容。后来，为了一部分教学目的，费米又用大家比较习惯的方式讲解了狄拉克的几篇文章。随着时间的流逝，他的理论论述和教程变得更加有系统。毫无疑问，在罗马大学、哥伦比亚大学和芝加哥大学的学生那里，应该保存有一定数量的费米的讲授笔记。

1954 年初，在他过早逝世前不到一年的时间里，在芝加哥大学，费米又讲授了量子力学。这次他本人亲自为听众准备提纲，在复印机上复制提纲中的重要条文，每次上课前发给学生。

由于费米的朋友们和他的学生们的建议，我们决定以平装本出版这个提纲，可让更广泛的学生获取教益，而不仅局限于曾经亲聆受教者。

我们希望，新一代年轻的物理学家——他们从未与费米直接接触，而只知道费米是当代为数不多的伟大科学家之一——都乐于有一本由这位大师亲自撰写的量子力学这门很重要课程的提纲。

叙述了这一提纲的由来之后，不言而喻的是，决不能把这些提纲看成费米对于量子力学的最后见解，如同他能够在一本更为精心考虑的书中所写的那样。只提一些量子力学的缔造者：海森伯、泡利、狄拉克、德布罗意、若尔当、克拉默斯。他们在自己享有盛誉的著作里，对于这一理论都有各自的论述。费米的提纲当然不能和这些著作简单相比，因为从撰写精神和要达到的目的来说，本提纲同这些著作都是根本不同的。

费米在他生活的最后十年到十五年里，难得通读一二本物理专著，但他仍站在科学的前沿。他直接从研究人员那里了解情况，自己加以改造。实际上他编写这个提纲时，可能除了少数几点以外，并没有参考过量子力学的各种教科书。如果在这个提纲里，还有一些个别的地方很接近某些标准的处理方法，那么，我们应该认为，这是费米通过自己独立思考用自己的方法来得到问题的传统的叙述方法。

我们再一次说明，这个提纲仅是为讲课准备的。至于把它传播到教学班以外，作者本人并无这种意图。但是，我们知道，费米是热心于教学工作的。所以，我们希望，出版这本对其他大学生也有益处的提纲，不会违背对恩里科·费米的纪念。

安·塞格雷

1960 年 1 月，加利福尼亚，伯克利

俄文版出版者的话

著名的意大利裔美国物理学家恩里科·费米在芝加哥大学给学生们讲课的提纲，吸引了读者们的注意。

近年来，尽管出版了大量的量子力学教科书，但费米讲课提纲的俄文版的出版，仍然是适宜的。这不仅因为费米是一位杰出的物理学家——既是卓越的理论物理学家，同时又是卓越的实验物理学家，还在于本书有它独自的特点。这是一本以讲课提纲形式呈现的书，它极简明地论述了量子力学 (包括狄拉克的电子理论)，并且包括了全部基本数学运算。对于学生来说，该书不仅是一份结构严谨的教学提纲，还是一本可用来进修量子力学的极明确的学习指导书。对于教员来说，该书是一本很好的参考书。它对各部分资料给出了合理比例，并且它还提供了一般需要查阅大量专门学术著作才能找到的许多细节。总之，不论是学生还是教师，以及所有的物理学工作者，都将会有兴趣去了解一位现代最伟大的学者的思想过程 (在该提纲里，这一点特别明显)。

费米提纲的俄译版比英文版稍微扩充了一些内容，因此按“翻译”一词的一般含义，此俄译稿并不是作者原文的直译。在这一版本里还同时印出了提纲的英文手稿，以便读者在阅读过程中能够将译本与原版相比较，这样做还可以扩大读者的范围，特别是国外读者——物理学工作者和物理专业的大学生，对他们来说，英文更容易了解。

作者在很多问题上写得极其简短，而把那些要以这种或那种形式向自己听众讲述的解释从略 (在提纲里，常常仅出现一些相应的标题)。因此在俄文译稿里，有时不得不“恢复”作者“写在字里行间”的解释。当然不能把这种补充加在费米的身上 (尤其是不能企图恢复全书的这些细节)。在所有这些情况下，对这些补充和编者认为必要的某些解释都采用小号字⋆ 排印。有时还出现一个句子有两种译法, 但是, 这种办法只有在很大程度上可能是作者丢掉了个别字, 或者是阐述过于简短时才应用, 同时还保留了基本的原词。只要读者注意到提纲翻译中的上述特点, 就会毫无困难地分析这些特点。完成英文手稿初译的是 Ю. П. 巴格达诺夫。

费米作为一位教育家是从 1923 年在罗马大学教数学时开始从事教育活动的。从那时以后, 他讲过不少概述性的课程和演讲, 其中也有量子力学。这里出版的提纲是他在 1954 年春天, 最后一次讲量子力学课时所用的。他亲笔写的这个课程提纲现已成为量子力学基础的精辟论述。

像任何理论物理教程一样, 本教程也充满着数学运算。在这一点上, 提纲的很多段落是对数学物理进行精辟论述的范例, 如希尔伯特空间就是一例。我们保留了作者给一些个别的定理和文字叙述以同样的公式编号的独特风格。

应当强调指出 (特别对大学生), 研究量子力学无论如何是不能局限于这个提纲的。所以, 在很多场合, 我们都推荐了补充的研究资料。

⋆在中译本中排成楷体字。——编者注

目　录

1. 光学与力学的类似性

力学与光学的基本概念之间, 存在着深刻的、非寻常的类似性. 这一情况给予组成下列词汇对应关系的可能性. 力学的术语可翻译为光学术语, 反过来也可以.

词　汇

力　学	光　学
质点	波包
轨迹	光线
速度 (V)	群速度 (V)
(没有简单的类似)	相速度 (v)
势能——坐标的函数 $U = U(x)$	折射率 (或相速度 v) ——坐标的函数
能量 (E①)	频率 (ν) [在色散介质中 $v = v(\nu, x)$]

在光学中

$$E = E(\nu) \tag{1.1}$$

首先分析下面的对比:

轨迹 = 光线

↙　　↘

由莫培督原理　　由费马原理

$$\int \sqrt{E-U}\mathrm{d}s = \min \quad (1.2) \qquad \int \frac{\mathrm{d}s}{v} \min \tag{1.3}$$

---

① 英文原稿中用 W 表示能量, 俄译本改用 E 表示. 按照我国习惯也是用 E 表示. ——译者注

莫培督原理的证明 对积分式 (1.2) 变分 (假定它的极值存在)

$$\delta\int\sqrt{E-U}\mathrm{d}s=\int\left\{\sqrt{E-U}\delta\mathrm{d}s-\frac{\delta U}{2\sqrt{E-U}}\mathrm{d}s\right\}=0$$

利用等式 $\delta\mathrm{d}s=\sum_i\frac{\mathrm{d}x_i}{\mathrm{d}s}\delta\mathrm{d}x_i$, $\delta U=\sum_i\frac{\partial U}{\partial x_i}\delta x_i$, 然后对上式中第一项进行分部积分. 鉴于积分范围内变分 δx_i 的任意性, 我们得出极值曲线方程

$$\frac{\mathrm{d}}{\mathrm{d}s}\left(\sqrt{E-U}\frac{\mathrm{d}x_i}{\mathrm{d}s}\right)=-\frac{1}{2\sqrt{E-U}}\frac{\partial U}{\partial x_i}$$

利用等式

$$V=\sqrt{\frac{2}{m}}\sqrt{E-U},\quad \mathrm{d}t=\frac{\mathrm{d}s}{V}=\sqrt{\frac{m}{2}}\frac{\mathrm{d}s}{\sqrt{E-U}},$$

最后得到

$$m\frac{\mathrm{d}^2x_i}{\mathrm{d}t^2}=-\frac{\partial U}{\partial x_i}$$

因为从 (1.2) 式导出了正确的运动方程, 由此表明了它的正确性.

费马原理的证明 我们首先注意到下面的明显关系:

$$\int\frac{\mathrm{d}s}{v}=\min\to\nu\int\frac{\mathrm{d}s}{v}=\min\to\int\frac{\mathrm{d}s}{\lambda}=\min\to \text{波长数}=\min$$

最右边的等式表明, 光线经过的路程上的波长数是最小值.

——————————— 以上相当于英文手稿 (1–1) 页*

因此, 费马原理决定的方向对应于干涉加强 (主极大), 即光的实际传播方向. 同时也说明, 以上等式包括最左边的等式在内的本身就是费马原理.

如果下式成立

$$\frac{1}{v(\nu,x)}=f(\nu)\sqrt{E(\nu)-U(x)}\tag{1.4}$$

式中 $f(\nu)$ 和 $E(\nu)$ 暂且认为是频率的任意函数, 则从 (1.2) 和 (1.3) 式的对比, 可以给出

$$\text{轨迹}\equiv\text{光线}$$

---

* 后文括号中的标号均对应英文手稿的标号. ——编者注

$f(\nu)$ 和 $E(\nu)$ 的函数形式由下面的条件决定, 即质点的速度

$$V=\sqrt{\frac{2}{m}}\sqrt{E-U}$$

等价于波包的群速度

$$V=\left[\frac{\mathrm{d}}{\mathrm{d}\nu}\left(\frac{\nu}{v}\right)\right]^{-1}$$

群速度公式的推导① 在很小频率范围内, 简谐波叠加而成的波包可表达为

$$\sum_{\nu}a_{\nu}\cos 2\pi\nu\left(t-\frac{x}{v(\nu)}\right)$$

若所有的 $a_{\nu}>0$, 则在点 $x=0$ 和 $t=0$ 时所有简谐波干涉加强 (主极大). 现在寻找在任意时刻 $t\neq 0$ 波包的位置, 而它的位置永远取决于它的极大值的坐标. 波包的极大值取决于下式

$$\frac{\mathrm{d}}{\mathrm{d}\nu}\left\{\nu\left(t-\frac{x}{v(\nu)}\right)\right\}=0$$

从该式可得 $t=x\frac{\mathrm{d}}{\mathrm{d}\nu}\left(\frac{\nu}{v}\right)$. 从我们的光学和力学相类似的精神来看, x 和 t 的关系与等式 $t=\frac{x}{V}$ 等价. 比较最后的两个表达式, 就给出了群速度的公式

$$\frac{1}{V}=\frac{\mathrm{d}}{\mathrm{d}\nu}\left(\frac{\nu}{v(\nu)}\right) \tag{1.5}$$

现在我们再回到质点速度与波包群速度的等价条件. 将它写为

$$\frac{\mathrm{d}}{\mathrm{d}\nu}\left(\frac{\nu}{v(\nu)}\right)=\sqrt{\frac{m}{2}}\cdot\frac{1}{\sqrt{E(\nu)-U(x)}} \tag{1.6}$$

利用 (1.4) 式, 由此可得

$$\sqrt{\frac{m}{2}}\cdot\frac{1}{\sqrt{E-U}}=\frac{\mathrm{d}}{\mathrm{d}\nu}\{\nu f(\nu)\sqrt{E-U}\}$$

① 关于群速度, 可参阅布洛欣采夫《量子力学原理》§7. ——俄译者注

$$= \frac{\mathrm{d}}{\mathrm{d}\nu}[\nu f(\nu)] \cdot \sqrt{E-U} + \frac{\nu f(\nu)}{2\sqrt{E-U}} \cdot \frac{\mathrm{d}E}{\mathrm{d}\nu} \tag{1.6a}$$

———————————— (1−2)

下面我们研究所获得的结果. 函数 $U(x)$ 随位置而变, 与频率无关. 因此, $\sqrt{E-U}$ 也能视为独立变量. 比较 (1.6a) 式中同量纲的系数, 我们获得以下条件

$$\frac{\mathrm{d}}{\mathrm{d}\nu}[\nu f(\nu)] = 0, \quad \sqrt{\frac{m}{2}} = \frac{\nu f(\nu)}{2} \cdot \frac{\mathrm{d}E}{\mathrm{d}\nu}$$

由第一式给出 $\nu f(\nu) =$ 常量, 当 $\sqrt{\frac{m}{2}} = \frac{\nu f(\nu)}{2} \cdot \frac{\mathrm{d}E}{\mathrm{d}\nu} =$ 常量, 则得 $\frac{\mathrm{d}E}{\mathrm{d}\nu} =$ 常量.

我们令 $\frac{\mathrm{d}E}{\mathrm{d}\nu} =$ 常量 $= h$, 那么 $E = h\nu +$ 常量. 适当选取能量计算的起点, 使后一常量为零, 最后得到下列公式

$$E = h\nu \tag{1.7}$$

$$f(\nu) = \frac{\sqrt{2m}}{h\nu} \tag{1.8}$$

$$v = \frac{h\nu}{\sqrt{2m}} \cdot \frac{1}{\sqrt{h\nu - U}} \tag{1.9}$$

相速度 (1.9) 式决定各点的折射率和色散的数值.

现在变换到以角频率表示, 并引入 $\hbar$ 和 $\lambdabar$, 则

$$\omega = 2\pi\nu, \quad \hbar = \frac{h}{2\pi}, \quad \lambdabar = \frac{\lambda}{2\pi} \tag{1.10}$$

最后结果为

$$E = \hbar\omega, \quad v = \frac{\hbar\omega}{\sqrt{2m}} \cdot \frac{1}{\sqrt{\hbar\omega - U}}, \quad V = \sqrt{\frac{2}{m}} \cdot \sqrt{\hbar\omega - U}$$

而且

$$\begin{aligned} \lambdabar = \frac{\lambda}{2\pi} = \frac{v}{\omega} &= \frac{\hbar}{\sqrt{2m}} \cdot \frac{1}{\sqrt{\hbar\omega - U}} \\ &= \frac{\hbar}{mV} = \frac{\hbar}{p} \end{aligned} \tag{1.11}$$

量 λ 称为德布罗意波长. 质点衍射现象的实验研究可以得出波长 λ, 因而也得出 h 和 $\hbar$ 值. 它们的数值为

$$h = 6.6252(5) \times 10^{-27}\ \mathrm{erg{\cdot}s}[\mathrm{L^2MT^{-1}}]$$
$$\hbar = 1.05444(9) \times 10^{-27}\ \mathrm{erg{\cdot}s}[\mathrm{L^2MT^{-1}}]$$

常量 h (或 $\hbar$) 称为普朗克常量.

——————————— (1–3)

2. 薛定谔方程

我们来获得量子力学的基本方程——薛定谔方程. 前讲中已找到相速度的表达式

$$v = v(\omega, p) = \frac{\hbar\omega}{\sqrt{2m}} \cdot \frac{1}{\sqrt{\hbar\omega - U}} \tag{2.1}$$

这样的单色波满足下列方程

$$\nabla^2\psi - \frac{1}{v^2}\frac{\partial^2\psi}{\partial t^2} = 0 \tag{a}$$

该方程的特解具有如下形式

$$\psi = u\mathrm{e}^{-\mathrm{i}\omega t} = u\mathrm{e}^{-\frac{\mathrm{i}}{\hbar}Et} \tag{2.2}$$

注意, 按单色性的含义, ω 必须取常量.

函数 ψ 是两个函数的乘积: u 依赖于空间坐标; 而指数函数又依赖于时间. 将 (2.2) 式代入波动方程 (a), 得

$$\nabla^2 u + \frac{\omega^2}{v^2}u = 0$$

利用 (2.1) 式, 则

$$\nabla^2 u + \frac{2m}{\hbar^2}(\hbar\omega - U)u = 0$$

借助下述关系来替代 ωu

$$\omega u \to -\frac{1}{\mathrm{i}}\frac{\partial\psi}{\partial t}$$

我们得到与时间有关的薛定谔方程

$$\nabla^2\psi + \frac{2m\mathrm{i}}{\hbar}\frac{\partial\psi}{\partial t} - \frac{2m}{\hbar^2}U\psi = 0 \tag{2.3}$$

稍微改变它的形式

$$\mathrm{i}\hbar\frac{\partial\psi}{\partial t}=-\frac{\hbar^2}{2m}\nabla^2\psi+U\psi \tag{2.4}$$

注意, ψ 为复变函数.

当解为 (2.2) 式的情形时, 我们得到定态方程

$$E\psi=-\frac{\hbar^2}{2m}\nabla^2\psi+U\psi \tag{2.5}$$

该方程仅对能量为定值 $E=\hbar\omega$ 的态有意义.

连续性方程 对 (2.4) 式有相应的连续性方程. 为此, 写出 (2.4) 式的复数共轭方程

$$-\mathrm{i}\hbar\frac{\partial\psi^*}{\partial t}=-\frac{\hbar^2}{2m}\nabla^2\psi^*+U\psi^* \tag{2.6}$$

将 (2.4) 式乘以 ψ^*, 而将 (2.6) 式乘以 ψ, 前者减去后者, 即得

$$\frac{\partial}{\partial t}(\psi^*\psi)+\nabla\cdot\left\{\frac{\hbar}{2m\mathrm{i}}(\psi^*\nabla\psi-\psi\nabla\psi^*)\right\}=0 \tag{2.7}$$

(2−1)

对出现在 (2.7) 式中的物理量, 可以自然地给出如下解释

$$\psi^*\psi=|\psi|^2=\text{概率密度} \tag{2.8}$$

$$\frac{\hbar}{2m\mathrm{i}}(\psi^*\nabla\psi-\psi\nabla\psi^*)=\text{概率流密度} \tag{2.9}$$

归一化 根据 (2.8) 式那种解释的观点, 函数 ψ 应该有

$$\int|\psi|^2\mathrm{d}\tau=\int\psi^*\psi\mathrm{d}\tau=1 \tag{2.10}$$

这本身导出如下条件:

a. 在奇点附近, ψ 的增长比 $r^{-3/2}$ 慢,

b. 在无限远点, ψ 趋近零比 $r^{-3/2}$ 快.

条件 “b” 的例外情况将在以后讨论.

推广 研究一系列特殊情况下的薛定谔方程.

直线上的点 (一维问题):

$$i\hbar\frac{\partial\psi}{\partial t}=-\frac{\hbar^2}{2m}\frac{\partial^2\psi}{\partial x^2}+U(x)\psi$$

或在定态情况 [方程 (2.5)] (2.11)

$$Eu=-\frac{\hbar^2}{2m}\frac{\mathrm{d}^2u}{\mathrm{d}x^2}+U(x)u$$

绕固定轴旋转 (A 为转动惯量):

$$i\hbar\frac{\partial\psi}{\partial t}=-\frac{\hbar^2}{2A}\frac{\partial^2\psi(\alpha,t)}{\partial\alpha^2}+U(\alpha)\psi(\alpha,t)$$

或定态情况 (2.12)

$$Eu=-\frac{\hbar^2}{2A}\frac{\mathrm{d}^2u(\alpha)}{\mathrm{d}\alpha^2}+U(\alpha)u(\alpha)$$

重心固定的球面 (或哑铃面) 上的点:

$$\Lambda\psi(\varphi,\theta,t)=\frac{1}{\sin\theta}\cdot\frac{\partial}{\partial\theta}\left[\sin\theta\frac{\partial\psi(\varphi,\theta,t)}{\partial\theta}\right]+\frac{1}{\sin^2\theta}\frac{\partial^2\psi(\varphi,\theta,t)}{\partial\varphi^2} \tag{2.13}$$

———————— (2−2)

式中 Λ 为球坐标系中拉普拉斯算符的角量部分, 我们得到

$$\Lambda\psi(\varphi,\theta,t)-\frac{2A}{\hbar^2}U(\theta,\varphi)\psi(\varphi,\theta,t)=-i\frac{2A}{\hbar}\frac{\partial\psi(\varphi,\theta,t)}{\partial t}$$

或 (定态情况) (2.14)

$$\Lambda u(\varphi,\theta)+\frac{2A}{\hbar^2}(E-U)u(\varphi,\theta)=0$$

式中 A 为转动惯量 (在点的情况下 $A=mr^2$).

n 个质点的系: 波函数取为 $\psi(t;x_1,y_1,z_1;\cdots;x_n,y_n,z_n)$.

$$i\hbar\frac{\partial\psi}{\partial t}=-\frac{\hbar^2}{2}\sum_{j=1}^{n}\frac{1}{m_j}\nabla_j^2\psi+U\psi$$

(2.15)

或定态情况

$$Eu = -\frac{\hbar^2}{2}\sum_{j=1}^{n}\frac{1}{m_j}\nabla_j^2 u + Uu$$

一般情况的动力学系: 对这种情况 (在广义坐标中) 动能写为

$$T = \frac{1}{2}m_{ik}\dot{q}_i\dot{q}_k \tag{2.16}$$

(对相同脚标求和). m_{ik} 的逆矩阵 m^{ik} 由下式定义

$$m^{ik}m_{il} = \delta_{kl}$$

当 $k = l$ 时, $\delta_{kl} = 1$, 当 $k \neq l$ 时, $\delta_{kl} = 0$. 显然

$$m^{il} = \frac{\mathrm{adj}(m_{il})}{\det(m_{jk})}$$

式中分子是元素 m_{il} 的代数余子式, 分母代表矩阵 m_{jk} 的行列式, 以后把它表示为

$$\det(m_{jk}) = \mathscr{D} \tag{2.17}$$

在这种表示中, $\nabla^2\psi$ 可写为

$$\nabla^2\psi(q_1, \cdots, q_n, t) = \frac{1}{\sqrt{\mathscr{D}}}\frac{\partial}{\partial q_k}\left[\sqrt{\mathscr{D}}m^{kl}\cdot\frac{\partial\psi(q_1, \cdots, q_n, t)}{\partial t}\right] \tag{2.18}$$

而体积元是

$$\mathrm{d}\tau = \sqrt{\mathscr{D}}\mathrm{d}q_1\mathrm{d}q_2\cdots\mathrm{d}q_n \tag{2.19}$$

在这种情况下, 薛定谔方程写为

$$\mathrm{i}\hbar\frac{\partial\psi(q_1, q_2, \cdots, q_n, t)}{\partial t} = -\frac{\hbar^2}{2}\nabla^2\psi(q_1, \cdots, q_n, t) + U\psi(q_1, \cdots, q_n, t)$$

或定态情况

$$Eu(q_1, \cdots, q_n) = -\frac{\hbar^2}{2}\nabla^2 u(q_1, \cdots, q_n) + Uu(q_1, \cdots, q_n) \tag{2.20}$$

(2–3)

3. 最简单的一维问题

我们研究把与时间无关的薛定谔方程应用于某些特殊情况,

$$u'' + \frac{2m}{\hbar^2}(E - U)u = 0 \tag{3.1}$$

a. 闭合线[①], 线段长为 a. 设势能 $U(x) = 0$, (3.1) 式的特解为

$$u(x) \sim \mathrm{e}^{\pm \mathrm{i}\sqrt{\frac{2mE}{\hbar^2}}x} \tag{3.2}$$

周期性条件要求, 函数 u 具有如下形式

$$u(x) \sim \mathrm{e}^{\frac{\mathrm{i}2\pi}{a}lx}$$

式中 l 取任意整数值 (正, 负, 或零). 将该式与 (3.2) 式比较, 不难定出 E 为

$$E_l = \frac{2\pi^2\hbar^2 l^2}{ma^2} \tag{3.3}$$

我们得出一重要结论, 在这种最简单的情况下, 能量值也呈现量子性. 归一化的函数具有如下形式

$$u_l = \frac{1}{\sqrt{a}}\mathrm{e}^{\frac{\mathrm{i}2\pi lx}{a}} \tag{3.4}$$

b. 绕固定轴的旋转. 为了过渡到本情况, 只要把上面的解进行如下代换

$$m \to A\ (\text{转动惯量}),\ a \to 2\pi,\ x \to \alpha$$

这时 (3.3) 和 (3.4) 式变为

$$E_l = \frac{\hbar^2}{2A}l^2, \quad u_l(\alpha) = \frac{1}{\sqrt{2\pi}}\mathrm{e}^{\mathrm{i}l\alpha} \tag{3.5}$$

---

① 引入拓扑学条件: 线段的始点与终点重合, 由此得到周期性条件, 即把这样的线视为直线段. ——俄译者注

c. 无限高的势垒. [边界条件: 在 $x \leqslant 0$ 时, $U(x) = 0$, 在 $x > 0$ 时, $U(x) = \infty$, 图 1.] 为了找到 $x > 0$ 时的解, 首先假定势能值有限, 且当 $x > 0$ 时, $U(x) \gg E$. 我们得到

$$u \sim \mathrm{e}^{-\sqrt{\frac{2mU}{\hbar^2}}x} \tag{3.6a}$$

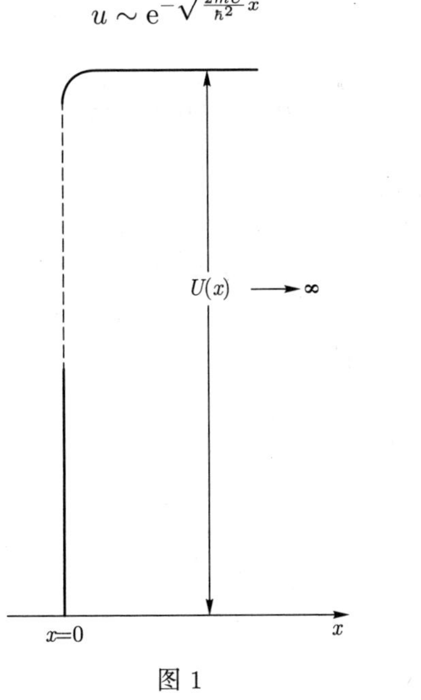

图 1

(我们舍去正指数的解, 因为 $x \to \infty$ 时, 它迅速地发散, 超过允许的程度). 现在让 $x = 0$ 这点的 U 趋于无穷大, 则在势垒边界 $(x = 0)$

$$\frac{u'}{u} = -\sqrt{\frac{2mU}{\hbar^2}} \to -\infty \tag{3.6b}$$

显然, 在边界上 $(x = 0)$ 应取

$$u = 0, \quad u' = \text{有限值} \tag{3.6c}$$

———————— (3–1)

d. 边界无限高的势阱 (在 $[0, a]$ 区间内运动). 势能在区间内 $U(x) = 0$, 在端点为无穷大. 因此 $u(x)$ 函数的边界条件是 $u(0) = u(a) = 0$, 在这种情况下, 方程式

$$u''(x) + \frac{2mE}{\hbar^2}u(x) = 0$$

的通解具有如下形式

$$u(x) \sim \binom{\sin}{\cos} \sqrt{\frac{2mE}{\hbar^2}} x$$

由于边界条件 $u(0)=0$, 舍去余弦解. 因此, 我们的解是

$$u(x) \sim \sin \sqrt{\frac{2mE}{\hbar^2}} x$$

边界条件 $u(a)=0$, 给出

$$\sin \sqrt{\frac{2mE}{\hbar^2}} a = 0, \text{ 即 } \sqrt{\frac{2mE}{\hbar^2}} a = n\pi$$

式中 n 为任意正整数. 所以

$$E_n = \frac{\pi^2\hbar^2}{2a^2m} n^2, \quad u_n = \sqrt{\frac{2}{a}} \sin \frac{n\pi}{a} x \tag{3.7}$$

这里 $\sqrt{\frac{2}{a}}$ 为归一化因子.

e. *在无限长线上的点* $[U(x) \equiv 0]$.

$$u''(x) + \frac{2mE}{\hbar^2} u(x) = 0 \tag{3.8}$$

该方程的解为

$$u(x) \sim \mathrm{e}^{\pm \mathrm{i} \sqrt{\frac{2mE}{\hbar^2}} x} \tag{3.9}$$

这种解, 不论指数上的符号如何, 都不能用通常的方法使之归一化. 摆脱此困境有以下两种可能.

1. (3.9) 式视为问题 a 的极限情况

$$\left.\begin{aligned} u_l(x) &= \frac{1}{\sqrt{a}} \mathrm{e}^{\frac{\mathrm{i}2\pi l x}{a}} \\ E_l &= \frac{2\pi^2\hbar^2 l^2}{ma^2} \end{aligned}\right\} \text{ 当 } a \to \infty \text{ 时}$$

———————— (3-2)

在这种情况下, 能级是准连续的 (图 2). 因此, 在间隔 dE 内的能级数用下述方法求出: 两相邻能级间的距离 (能量间隔) 是

$$\frac{\mathrm{d}E}{\mathrm{d}l}=\frac{4\pi^2\hbar^2 l}{a^2 m}=\frac{2\pi\hbar}{a}\sqrt{\frac{2}{m}}\sqrt{E}$$

图 2　能级 (准连续情况)

所以, 间隔 dE 内的能级数等于

$$\frac{2}{\mathrm{d}E/\mathrm{d}l}\mathrm{d}E=\frac{a}{\pi\hbar}\sqrt{\frac{m}{2}}\frac{\mathrm{d}E}{\sqrt{E}}$$

(因子 “2” 的引进是考虑到 l 可取正值也可取负值). 在极限情况下 $a\to\infty$, 我们得到连续谱, 对所有的 $E\geqslant 0$ 都允许.

应当指出, 在问题 d 的情形, 取极限 $a\to\infty$ 也导出同样的结果.

2. 另一可能: 不存在明显的不连续能谱, 代替它们的是密集的能级. 与之相应的波函数 $u(x)$ “展布” 在 $k=k_0$ 点附近的区间 δk 内, 即波函数 u 表现为 “波包” 形式 (图 3)

$$u_{\delta k}(x)=\int_{k_0-\frac{\delta k}{2}}^{k_0+\frac{\delta k}{2}}\mathrm{e}^{\mathrm{i}kx}\mathrm{d}k=\frac{1}{\mathrm{i}x}\mathrm{e}^{\mathrm{i}kx}\bigg|_{k_0-\frac{\delta k}{2}}^{k_0+\frac{\delta k}{2}}=\frac{2}{x}\sin\frac{x\delta k}{2}\mathrm{e}^{\mathrm{i}k_0x}$$

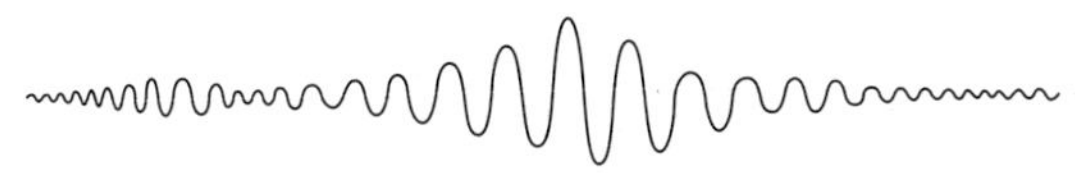

图 3　函数 $u_{\delta k}$ 的 “波包”

这样的解, 当 δk 很小时可以归一化. 这时它对应于几乎固定的能量. 这个问题将在研究测不准原理时继续讨论[①].

———————— (3–3)

① 在本讲授提纲的第 13 讲中, 没有波包能量问题的直接讨论. ——俄译者注

4. 线性谐振子

在物理学许多领域内, 特别是量子理论中, 谐振子的问题起着基本作用. 在经典物理学中, 当略去摩擦力时, 遵守牛顿定律的系统在理想的胡克"回复"弹性力 $(F=-m\omega^2x)$ 作用下, 就是谐振子.

线性谐振子的势能是

$$U(x)=\frac{m\omega^2x^2}{2} \tag{4.1}$$

因此, 薛定谔方程写为

$$u''(x)+\frac{2m}{\hbar^2}\left(E-\frac{m\omega^2x^2}{2}\right)u(x)=0 \tag{4.2}$$

令

$$\xi=\sqrt{\frac{m\omega}{\hbar}}x,\quad \varepsilon=\frac{2E}{\hbar\omega} \tag{4.3}$$

用这些标号, 薛定谔方程为

$$\frac{\mathrm{d}^2u(\xi)}{\mathrm{d}\xi^2}+(\varepsilon-\xi^2)u(\xi)=0 \tag{4.4}$$

若所求的解写为

$$u(\xi)=v(\xi)\mathrm{e}^{-\xi^2/2} \tag{4.5}$$

将 (4.5) 式代入 (4.4) 式, 可得到函数 $v(\xi)$ 的方程

$$\frac{\mathrm{d}^2v(\xi)}{\mathrm{d}\xi^2}-2\xi\frac{\mathrm{d}v(\xi)}{\mathrm{d}\xi}+(\varepsilon-1)v(\xi)=0 \tag{4.6}$$

该方程的解可用 ξ 的级数形式来表示

$$v(\xi)=\sum_r a_r\xi^r \tag{4.7}$$

代入 (4.6) 式后, 得出系数 a_r 的递推公式

$$a_{r+2}=\frac{2r+1-\varepsilon}{(r+1)(r+2)}a_r \tag{4.8}$$

显然, 存在两个独立的解, 它们分别对应于 r 为奇数和偶数. 当 $\xi\to\infty$ 时, 只要不符合条件

$$\varepsilon=2n+1 \tag{4.9}$$

n 为任意正整数, 则函数 v 就具有 $\exp(\xi^2)$ 的形式. 从物理观点来看, 这种指数渐近式是不允许的①. 在满足 (4.9) 式的情况下, 不论 r 是奇数还是偶数, (4.6) 式的解均可表达为厄米多项式.

厄米多项式 我们叙述厄米多项式的几个性质

$$\left.\begin{aligned}&\mathrm{H}_0(\xi)=1, &&\mathrm{H}_1(\xi)=2\xi,\\ &\mathrm{H}_2(\xi)=-2+4\xi^2, &&\mathrm{H}_3(\xi)=-12\xi+8\xi^3,\cdots\end{aligned}\right| \tag{4.10}$$

n 次幂厄米多项式的一般表达式为

$$\mathrm{H}_n(\xi)=(-1)^n\mathrm{e}^{\xi^2}\frac{\mathrm{d}^n}{\mathrm{d}\xi^n}\mathrm{e}^{-\xi^2} \tag{4.11}$$

(4−1)

我们相信, 这是方程 (4.6) 式在一般情况下的解. 将 (4.11) 式代入 (4.6) 式, 得

$$\mathrm{H}_n''(\xi)-2\xi\mathrm{H}_n'(\xi)+2n\mathrm{H}_n(\xi)=0 \tag{4.12}$$

它与下式等价

$$\left[\frac{\mathrm{d}^{n+2}}{\mathrm{d}\xi^{n+2}}+2\xi\frac{\mathrm{d}^{n+1}}{\mathrm{d}\xi^{n+1}}+(2+2n)\frac{\mathrm{d}^n}{\mathrm{d}\xi^n}\right]\mathrm{e}^{-\xi^2}=0 \tag{4.13}$$

当 $n=0$ 时, (4.13) 式恒满足. 现在注意到, $n-1$ 次的等式对 ξ 微分一次就过渡到 n 次等式, 应用归纳法, 就不难从 $n=0$ 推断等式成立.

列举厄米多项式的几个有用的性质.

① 这样的解不能归一化 (这是完全不能接受的). ——俄译者注

递推性质: $\dfrac{\mathrm{dH}_n(\xi)}{\mathrm{d}\xi}=2n\mathrm{H}_{n-1}(\xi)$ (4.14)

证明 若把方程 (4.13) 式改为 $n-1$ 次, 则与 (4.14) 式等价[①].

归一化: $\displaystyle\int_{-\infty}^{\infty}\mathrm{H}_n^2(\xi)\mathrm{e}^{-\xi^2}\mathrm{d}\xi=\sqrt{\pi}\cdot 2^n\cdot n!$ (4.15)

利用归纳法可以证明. 当 $n=0$, (4.15) 式的正确性是很明显的. 利用 (4.11) 和 (4.14) 式, 我们得到递推公式

$$\int_{-\infty}^{\infty}\mathrm{H}_n^2(\xi)\mathrm{e}^{-\xi^2}\mathrm{d}\xi=2n\int_{-\infty}^{\infty}\mathrm{H}_{n-1}^2(\xi)\mathrm{e}^{-\xi^2}\mathrm{d}\xi$$

借助此递推公式, 利用归纳法就可证明 (4.15) 式.

可积分性质: $\displaystyle\int_{-\infty}^{\infty}\mathrm{H}_n(x)\mathrm{e}^{-x^2}\mathrm{e}^{\mathrm{i}px}\mathrm{d}x=\mathrm{i}^n\sqrt{\pi}p^n\mathrm{e}^{-\frac{p^2}{4}}$ (4.16)

对于 $n=0$ 的证明是很显然的; 对于 $n>0$, 利用归纳法并考虑 (4.11) 式, 也是不难证明的.

结论 线性谐振子归一化的本征函数是

$$u_n(\xi)=\left(\frac{m\omega}{\hbar}\right)^{1/4}\frac{1}{\sqrt{\sqrt{\pi}2^n n!}}\mathrm{H}_n(\xi)\mathrm{e}^{-\xi^2/2},\text{ 这里 }\xi=\sqrt{\frac{m\omega}{\hbar}}x \tag{4.17}$$

对于能量值, 由 (4.3) 和 (4.9) 式得

$$E_n=\hbar\omega\left(n+\frac{1}{2}\right) \tag{4.18}$$

---

① 将 (4.13) 式改为 $n-1$ 次后, 再乘上 $(-1)^n\mathrm{e}^{\xi^2}$, 则得

$$(-1)^n\mathrm{e}^{\xi^2}\left[\frac{\mathrm{d}^{n+1}}{\mathrm{d}\xi^{n+1}}\mathrm{e}^{-\xi^2}+2\xi\frac{\mathrm{d}^n}{\mathrm{d}\xi^n}\mathrm{e}^{-\xi^2}+2\xi\frac{\mathrm{d}^{n-1}}{\mathrm{d}\xi^{n-1}}\mathrm{e}^{-\xi^2}\right]=0$$

根据 (4.11) 式, 上式改写为

$$-\mathrm{H}_{n+1}(\xi)+2\xi\mathrm{H}_n(\xi)-2n\mathrm{H}_{n-1}(\xi)=0$$

再根据 (4.11) 式, 有

$$\frac{\mathrm{dH}_n(\xi)}{\mathrm{d}\xi}=-\mathrm{H}_{n+1}(\xi)+2\xi\mathrm{H}_n(\xi)$$

$$\therefore\ \frac{\mathrm{dH}_n(\xi)}{\mathrm{d}\xi}=2n\mathrm{H}_{n-1}(\xi)\text{ ——译者注}$$

由此引出重要结论: 量子的线性谐振子的能量原则上不能为零值 (不待言, 当本征频率 ω 不为零时). 对应于基态的最低能量等于 $\frac{\hbar\omega}{2}$ (在经典理论中, 基态的静止能量等于零). 激发时加到基态上的能量为 $\hbar\omega$ 的整数倍 (能量量子化).

(4–2)

5. W. K. B 方法

W. K. B 方法 (温–克–布方法), 或称准经典方法, 是量子力学求解某些问题的一种近似方法, 可用来确定波函数按普朗克常量展开时的前几项. W. K. B 方法仅适用于薛定谔方程允许变量分离的情况, 这时方程可取下面的形式

$$u''(x) + \frac{2m}{\hbar^2}[E - U(x)]u(x) = 0 \tag{5.1}$$

令

$$g(x) = \frac{2m}{\hbar^2}[E - U(x)] = \frac{m^2V^2}{\hbar^2}$$

式中 V 为经典速度, 因此可将 (5.1) 式改写为

$$u''(x) + g(x)u(x) = 0 \tag{5.2}$$

第一种情况: $g(x) > 0$ 引入代换

$$u(x) = \mathrm{e}^{\mathrm{i}y(x)} \tag{5.3}$$

根据 (5.2) 式, 可写出 $y(x)$ 的方程为

$$y'^2 - \mathrm{i}y'' = g \tag{5.4}$$

当取 $y'(x) \approx \sqrt{g(x)}$ 作为初级近似时, 则有如下关系

$$\frac{y''}{y'^2} = \frac{g'}{2g^{3/2}}$$

当

$$|g'| \ll 2g^{3/2} \tag{5.5}$$

时, 那么上述对 $y'(x)$ 的假设可给出方程 (5.2) 式很好的近似解. 现在, 令

$$y'(x)=\sqrt{g(x)}+\varepsilon(x) \tag{5.6}$$

附加项 $\varepsilon(x)$ 是很小的缓慢变化量 (因此, $\varepsilon^2,\varepsilon',\varepsilon''$ 项可以忽略). 将 (5.6) 式代入 (5.4) 式后, 有

$$g+2\varepsilon\sqrt{g}-\mathrm{i}\frac{g'}{2\sqrt{g}}=g$$

由此得 $\varepsilon=\mathrm{i}g'/4g$. 这样, (5.6) 式的积分可给出

$$\begin{aligned}y(x)&\approx\int\left(\sqrt{g(x)}+\mathrm{i}\frac{g'(x)}{4g(x)}\right)\mathrm{d}x\\&=\int\sqrt{g(x)}\mathrm{d}x+\frac{\mathrm{i}}{4}\ln g(x)\end{aligned} \tag{5.7}$$

现在回到原来的波函数 $u(x)$, 根据 (5.3) 式可写为

$$u(x)=\mathrm{e}^{\mathrm{i}y(x)}\approx\frac{1}{(g(x))^{1/4}}\mathrm{e}^{\mathrm{i}\int\sqrt{g(x)}\mathrm{d}x} \tag{5.8}$$

因此, 我们找到了 (5.2) 式的一个近似解; 另一解可写为

$$u(x)=\mathrm{e}^{-\mathrm{i}y(x)}\approx\frac{1}{(g(x))^{1/4}}\mathrm{e}^{-\mathrm{i}\int\sqrt{g(x)}\mathrm{d}x} \tag{5.8a}$$

显然, (5.8) 和 (5.8a) 式线性组合成的实函数同样也是它的近似解

$$u(x)\approx\frac{1}{(g(x))^{1/4}}\sin\left[\int\sqrt{g(x)}\mathrm{d}x+常数\right] \tag{5.9}$$

这就是 W. K. B 方法所求的解.

注意 量 $|u|^2\sim\dfrac{1}{\sqrt{g(x)}}\sim\dfrac{1}{V}$ 正比于系统在点 x 处度过的时间 (就经典意义而言).

——————————— (5-1)

第二种情况: $g(x)<0$ 也如 $g(x)>0$ 的情况一样, 这里找到方程 (5.2) 式的解为

$$u(x)\approx\frac{1}{(-g(x))^{1/4}}\mathrm{e}^{\pm\int\sqrt{-g(x)}\mathrm{d}x},\ 对于\ g(x)<0 \tag{5.10}$$

图 4 描绘了 $g(x)>0$ 和 $g(x)<0$ 时相应的解 $u(x)$ 和 U 的变化情况[①].

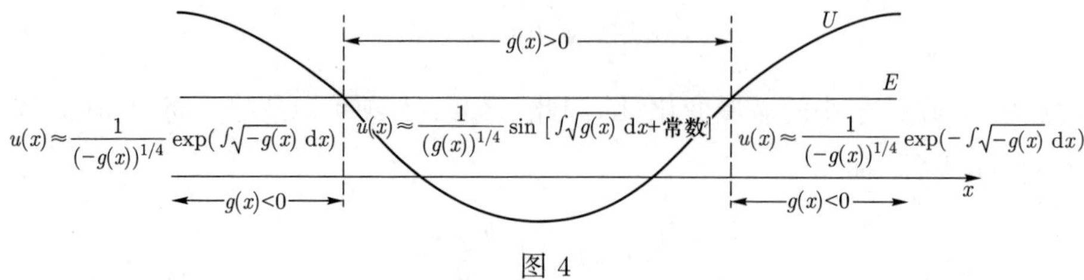

图 4

解的衔接 剩下的问题是要把已获得的解, 在 $g(x)$ 改变符号的点, 连接起来. 为此, 我们利用下述类似性: 方程

$$w''(x)+xw(x)=0 \tag{5.11}$$

在形式上与 (5.2) 式相似, 其解为

$$w(x)=\sqrt{x}\left[C_1J_{1/3}\left(\frac{2}{3}x^{2/3}\right)+C_2N_{1/3}\left(-\frac{2}{3}x^{2/3}\right)\right] \tag{5.12}$$

式中 $J(x)$ 为贝塞尔函数, 而 $N(x)$ 为诺依曼函数. 选择 (5.12) 式的线性组合常数, 使当 $x\to-\infty$ 时, 解趋近于零. 这样, 我们得到下列渐近式

$$w(x)\begin{cases}\nearrow \dfrac{1}{2(-x)^{1/4}}\cdot \mathrm{e}^{-\frac{2}{3}(-x)^{3/2}}, & \text{当 } x\to-\infty\\ \searrow \dfrac{1}{x^{1/4}}\sin\left(\dfrac{2}{3}x^{3/2}+\dfrac{\pi}{4}\right), & \text{当 } x\to\infty\end{cases} \tag{5.13}$$

结论 该结果与 W. K. B 方法的解 (5.9) 和 (5.10) 式比较后, 可以发现, 若在 $g(x)>0$ 区域的端点附近添加 $\dfrac{\pi}{4}$ 的相角, 则这些解彼此类似. 这种方法可用来近似地探求 $u(x)$ 的行为.

——————(5−2)

讨论 假设 A 与 B 之间 $g(x)>0$, AB 区域之外 $g(x)<0$ (图 5).

A 与 B 的相位差等于

$$\left(n+\frac{1}{2}\right)\pi$$

① 俄译本图 4 的标号有误, 我们按原作者标号标出. ——译者注

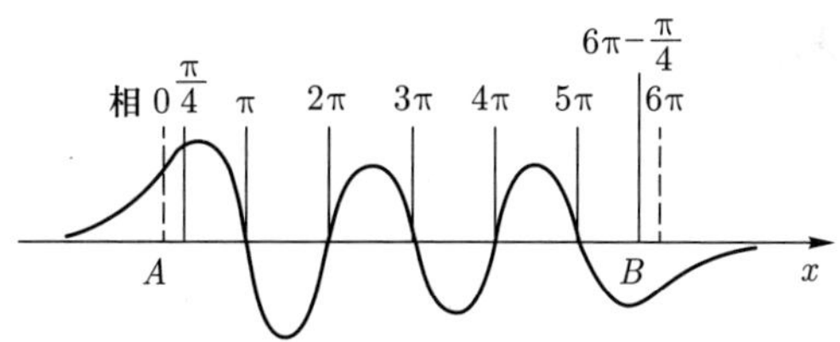

图 5 导出玻尔–索末菲量子化条件

式中 n 是波函数 u 在 AB 之间为零值的个数. 根据 (5.9) 式, 相位的变化等于 $\int\sqrt{g(x)}\mathrm{d}x$. 在 AB 区域的衔接条件 (相位的改变) 为

$$\left(n+\frac{1}{2}\right)\pi=\int_A^B\sqrt{g(x)}\mathrm{d}x=\int_A^B\frac{mV}{\hbar}\mathrm{d}x=\frac{1}{2\hbar}\oint p\mathrm{d}x$$

式中 $p=mV$ 为经典物理的动量.

结论 我们已导出玻尔–索末菲量子化条件

$$\oint p\mathrm{d}x=2\pi\hbar\left(n+\frac{1}{2}\right) \tag{5.14}$$

注意 若在闭合回路中运动, 则具有另外的量子化条件, 即

$$\oint p\mathrm{d}x=2\pi\hbar n \tag{5.15}$$

在无限高势垒 A 点和 B 点之间的区域中运动时, 则为

$$\oint p\mathrm{d}x=2\pi\hbar(n+1) \tag{5.16}$$

式中 n 为区域内波函数零点的个数①.

———————— (5–3)

① 可参阅布洛欣采夫《量子力学原理》, 朗道和栗弗席兹《量子力学》, 周世勋《量子力学》. ——译者注

6. 球函数

在量子力学中, 在有心力情况下解薛定谔方程通常要应用球函数 (第 7 讲).

勒让德多项式 该多项式可由微分式定义

$$\mathrm{P}_l(x)=\frac{1}{2^l l!}\frac{\mathrm{d}^l}{\mathrm{d}x^l}(x^2-1)^l \tag{6.1}$$

在 $-1\leqslant x\leqslant +1$ 区间, 它是许多物理问题中常遇到的勒让德方程

$$(1-x^2)\mathrm{P}_l''-2x\mathrm{P}_l'+l(l+1)\mathrm{P}_l=0 \tag{6.2}$$

的解. 勒让德多项式的归一化由下面的积分式求出

$$\int_{-1}^{+1}\mathrm{P}_l^2(x)\mathrm{d}x=\frac{2}{2l+1} \tag{6.3}$$

勒让德多项式的两个性质.

1. 它们形成一正交函数完全系

$$\int_{-1}^{+1}\mathrm{P}_l(x)\mathrm{P}_{l'}(x)\mathrm{d}x=0,\ 当\ l\neq l' \tag{6.4}$$

2. l 阶多项式可以从低阶的多项式用递推公式表示

$$\mathrm{P}_l=\frac{2l-1}{l}x\mathrm{P}_{l-1}-\frac{l-1}{2}\mathrm{P}_{l-2} \tag{6.5}$$

根据 (6.1) 式, 我们算出若干多项式

$$\left.\begin{aligned}&\mathrm{P}_0=1,\quad \mathrm{P}_1=x,\quad \mathrm{P}_2=\frac{3}{2}x^2-\frac{1}{2},\\&\mathrm{P}_3=\frac{5}{2}x^3-\frac{3}{2}x,\quad \mathrm{P}_4=\frac{35}{8}x^4-\frac{15}{4}x^2+\frac{3}{8},\\&\mathrm{P}_5=\frac{63}{8}x^5-\frac{35}{4}x^3+\frac{15}{8}x,\quad \mathrm{P}_l(1)=1\end{aligned}\right| \tag{6.6}$$

另一定义

$$\frac{1}{\sqrt{1-2rx+r^2}}=\sum_{l=0}^{\infty}\mathrm{P}_l(x)r^l \tag{6.7}$$

这里等式的左边是母函数, 右边是该函数按 r 展开 $(0<r<1)$ 的幂级数, 而勒让德多项式起着展开式的系数的作用.

球函数　借助勒让德多项式, 可构成球函数 (或叫球谐函数). 其定义是

$$\left.\begin{aligned}\mathrm{Y}_{lm}(\theta,\varphi)&=\frac{1}{N_{lm}}\mathrm{e}^{\mathrm{i}m\varphi}\sin^{|m|}\theta\frac{\mathrm{d}^{|m|}\mathrm{P}_l(\cos\theta)}{\mathrm{d}(\cos\theta)^{|m|}}\\ \frac{1}{N_{lm}}&=\pm\frac{1}{\sqrt{2\pi}}\sqrt{\frac{2l+1}{2}\cdot\frac{(l-|m|)!}{(l+|m|)!}}\end{aligned}\right| \tag{6.8}$$

对于 $m\leqslant 0$, 取 “+” 号, 对于 $m>0$, 取 $(-1)^m$ 号.

[这个规则可写为: 在 (6.8) 式中归一化常数具有 $(-1)^{(m+|m|)/2}$.]

——————————— (6-1)

球函数的归一化和正交性用下式表示

$$\int_{4\pi}\mathrm{Y}^*_{lm}\mathrm{Y}_{l'm'}\mathrm{d}\omega=\delta_{ll'}\delta_{mm'} \tag{6.9}$$

球函数的微分方程可由拉普拉斯方程用分离变量法得到. 其形式是

$$\Lambda\mathrm{Y}_{lm}+l(l+1)\mathrm{Y}_{lm}=0 \tag{6.10}$$

式中 Λ 为拉普拉斯算符的角量部分

$$\Lambda=\frac{1}{\sin\theta}\cdot\frac{\partial}{\partial\theta}\left(\cos\theta\frac{\partial}{\partial\theta}\right)+\frac{1}{\sin^2\theta}\frac{\partial^2}{\partial\varphi^2} \tag{6.11}$$

球函数的某些性质

$$\left.\begin{aligned}\nabla^2(r^l\mathrm{Y}_{lm})&=0\\ \nabla^2(r^{-l-1}\mathrm{Y}_{lm})&=0\end{aligned}\right| \tag{6.12}$$

除坐标原点 $(r=0)$ 外处处满足.

球坐标 (r,θ,φ) 的全拉普拉斯算符是

$$\Delta = \nabla^2 = \frac{\partial^2}{\partial r^2} + \frac{2}{r}\frac{\partial}{\partial r} + \frac{1}{r^2}\Lambda \tag{6.13}$$

任意函数按球函数 (球谐函数) 的展开为

$$f(\theta,\varphi) = \sum C_{lm}\mathrm{Y}_{lm}(\theta,\varphi), C_{lm} = \int_{4\pi} f(\theta,\varphi)\mathrm{Y}^*_{lm}\mathrm{d}\omega \tag{6.14}$$

这种展开的可能性是从球函数系的正交性和完备性导出的.

某些球函数的显明形式:

$$\mathrm{Y}_{0,0} = \frac{1}{\sqrt{4\pi}}$$

$$\mathrm{Y}_{1,0} = \sqrt{\frac{3}{4\pi}}\cos\theta$$

$$\mathrm{Y}_{1,\pm1} = \mp\sqrt{\frac{3}{8\pi}}\cos\theta\mathrm{e}^{\pm\mathrm{i}\varphi}$$

$$\mathrm{Y}_{2,0} = \sqrt{\frac{5}{4\pi}}\left(\frac{3}{2}\cos^2\theta - \frac{1}{2}\right)$$

$$\mathrm{Y}_{2,\pm1} = \mp\sqrt{\frac{15}{8\pi}}\sin\theta\cos\theta\mathrm{e}^{\pm\mathrm{i}\varphi}$$

$$\mathrm{Y}_{2,\pm2} = \frac{1}{4}\sqrt{\frac{15}{2\pi}}\sin^2\theta\mathrm{e}^{\pm2\mathrm{i}\varphi}$$

$$\mathrm{Y}_{3,0} = \sqrt{\frac{7}{4\pi}}\left(\frac{5}{2}\cos^3\theta - \frac{3}{2}\cos\theta\right)$$

$$\mathrm{Y}_{3,\pm1} = \mp\frac{1}{4}\sqrt{\frac{21}{4\pi}}\sin\theta(5\cos^2\theta - 1)\mathrm{e}^{\pm\mathrm{i}\varphi}$$

$$\mathrm{Y}_{3,\pm2} = \frac{1}{4}\sqrt{\frac{105}{2\pi}}\sin^2\theta\cos\theta\mathrm{e}^{\pm2\mathrm{i}\varphi}$$

$$\mathrm{Y}_{3,\pm3} = \mp\frac{1}{4}\sqrt{\frac{35}{4\pi}}\sin^3\theta\mathrm{e}^{\pm3\mathrm{i}\varphi}$$

———————————— (6–2)

7. 有心力情况

在原子理论中, 有心力起着重要作用. 在有心力情况下, 势能仅依赖于径坐标 (假设场源与球坐标系原点重合). 在这种情况下, 波动方程具有如下形式

$$\nabla^2 u(r) + \frac{2m}{\hbar^2}[E - U(r)]u(r) = 0 \tag{7.1}$$

在球坐标系中, 它可写为

$$\frac{\partial^2 u}{\partial r^2} + \frac{2}{r}\frac{\partial u}{\partial r} + \frac{1}{r^2}\Lambda u + \frac{2m}{\hbar^2}[E - U(r)]u = 0 \tag{7.2}$$

式中 Λ 为 (6.11) 式所定义的算符.

将 $u(r,\theta,\varphi)$ 按球函数展开

$$u(r,\theta,\varphi) = \sum R_{nl}(r)\mathrm{Y}_{lm}(\theta,\varphi) \tag{7.3}$$

求和包括脚标 n,l,m 的所有值, 但在具体情况下, 由于在 R_{nl} 里的展开系数的特殊选择, 从形式上讲, 脚标可能减小. 将展开式代入 (7.2) 式, 得

$$\sum \mathrm{Y}_{lm}\frac{\mathrm{d}^2 R_{nl}}{\mathrm{d}r^2} + \sum\left\{\frac{2}{r}\mathrm{Y}_{lm}\frac{\mathrm{d}R_{nl}}{\mathrm{d}r} + \frac{R_{nl}}{r^2}\Lambda\mathrm{Y}_{lm}\right\} + \frac{2m}{\hbar^2}(E-U)u = 0$$

利用 (6.10) 式, 变为

$$\sum \mathrm{Y}_{lm}(\theta,\varphi)\left\{R''_{nl}(r) + \frac{2}{r}R'_{nl} - \frac{l(l+1)}{r^2}R_{nl} + \frac{2m}{\hbar^2}(E-U)R_{nl}\right\} = 0 \tag{7.4}$$

乘以 $\mathrm{Y}^*_{lm}(\theta,\varphi)\mathrm{d}\omega$ 并进行积分, 考虑 (6.9) 式的性质, 得

$$R''_{nl} + \frac{2}{r}R'_{nl} + \frac{2m}{\hbar^2}\left\{E - U(r) - \frac{\hbar^2}{2m}\frac{l(l+1)}{r^2}\right\}R_{nl} = 0 \tag{7.5}$$

注意 在这个方程中已不出现脚标数 m.

在后面，这脚标数 m 是与磁量子数等同的，但不应与用同一符号表示的质量相混淆，而后者常常出现在一些特殊组合中 [例如，方程 (7.5)].

应着重指出，(7.5) 式的每一个解相应于 (7.1) 式的 $(2l+1)$ 个解. 作一个有益的代换①

$$R_{nl}(r)=r^{-1}v_{nl}(r) \tag{7.6}$$

(7.5) 式变为

$$v_{nl}''(r)+\frac{2m}{\hbar^2}\left\{E-U(r)-\frac{\hbar^2}{2m}\frac{l(l+1)}{r^2}\right\}v_{nl}(r)=0 \tag{7.7}$$

每一个状态 (即确定的 l 值) 用一个字母表示，即

$$\begin{array}{ccccccc} l=0 & l=1 & l=2 & l=3 & l=4 & l=5 & l=6 \\ s & p & d & f & g & h & i \end{array}$$

后面将证明 $\hbar l$ 正比于动量矩 M②.

——(7–1)

有心力场中两个质点的薛定谔方程 它为

$$\frac{1}{m_1}\nabla_1^2u+\frac{1}{m_2}\nabla_2^2u+\frac{2}{\hbar^2}[E-U(r)]u=0 \tag{7.8}$$

式中 $u\equiv u(\boldsymbol{x}_1,\boldsymbol{x}_2)$，而 $r=|\boldsymbol{x}_2-\boldsymbol{x}_1|$. 我们进行坐标代换，

$$\left.\begin{aligned} &\boldsymbol{x}=\boldsymbol{x}_2-\boldsymbol{x}_1 \text{ 代表两个质点的相对坐标,}\\ &\boldsymbol{X}=\frac{m_1\boldsymbol{x}_1+m_2\boldsymbol{x}_2}{m_1+m_2} \text{ 为质心坐标} \end{aligned}\right| \tag{7.9}$$

在新的坐标系中，拉普拉斯算符分解为两个算符

$$\nabla^2=\frac{\partial^2}{\partial x^2}+\frac{\partial^2}{\partial y^2}+\frac{\partial^2}{\partial z^2},\quad \nabla_g^2=\frac{\partial^2}{\partial X^2}+\frac{\partial^2}{\partial Y^2}+\frac{\partial^2}{\partial Z^2}$$

---

① 原文和俄译本 $R_{nl}(r)=rv_{nl}(r)$ 都有笔误，应为 $R_{nl}(r)=r^{-1}v_{nl}(r)$. ——译者注

② 准确地说，它是动量矩在某选定轴上投影的最大值. ——俄译者注

且

$$\frac{1}{m_1}\nabla_1^2 + \frac{1}{m_2}\nabla_2^2 = \frac{1}{m_1+m_2}\nabla_g^2 + \frac{1}{m}\nabla^2 \tag{7.10}$$

而 $m = \dfrac{m_1 m_2}{m_1+m_2}$ 代表约化质量.

方程 (7.8) 式变换为

$$\frac{1}{m_1+m_2}\nabla_g^2 u + \frac{1}{m}\nabla^2 u + \frac{2}{\hbar^2}[E - U(r)]u = 0 \tag{7.11}$$

令方程所求的解[①]

$$u(\boldsymbol{x}, \boldsymbol{X}) = \sum_{\boldsymbol{k}} w_{\boldsymbol{k}}(\boldsymbol{x})\mathrm{e}^{\mathrm{i}\boldsymbol{k}\cdot\boldsymbol{X}} \tag{7.12}$$

将此解代入 (7.11) 式, 并进行傅里叶逆变换, 得

$$\nabla^2 w_k + \frac{2m}{\hbar^2}[E_{\mathrm{red}} - U(r)]w_k = 0 \tag{7.13}$$

式中

$$E_{\mathrm{red}} = E - \frac{\hbar^2 k^2}{2(m_1+m_2)} \tag{7.14}$$

E_{red} 称为约化能, 而 $\dfrac{\hbar^2 k^2}{2(m_1+m_2)}$ 代表质心动能.

结论 这里将坐标分解为相对坐标和质心坐标, 从而也导致运动分解为质心运动和质点彼此间的相对运动, 如在经典力学中那样!

——————————— (7–2)

① 这样的假设是正确的, 因为质心坐标是循环坐标 [不明显地出现在方程 (7.11) 式中]. ——俄译者注

8. 氢原子

在氢原子问题中, 很自然地忽略原子核的运动, 因而可用电子质量 m 代替约化质量.

波动方程 在原子核场中, 电子的库仑势能是

$$U = -\frac{Ze^2}{r} \tag{8.1}$$

对于氢原子 $Z=1$. 径向波函数 (7.7) 式在这里可写为

$$v''(r) + \frac{2m}{\hbar^2}\left(E + \frac{Ze^2}{r} - \frac{\hbar^2}{2m}\frac{l(l+1)}{r}\right)v(r) = 0 \tag{8.2}$$

引进新的变量

$$x = \frac{2r}{r_0}, \quad r_0 = \sqrt{\frac{\hbar^2}{2m|E|}}, \quad A = \frac{Ze^2}{2r_0|E|} = \sqrt{\frac{mZ^2e^4}{2\hbar^2|E|}} \tag{8.3}$$

则 (8.2) 式变为

$$\frac{\mathrm{d}^2v}{\mathrm{d}x^2} + \left(\pm\frac{1}{4} + \frac{A}{x} - \frac{l(l+1)}{x^2}\right)v = 0 \tag{8.4}$$

对于 $E>0$, 取 “+” 号, 对于 $E<0$, 则取 “−” 号. 为了方便, 括号内的量用 $g(x)$ 表示.

图形分析 $g(x)$ 的图像如图 6 所示. 若 $E<0$, 解 $v(x)$ 在 $x\to\infty$ 时具有 $v(x)\to \mathrm{e}^{\pm x/2}$ 的渐近形式. 由于当 $x\to\infty$ 时波函数应为有限值的要求, 我们应舍去有 $\mathrm{e}^{x/2}$ 的解. 由这一附加的要求, 得出 E 只能有不连续值.

若 $E>0$, 当 $x\to\infty$ 时, 解 $v(x)\to\begin{cases}\sin\dfrac{x}{2}\\ \cos\dfrac{x}{2}\end{cases}$, 由于附加条件的要求, 因此对任何 $E>0$ 的值都是允许的.

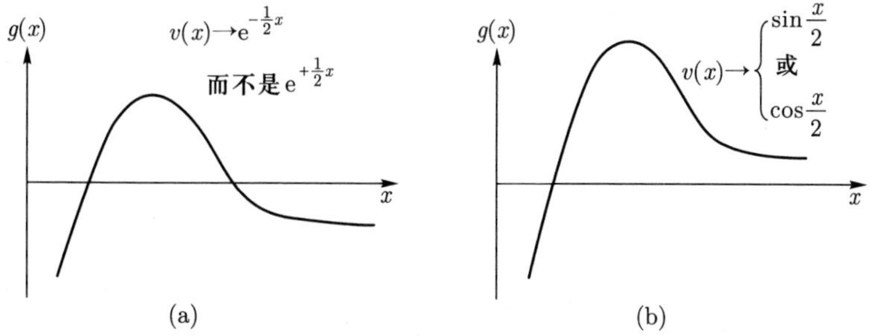

图 6 函数 $g(x)$ 的图像

$\boldsymbol{E}<0$ 的情况 (离散的能量值) 在这种情况下, 方程 (8.4) 式为

$$\frac{\mathrm{d}^2 v}{\mathrm{d}x^2}+\left(-\frac{1}{4}+\frac{A}{x}-\frac{l(l+1)}{x^2}\right)v=0 \tag{8.5}$$

将寻求的解写成形式为

$$v(x)=\mathrm{e}^{-x/2}y(x) \tag{8.6}$$

———————————— (8−1)

式中 $y(x)$ 暂时为未知的而应确定的函数. 将 (8.6) 式代入 (8.5) 式, 有

$$y''-y'+\left(\frac{A}{x}-\frac{l(l+1)}{x^2}\right)y=0 \tag{8.7}$$

该方程具有两个解, 且它们的渐近性质是

$$y(x\to 0)=\begin{cases}x^{l+1}\\ \text{或}\\ x^{-l}\end{cases}$$

其中第二个解 [当 $x\to 0$ 时, $y(x)\to x^{-l}$] 对应于 $u(x)\to r^{-l-1}$. 该解当 $l\geqslant 1$ 时, 归一化后在原点是发散的, 因而不能用; 当 $l=0$ 时, 该解也应舍去, 因为 $u\sim\dfrac{1}{r}$, 即在原点包含下述类型的奇异性

$$\nabla^2\frac{1}{r}=-4\pi\delta(r)$$

(在势能中, 不能有这样的奇异性).

这样, 只能取 $y(x \to 0) = x^{l+1}$. 方程 (8.7) 式的解为

$$y(x) = x^{l+1} \sum_{s=0}^{\infty} a_s x^s \tag{8.8}$$

把它代入 (8.7) 式后, 我们得到 (8.8) 式中的系数的递推公式

$$a_{s+1} = \frac{s+l+1-A}{(s+1)(s+2l+2)} a_s \tag{8.9}$$

在一般情况下, (8.8) 式是无穷级数, 在无限远点非常迅速地发散: $y(x) \to \mathrm{e}^x$, 即当 $x \to \infty$ 时, $u(x) \to \mathrm{e}^{x/2}$. 这时函数 $u(x)$ 不论 A 为何值都不能归一化, 除非

$$A = n = n' + l + 1 \tag{8.10}$$

式中 n 为整数①. 这样, 无穷级数退化为多项式. 由 (8.10) 和 (8.3) 式得

$$E_n = -\frac{mZ^2e^4}{2\hbar^2 n^2}, \quad n = l+1, l+2, \cdots \tag{8.11}$$

对于氢原子 ($Z = 1$)

$$E_n = -R_\infty \left(\frac{1}{n^2}\right)$$

式中 $R_\infty = |E_1| = 21.795 \times 10^{-12}$ erg $= 13.605$ eV $= 109737.309(12)$ cm^{-1}.

波动方程的解用拉盖尔多项式表示.

拉盖尔多项式　k 阶多项式用一般微分式表示为

$$\mathrm{L}_k(x) = \mathrm{e}^x \frac{\mathrm{d}^k}{\mathrm{d}x^k}(x^k \mathrm{e}^{-x}) \tag{8.12}$$

例如

$$\left.\begin{aligned} &\mathrm{L}_0(x) = 1, \quad \mathrm{L}_1(x) = 1 - x, \\ &\mathrm{L}_2(x) = 2 - 4x + x^2, \quad \mathrm{L}_3(x) = 6 - 18x + 9x^2 - x^3, \cdots \end{aligned}\right| \tag{8.13}$$

——————— (8–2)

① 量 n 常称为主量子数, 在原子能级分类中, 它起主要作用. ——俄译者注

拉盖尔微分方程. 令 $f(x)=x^k\mathrm{e}^{-x}$, 则 (8.12) 式变为

$$\mathrm{L}_k(x)=\mathrm{e}^x f^{(k)}(x) \tag{8.12a}$$

显然, $xf'(x)=(k-x)f(x)$. 对它微分 $(k+1)$ 次, 得到下述方程

$$xf^{(k+2)}(x)+(x+1)f^{(k+1)}(x)+(k+1)f^{(k)}(x)=0$$

根据定义 (8.12a) 式, $f^{(k)}(x)=\mathrm{e}^{-x}\mathrm{L}_k(x)$, 代入上式得到

$$x\mathrm{L}_k''(x)+(1-x)\mathrm{L}_k'(x)+k\mathrm{L}_k(x)=0 \tag{8.14}$$

这就是拉盖尔微分方程.

归一化. 对 (8.12) 式求导 j 次, 等于

$$\mathrm{L}_k^{(j)}(x)=\frac{\mathrm{d}^j}{\mathrm{d}x^j}\left\{\mathrm{e}^x\frac{\mathrm{d}^k}{\mathrm{d}x^k}(x^k\mathrm{e}^{-x})\right\} \tag{8.15}$$

对 (8.14) 式微分 j 次, 我们得函数 (8.15) 式的二阶微分方程式

$$\begin{aligned}&\frac{\mathrm{d}^j}{\mathrm{d}x^j}[x\mathrm{L}_k''(x)+(1-x)\mathrm{L}_k'(x)+k\mathrm{L}_k(x)]\\&=x\mathrm{L}_k^{(j)\prime\prime}+(j+1-x)\mathrm{L}_k^{(j)\prime}+(k-j)\mathrm{L}_k^{(j)}(x)=0\end{aligned} \tag{8.16}$$

由此给出这种函数的归一化条件

$$\int_0^\infty \mathrm{L}_k^{(j)}(x)\mathrm{L}_{k'}^{(j)}(x)x^j\mathrm{e}^{-x}\mathrm{d}x=\frac{(k!)^3}{(k-j)!}\delta_{kk'} \tag{8.17}$$

这样, 找到了方程 (7.7) 式的解. 现在我们再回到氢原子问题.

归一化的本征函数 已获得的解用球函数和拉盖尔多项式表示. 解的形式为

$$\left.\begin{aligned}u_{nlm}&=R_{nl}(r)\mathrm{Y}_{lm}(\theta,\varphi)\\R_{nl}(r)&=\sqrt{\frac{4(n-l-1)!}{a^3n^4[(n+l)!]^3}}\mathrm{e}^{-\frac{r}{na}}\left(\frac{2r}{na}\right)^l\mathrm{L}_{n+l}^{(2l+1)}\left(\frac{2r}{na}\right)\end{aligned}\right| \tag{8.18}$$

式中

$$a=\frac{\hbar^2}{me^2}\cdot\frac{1}{Z} \tag{8.19}$$

$$\frac{\hbar^2}{me^2}=\text{玻尔半径}=0.529171(6)\times10^{-8}\ \mathrm{cm}$$

(8–3)

(这里认为核质量为无穷大). 下面写出几个本征函数的显明形式:

$$u(1s)=\frac{1}{\sqrt{\pi a^3}}\mathrm{e}^{-\frac{r}{a}},\quad u(2s)=\frac{\left(2-\dfrac{r}{a}\right)\mathrm{e}^{-\frac{r}{2a}}}{4\sqrt{2\pi a^3}}$$

$$u(2p)=\frac{\dfrac{r}{a}\mathrm{e}^{-\frac{r}{2a}}}{8\sqrt{\pi a^3}}\cdot\begin{cases}-\sin\theta\mathrm{e}^{\mathrm{i}\varphi}\\ \sqrt{2}\cos\theta\\ \sin\theta\mathrm{e}^{-\mathrm{i}\varphi}\end{cases} \tag{8.20}$$

注意 S 波函数 (状态为 $l=1$) 是单一的, 且 $u(r=0)\neq0$, 即

$$u_{ns}(r=0)=\frac{1}{\sqrt{\pi a^3n^3}} \tag{8.21}$$

定性讨论氢光谱和类氢光谱 (图 7) 以及能级的简并性质是有益处的.

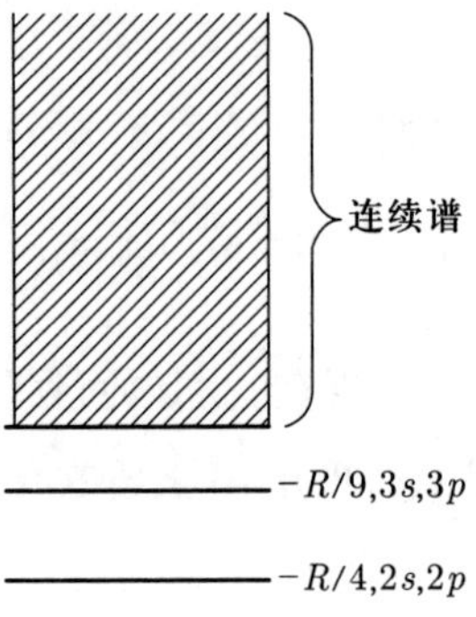

图 7 氢原子的离散谱和连续谱

原子的每一个状态具有确定的能量和动量矩, 它们用脚标 n, l 标出. 在一般情况下, 有确定的主量子数 n 的每个能级对应着 $l = 0, 1, 2, \cdots, n-1$, 共 n 个不同量子数的状态. 这种简并只是库仑场的特征.

有确定的 l 的每个态简并 $(2l+1)$ 次, 因为它对应于磁量子数 $m = 0, \pm1, \pm2, \cdots, \pm l$ 的不同值. 由此可见, 量子数为 n 的稳定态的总简并数等于

$$\sum_{l=0}^{n-1}(2l+1) = n^2$$

修正的库仑势能 我们现在研究 "已修正的" 库仑势能情况, 其形式为

$$U(r) = -\frac{Ze^2}{r}\left(1 + \frac{\beta}{r}\right) \tag{8.22}$$

这时, 对应于 (8.5) 式的径向波函数 $[g(x) < 0]$ 的方程是

$$v'' + \left[-\frac{1}{4} + \frac{A}{x} + \frac{2A\beta}{r_0}\cdot\frac{1}{x^2} - \frac{l(l+1)}{x^2}\right]v = 0$$

若引进标号 $l'(l'+1) = l(l+1) - \dfrac{2A\beta}{r_0} = l(l+1) - \dfrac{2\beta}{a}$, 则该方程直接变为 (8.5) 式 (但一般说来, 不是整数 l 而是非整数 l'). 相应的本征值为

$$\begin{aligned} A &= n' + l' + 1 = n' + 1 + l - (l - l') \\ &= n - (l - l') = n - a_l \end{aligned}$$

(n' 为整数). 在这种情况下, (8.11) 式改为如下形式

$$E_{nl} = -\frac{me^4Z^2}{2\hbar^2(n - a_l)^2} \tag{8.23}$$

———————————— (8–4)

由此显然, 由于库仑场式的偏离, 一般说减少了简并 (我们研究的仅为部分情况, 因为能量除了与 n 有关, 还与 l 有关, 但与 m 无关).

正能量范围 我们研究氢原子在 $E > 0$ 范围内的本征函数, 这时径向方程是

$$R''(r) + \frac{2}{r}R'(r) + \left\{\frac{2m}{\hbar^2}\left(E + \frac{Ze^2}{r}\right) - \frac{l(l+1)}{r^2}\right\}R(r) = 0 \tag{8.24}$$

其解为

$$R(r) = r^l \mathrm{e}^{\mathrm{i}kr} F(z), \text{ 这里 } k^2 = \frac{2mE}{\hbar^2}, \quad z = -2\mathrm{i}kr \tag{8.25}$$

将 (8.25) 式代入 (8.24) 式, 给出 $F(z)$ 的方程是

$$z\frac{\mathrm{d}^2F(z)}{\mathrm{d}z^2} + (2l+2-z)\frac{\mathrm{d}F(z)}{\mathrm{d}z} - (l+1-\mathrm{i}\alpha)F(z) = 0 \tag{8.26}$$

式中使用标号

$$\alpha = \frac{me^2Z}{\hbar^2 k} \tag{8.27}$$

方程 (8.26) 式的解是超越函数①

$$F(z) = F(l+1-\mathrm{i}\alpha, 2l+2, -2\mathrm{i}kr) \tag{8.28}$$

下面列举它们的性质和定义.

R_l 的渐近表达式为

$$\left.\begin{aligned} &R_l(r \to 0) = r^l \\ &R_l(r \to \infty) = \frac{\mathrm{e}^{-\frac{\pi}{2}\alpha}(2l+1)!}{(2k)^l|\Gamma(l+1+\mathrm{i}\alpha)|}\cdot \\ &\qquad \frac{1}{kr}\sin\left\{kr + \alpha\ln(2kr) - \frac{l\pi}{2} - \arg\Gamma\right\} \end{aligned}\right| \tag{8.29}$$

例如, 对于 $l = 0$

$$\left.\begin{aligned} &R_0(r \to 0) = 1 \\ &R_0(r \to \infty) = \frac{\mathrm{e}^{-\frac{\pi}{2}\alpha}}{|\Gamma(1+\mathrm{i}\alpha)|}\cdot\frac{1}{kr}\sin\{kr + \alpha\ln(2kr) - \arg\Gamma\} \end{aligned}\right| \tag{8.30}$$

① (8.28) 式应写为 $F(z)$ 较妥. 俄译本为 $F(r) = \cdots$, 原文为 $F = \cdots$. ——译者注

式中

$$\left.\begin{aligned}\Gamma(n)&=(n-1)!\\|\Gamma(1+\mathrm{i}\alpha)|^2&=\frac{2\pi\alpha}{\mathrm{e}^{\pi\alpha}-\mathrm{e}^{-\pi\alpha}}\\\Gamma(1+z)\cdot\Gamma(1-z)&=\frac{\pi z}{\sin\pi z}\end{aligned}\right| \tag{8.31}$$

———————— (8–5)

超越函数 超越函数展开成级数的前几项为

$$F(a,b,z)=1+\frac{a}{b\cdot 1!}z+\frac{a(a+1)}{b(b+1)\cdot 2!}z^2+\cdots \tag{8.32}$$

定义 一般情况下, 根据定义, 超越函数满足如下方程式

$$zF''(z)+(b-z)F'(z)-aF(z)=0 \tag{8.33}$$

渐近式 若 b 为整数, 而 z 为纯虚数, 则 $F(z)$ 的渐近式可写为下述形式

$$F(z\to\mathrm{i}\infty)=\frac{\Gamma(b)}{\Gamma(b-a)}(-z)^{-a}+\frac{\Gamma(b)}{\Gamma(a)}z^{a-b}\mathrm{e}^z \tag{8.34}$$

———————— (8–6)

9. 波函数的正交性

波函数——波动方程的解——的正交性问题，在三维和一维情况有些不同特点，所以，分别详细加以研究.

A. **一维情况** 波函数 (不依赖于时间) 为 $u_i = u_i(x)$. 我们进行下列明显的运算

$$\begin{array}{l|l} u_l'' + \dfrac{2m}{\hbar^2}[E_l - U(x)]u_l = 0 & u_k \\ u_k'' + \dfrac{2m}{\hbar^2}[E_k - U(x)]u_k = 0 & -u_l \end{array} \tag{9.1}$$

$$u_k u_l'' - u_l u_k'' = \frac{\mathrm{d}}{\mathrm{d}x}(u_k u_l' - u_l u_k') = \frac{2m}{\hbar^2}(E_k - E_l)u_k u_l.$$

对等式两边沿 ab 段进行积分

$$u_k u_l'|_a^b - u_l u_k'|_a^b = \frac{2m}{\hbar^2}(E_k - E_l)\int_a^b u_k u_l \mathrm{d}x \tag{9.2}$$

当 $x \to \pm\infty$, 通常 $u_k, u_l \to 0$. 使 (9.2) 式的积分限趋向无限远 $a \to -\infty$, $b \to +\infty$ 得

$$0 = \frac{2m}{\hbar^2}(E_k - E_l)\int_{-\infty}^{\infty} u_k u_l \mathrm{d}x \tag{9.3}$$

我们讨论其他类型的边界条件.

周期运动 [边界条件 $u(x) = u(x+\tau)$]

$$0 = (E_k - E_l)\oint u_k u_l \mathrm{d}x \tag{9.4}$$

限制在某区域内运动 (在两端点 a 和 b 为无限高势垒)

$$0 = (E_k - E_l)\int_a^b u_k u_l \mathrm{d}x \tag{9.5}$$

一般情况 显然, 在一般情况下可写为

$$0=(E_k-E_l)\int_{\text{区域}}u_k u_l \mathrm{d}x \tag{9.6}$$

———————— (9−1)

这里是对确定解答的整个区域进行积分. 当 $E_k \neq E_l$ 时, 由 (9.6) 式得

$$\int u_k u_l \mathrm{d}x=0 \tag{9.7}$$

这表明波动方程的两个独立解 $(k \neq l)$ 彼此*正交*, 因为它们的标量积 (9.7) 式等于零.

在一维问题中, 通常每个能量本征值 E 对应于一个解 (准确到一个常数因子). 若本征函数已被归一化, 则

$$\int u_k u_l \mathrm{d}x=\delta_{kl}, \quad \delta_{kl}=\begin{cases}1, & \text{当 } k=l \\ 0, & \text{当 } k\neq l\end{cases} \tag{9.8}$$

这就是波函数的*正交性*.

任意函数的展开 任一连续函数 $f(x)$ 可按照本征函数系展开成级数. 展开式为

$$f(x)=\sum c_k u_k(x), \quad c_k=\int_{\text{区域}} f(x)u_k(x)\mathrm{d}x \tag{9.9}$$

(积分沿自变量 x 的整个定义域进行).

B. **三维情况** 一般说, 这种情况下的本征函数依赖于所有三个空间变量. 与前面相似

$$\begin{array}{r|l}\nabla^2 u_l+\dfrac{2m}{\hbar^2}(E_l-U)u_l=0 & u_k \\ \nabla^2 u_k+\dfrac{2m}{\hbar^2}(E_k-U)u_k=0 & -u_l\end{array} \tag{9.10}$$

$$\nabla(u_k\nabla u_l-u_l\nabla u_k)=\frac{2m}{\hbar^2}(E_k-E_l)u_k u_l \tag{9.11}$$

将 (9.11) 式沿封闭曲面 σ (n 为曲面的外法线矢量) 所包围的三维空间 τ 进行积分, 应用高斯–奥斯特罗格拉斯基定理, 得

$$\frac{\hbar^2}{2m}\oint_\sigma\left(u_k\frac{\partial}{\partial n}u_l-u_l\frac{\partial}{\partial n}u_k\right)\mathrm{d}\sigma=(E_k-E_l)\int_\tau u_ku_l\mathrm{d}\tau \tag{9.12}$$

方程式的解通常是这样选取的, 使在积分边界上即曲面 σ 上, 函数 $u_k, u_l\to 0$, 这时 (9.2) 式变为

$$0=(E_k-E_l)\int_\tau u_ku_l\mathrm{d}\tau \tag{9.13}$$

当 $E_k\neq E_l$ 时

$$\int_\tau u_ku_l\mathrm{d}\tau=0 \tag{9.14}$$

———————————— (9–2)

当能量的每个本征值仅仅对应于一个本征函数时, 也就是说, 假若系统的一个状态也不简并, 那么归一化给出

$$\int_\tau u_ku_l\mathrm{d}\tau=\delta_{kl} \tag{9.15}$$

这个关系决定了非简并系统归一化的本征函数完全系的正交性.

简并情况 在这种情况下, 也能选取希尔伯特空间的基 (独立函数系), 使 (9.15) 式仍保持有效.

波动方程 (9.10) 式是线性微分方程, 假如给定的 E 值对应于若干个本征函数 u_i, 则这若干个函数进行线性组合所得的函数仍将是原方程的解, 且对应于同一本征值 E.

例如, 设 $E_1=E_2$, 而 u_1 本质上不等于 u_2. 使 u_1 归一化且选取它作为一个新的本征函数 $u_1^{\text{new}}=u_1$. 先取一个 "中间" 函数代替 u_2, 其形式为

$$u_2^{\text{int}}=u_2-u_1\int u_1u_2\mathrm{d}\tau$$

"中间" 函数 u_2^{int} 与 u_1 是正交的. 实际上, 由于 u_1 已归一化, 则

$$\int u_1u_2^{\text{int}}\mathrm{d}\tau=\int u_1u_2\mathrm{d}\tau-\left(\int u_1^2\mathrm{d}\tau\right)\cdot\int u_1u_2\mathrm{d}\tau=0$$

现在用已导出的函数

$$u_1^{\text{new}} = \text{归一化的 } u_1$$

$$u_2^{\text{new}} = \text{归一化的 } u_2^{\text{int}}$$

我们获得两个函数, 它们满足 (9.15) 式, 即具有正交性.

结论 即使在简并的情况, 可以而且能够方便地选取这样的函数基, 使之满足 (9.15) 式的正交性要求.

指出类似 (9.9) 展开式的三维情况

$$f(x,y,z)=\sum c_k u_k(x,y,z), \quad c_k=\int u_k f \mathrm{d}\tau \tag{9.16}$$

要点:

a. 本征函数的完全性.

b. 复数解的作用.

c. 依赖于时间的薛定谔方程的解.

不依赖于时间的波动方程的解 (定态) 一般应倍乘一指数, 该指数是方程 $\dfrac{\partial\psi}{\partial t}=-\dfrac{\mathrm{i}E}{\hbar}\psi$ 的解. 在一般情况, 带有不定能量的状态 (混合态) 通常可写为线性组合形式

$$\psi=\sum_k c_k \mathrm{e}^{-\frac{\mathrm{i}E_k}{\hbar}t}u_k(x,y,z) \tag{9.17}$$

d. $|c_k|^2$ 的意义.

————————— (9–3)

10. 线性算符

1. 场内的函数是多种的. 数轴 x (一维空间), 数 x, y, z 的三维空间, 球面上的点, 有限点集等, 都可作为场的实例.

2. 函数可理解为空间矢量. 这种空间可以为有限维或无限维 (希尔伯特空间).

3. 算符.

在一般情况下, 算符 $\hat{o}$ 确定从函数 f 获得函数 g 的规则

$$g = \hat{o} f \tag{10.1}$$

自乘、自乘后再乘以数、一次微分和多次微分、乘以某函数等等, 都能组成相应的算符. 因此, 算符 $\hat{o}$ 作用于函数 f 将给出函数 g.

例如: $g = f^2$, $g = 3f^2$, $g = \dfrac{\mathrm{d}f}{\mathrm{d}x}$, $g = \dfrac{\mathrm{d}^2 f}{\mathrm{d}x^2}$, $g = (7x^2+1)f$ 等.

应着重指出, 存在一单位算符, 或叫恒等算符, 常用 1 或 I 表示. 它作用于函数后, 所给出的函数恒等于原来的函数

$$g = 1f \equiv f \tag{10.2}$$

即单位算符使函数保持不变.

4. 在量子力学中, 线性算符起重要作用. 它是由下述性质定义的

$$\hat{o}(af + bg) = a\hat{o}f + b\hat{o}g \tag{10.3}$$

这里 a 与 b 为常数.

以下可作为线性算符的例子.

单位算符: $\hat{o} = 1$;

乘以数 3 的算符: $\hat{o} = 3$;

乘以函数 $7x+1$ 的算符: $\hat{o}=7x+1$;

微分算符: $\hat{o}=\dfrac{\mathrm{d}}{\mathrm{d}x}$ 和 $\hat{o}=\dfrac{\mathrm{d}^2}{\mathrm{d}x^2}$.

相反, 由某函数的立方组成的算符就不是线性算符. 从这里开始, 之后将仅讨论线性算符.

———————— (10–1)

5. 线性算符的和 (或差) 看作算符 $\widehat{C}=\widehat{A}\pm\widehat{B}$ 作用于 f, 等于算符 $\widehat{A}$ 和 $\widehat{B}$ 分别作用于 f 的和 (或差)

$$\widehat{C}f=(\widehat{A}\pm\widehat{B})f=\widehat{A}f\pm\widehat{B}f \tag{10.4}$$

加法中的交换律性质

$$\widehat{A}+\widehat{B}=\widehat{B}+\widehat{A}$$

结合律性质

$$\widehat{A}+(\widehat{B}+\widehat{C})=(\widehat{A}+\widehat{B})+\widehat{C}$$

等等, 明显地为线性算符所固有.

6. 算符乘以数, 恒等于算符作用后乘以数

$$(a\widehat{A})f=a(\widehat{A}f) \tag{10.5}$$

7. 两个线性算符 $\widehat{A}$ 和 $\widehat{B}$ 的乘积很明显具有结合律性质

$$(\widehat{A}\widehat{B})f=\widehat{A}(\widehat{B}f) \tag{10.6}$$

和分配律性质

$$\widehat{A}(\widehat{B}+\widehat{C})=\widehat{A}\widehat{B}+\widehat{A}\widehat{C} \tag{10.7}$$

一般, 乘法的交换律不成立

$$\widehat{A}\widehat{B}\neq\widehat{B}\widehat{A}$$

即两个线性算符 $\widehat{A}$ 和 $\widehat{B}$ 在一般情况下不能交换. 例如, 乘以 x 的算符 $\widehat{A}=x$, 和一次微分算符 $\widehat{B}=\dfrac{\mathrm{d}}{\mathrm{d}x}$ 就不能交换, 事实上也的确如此

$$(\widehat{A}\widehat{B})f=\left(x\frac{\mathrm{d}}{\mathrm{d}x}f\right)=x\frac{\mathrm{d}f}{\mathrm{d}x}=xf'$$

$$(\widehat{B}\widehat{A})f=\frac{\mathrm{d}}{\mathrm{d}x}(xf)=x\frac{\mathrm{d}f}{\mathrm{d}x}+f=xf'+f$$

8. 对于算符 $\widehat{A}$ 和 $\widehat{B}$ 的交换子 (或称对易关系) 表示为

$$[\widehat{A},\widehat{B}]=\widehat{A}\widehat{B}-\widehat{B}\widehat{A} \tag{10.8}$$

显然, 交换子具有如下性质

$$[\widehat{A},\widehat{B}]=-[\widehat{B},\widehat{A}] \tag{10.9}$$

以下述在量子力学中起重要作用的对易关系为例

$$\left[\frac{\mathrm{d}}{\mathrm{d}x},x\right]=1 \tag{10.10}$$

不难看出这是正确的.

——————————— (10–2)

9. 算符的幂定义为一个算符, 其作用等价于原有算符连续作用于某函数, 作用的次数为算符的幂数

$$\widehat{A}^n f=\underbrace{\widehat{A}[\widehat{A}\cdots\widehat{A}(\widehat{A}}_{n}f)] \tag{10.11}$$

例如, 对于 $\widehat{A}=\dfrac{\mathrm{d}}{\mathrm{d}x}$, 则

$$\widehat{A}^2=\frac{\mathrm{d}^2}{\mathrm{d}x^2},\cdots,\ \widehat{A}^n=\frac{\mathrm{d}^n}{\mathrm{d}x^n}$$

很明显, 算符的幂具有如下性质

$$\widehat{A}^{n+m}=\widehat{A}^n\cdot\widehat{A}^m \tag{10.12}$$

$$[\widehat{A}^n,\widehat{A}^m]=0 \tag{10.13}$$

[(10.13) 式表明, 同一算符的任意两个幂彼此可以对易].

10. $\widehat{A}$ 的逆算符表示为 $\widehat{A}^{-1}$.

$\widehat{A}^{-1}$ 仅仅在方程式 $\widehat{A}f=g$ 对于 f 可解的情况下有定义, 根据定义 $f=\widehat{A}^{-1}g$. (10.14)

逆算符的性质

$$(\widehat{A}^{-1}A)f=\widehat{A}^{-1}(\widehat{A}f)=\widehat{A}^{-1}g=f$$

换句话说

$$\widehat{A}^{-1}\widehat{A}\equiv 1 \tag{10.15}$$

式中 1 为恒等算符, 即单位算符.

同时, $(\widehat{A}\widehat{A}^{-1})g=\widehat{A}(\widehat{A}^{-1}g)=\widehat{A}f=g$, 即

$$\widehat{A}\widehat{A}^{-1}\equiv 1 \tag{10.16}$$

由 (10.15) 和 (10.16) 式, 得

$$[\widehat{A},\widehat{A}^{-1}]=0 \tag{10.17}$$

11. 算符函数. 形式上的定义: 设一已知的解析函数

——————————— (10–3)

$F(x)$ $\left[\text{例如, } F(x)=\sin x,\ F(x)=\mathrm{e}^{\alpha x},\ F(x)=\dfrac{x^2}{1-x}\ \text{等}\right]$ 和算符 $\widehat{A}$, 类似于该函数的泰勒展开, 我们定义 $F(\widehat{A})$ 为

$$F(\widehat{A})=\sum_0^\infty\frac{F^{(n)}(0)}{n!}\widehat{A}^n. \tag{10.18}$$

这里利用了前述的算符与算符幂的概念, 但须指出, 这个定义不是永远有意义的.

例 1 对于 $\widehat{A}=\dfrac{\mathrm{d}}{\mathrm{d}x}$, 指数展开式为

$$\mathrm{e}^{\alpha\widehat{A}}=1+\alpha\widehat{A}+\frac{\alpha^2}{2!}\widehat{A}^2+\cdots+\frac{\alpha^n}{n!}\widehat{A}^n+\cdots$$

$$= 1 + \alpha \frac{\mathrm{d}}{\mathrm{d}x} + \frac{\alpha^2}{2!}\frac{\mathrm{d}^2}{\mathrm{d}x^2} + \cdots + \frac{\alpha^n}{n!}\frac{\mathrm{d}^n}{\mathrm{d}x^n} + \cdots$$

由此得

$$\mathrm{e}^{\alpha \frac{\mathrm{d}}{\mathrm{d}x}} f(x) = \sum_0^\infty \frac{\alpha^n}{n!}\frac{\mathrm{d}^n}{\mathrm{d}x^n} f(x) = f(x+\alpha) \tag{10.19}$$

因此, 就得到函数自变量位移的算符.

例 2 对于算符 $\widehat{A} = x$ (倍乘 x 的算符)

$$F(\widehat{A}) = F(x) \tag{10.20}$$

即获得倍乘 $F(x)$ 的算符.

12. 两个 (或多个) 算符的函数. 用下述方法推广 (10.18) 式

$$F(\widehat{A},\widehat{B}) = \sum_{n,m=0}^\infty \frac{F^{(n,m)}(0,0)}{n!m!}\widehat{A}^n\widehat{B}^m$$

式中 (10.21)

$$F^{(n,m)}(x,y) = \frac{\partial^{n+m}F(x,y)}{\partial x^n \partial y^m}$$

然而, 若算符 $\widehat{A},\widehat{B}$ 之间不可对易, 则这个定义不是单值的. 实际上也是如此. 对于不可对易的算符

$$\widehat{A}^2\widehat{B} \neq \widehat{A}\widehat{B}\widehat{A} \neq \widehat{B}\widehat{A}^2$$

有时在类似上述情况下, 可组成算符乘积的对称形式, 如

$$\begin{aligned} \widehat{A}\widehat{B} &\to \frac{\widehat{A}\widehat{B}+\widehat{B}\widehat{A}}{2} \\ \widehat{A}^2\widehat{B} &\to \frac{\widehat{A}^2\widehat{B}+\widehat{A}\widehat{B}\widehat{A}+\widehat{B}\widehat{A}^2}{3} \end{aligned} \tag{10.22}$$

等等.

11. 本征函数和本征值

本征值问题 一般来说, 这个问题归结为下述形式的方程的研究和求解问题

$$\widehat{A}\psi = a\psi \tag{11.1}$$

式中 $\widehat{A}$ 为线性算符, a 为数, ψ 为函数. 也就是说, 寻找一类函数, 当该算符作用于它时, 得到它与一个数相乘. 这种函数称为该算符的本征函数.

通常认为这函数 ψ 应是正则的和单值的. 附加在函数 ψ 上的标准限制: 要求 ψ 处处 (包括无限远点在内) 是有限值. 在有界区域的情况 (如某一段), 边界条件要求 ψ 在边界为零值. 一般地说, 方程 (11.1) 式仅对 a 的某些特殊值有解存在. a 称为算符 $\widehat{A}$ 的本征值

$$\widehat{A}\psi_n = a_n\psi_n \tag{11.2}$$

式中 a_n 为本征值, 而 ψ_n 为对应它的本征函数.

举例 与时间无关的薛定谔方程

$$\left(-\frac{\hbar^2}{2m}\nabla^2 + U\right)\psi = E\psi \tag{11.3}$$

可归结为求总能量算符 $\widehat{E} = -\dfrac{\hbar^2}{2m}\nabla^2 + U$ 的本征值 E_n 和对应的本征函数 ψ_n.

简并 每一个本征值仅对应一个本征函数 (准确到一常数因子), 称为非简并. 相反, 对应于两个、三个或更多个的本征函数则本征值是简并 (二重简并、三重简并, 等等) 的.

本征函数的正交性 设在 (11.2) 式中算符的所有本征值为 $a_1, a_2, \cdots,$ $a_n, \cdots$ (本征值彼此重合的个数表征为简并度). 设 $\psi_1, \psi_2, \cdots, \psi_n, \cdots$ 是相对

应的本征函数. 若取 $\widehat{A}$ 为系统的总能量 (哈密顿) 算符, 根据第 9 讲, (11.3) 式中的 ψ_n 就形成一个正交函数系.

——————————— (11–1)

定义 1 下式称为函数 f 和 g 的标量积

$$(g|f)=\int g^*f \tag{11.4}$$

[注意, $(g|f)\equiv(f|g)^*$]. 式中积分符号取决于函数 f 和 g 的性质, 或表示对 $\mathrm{d}x$ 的简单积分, 或表示对 $\mathrm{d}\tau=\mathrm{d}x\mathrm{d}y\mathrm{d}z$ 的三重积分, 或表示对函数有定义的所有点求和.

定义 2 函数 f 与 g 正交, 若

$$(g|f)=0 \quad 即 \quad \int g^*f\equiv 0 \tag{11.5}$$

问题 在怎样的条件下, 在 (11.2) 式中对应于不同本征值的本征函数将彼此正交?

回答 必要充分条件是: 算符 $\widehat{A}$ 是厄米算符.

厄米算符

定义 3 若满足下述等式, 则算符 $\widehat{A}$ 称为厄米算符 (简称厄米)

$$(g|\widehat{A}f)=(\widehat{A}g|f) \quad 或 \quad \int g^*\widehat{A}f=\int(\widehat{A}g)^*f \tag{11.6}$$

厄米算符的例子:

$$\hat{x},\quad \frac{\hbar}{\mathrm{i}}\frac{\partial}{\partial x},\quad \nabla^2,\quad -\frac{\hbar^2}{2m}\nabla^2+U(x,y,z)$$

(使这些算符实现厄米性质, 一般说, 这需相应的边界条件).

引理 若算符 $\widehat{A}$ 是厄米, 则 $(f|\widehat{A}f)$ 是实数. (11.7)

证明 根据 $(g|f)\equiv(f|g)^*$ 和 (11.6) 式的定义, 则

$$(f|\widehat{A}f)=(\widehat{A}f|f)=(f|\widehat{A}f)^* \tag{11.7$'$}$$

这就是所要求的证明.

定理 1 若算符 $\widehat{A}$ 是厄米, 则它所有的本征值皆为实数. (11.8)

证明 从 (11.2) 式 $\widehat{A}\psi_n = a_n\psi_n$ 出发, 式的两边以 ψ_n 作左标量积, 得

$$(\psi_n|\widehat{A}\psi_n) = a_n(\psi_n|\psi_n)$$

现在利用 (11.6) 式的性质, 我们得

$$a_n = \frac{(\psi_n|\widehat{A}\psi_n)}{(\psi_n|\psi_n)} = \frac{\text{实数}}{\text{实数}} = \text{实数}$$

这就是所要求的证明.

———————— (11–2)

定理 2 若算符 $\widehat{A}$ 是厄米, 本征值 a_n 和 a_m 不相等, 则相应的本征函数彼此正交. (11.9)

证明 下列运算很明显

$\int \psi_m^*$ $-\int \psi_n$	$\widehat{A}\psi_n = a_n\psi_n$ $\widehat{A}\psi_m = a_m\psi_m$ $(\widehat{A}\psi_m)^* = a_m\psi_m^*$	(回忆一下, 厄米算符的本征值是实数 $a_m^* = a_m$!)

$$\int \psi_m^*(\widehat{A}\psi_n) - \int (\widehat{A}\psi_m)^*\psi_n = (a_n - a_m)\int \psi_m^*\psi_n = (a_n - a_m)(\psi_m|\psi_n)$$

鉴于算符 $\widehat{A}$ 的厄米性, 等式的左边 $(m \neq n)$ 等于零, 因此

$$(a_n - a_m)(\psi_m|\psi_n) = 0$$

当 $a_n \neq a_m$, 则

$$(\psi_m|\psi_n) \equiv \int \psi_m^*\psi_n = 0 \tag{11.9'}$$

这就是所要求的证明.

准定理

若对所有函数 f, 标量积 $(f|\widehat{A}f)$ 是实数, 则 $\widehat{A}$ 一定是厄米算符 [(11.7) 的逆定理]. (11.10)

若对所有的 $a_n \neq a_m$, 相应的本征函数标量积 $(\psi_n|\psi_m)$ 等于零, 则 $\widehat{A}$ 一定是厄米算符 [(11.9) 的逆定理]. 这些定理将在后面阐明. (11.11)

正交归一的本征函数

若 $\widehat{A}$ 为厄米算符, 而

$$a_1, a_2, \cdots, a_n, \cdots \text{ 为 } \widehat{A} \text{ 的本征值,}$$

$$\psi_1, \psi_2, \cdots, \psi_n, \cdots \text{ 为 } \widehat{A} \text{ 的本征函数,} \tag{11.12}$$

则当 $a_r \neq a_s$ 时, 任一 ψ_r 与任一 ψ_s 都是正交的.

若是简并情况 $(a_r = a_s)$, 则应采取第 9 讲所述的方法.

——————— (11–3)

归一化. 函数归一化的一般方法是, 每个函数 ψ_n 以 $\sqrt{(\psi_n|\psi_n)}$ 除之, 除后所得新的 ψ_n 对于下式必然成立

$$(\psi_r|\psi_s) = \delta_{rs} \tag{11.13}$$

准定理 任意函数 f 按本征函数 ψ_n 展开时的系数是标量积 $(\psi_n|f)$

$$f = \sum_n C_n \psi_n, \quad C_n = (\psi_n|f) \tag{11.14}$$

换句话说, 即有等式

$$f = \sum_n (\psi_n|f)\psi_n \tag{11.15}$$

这个论断的正确性将在后面证明.

若等式 (11.15) 对所有的函数都成立, 则 (11.2) 式的函数系称为正交归一的函数完全系 (正交函数完全系).

正交函数完全系.

在第 9 讲末已经谈到函数完全系的概念, 这里仅补充正交性和归一化的内容.

定义 算符 $\widehat{A}$ 对于函数 ψ 的平均值 $\overline{A}$, 等于

$$\overline{A}=\frac{(\psi|\widehat{A}\psi)}{(\psi|\psi)} \tag{11.16}$$

举例 设 $\widehat{A}=x$, 而函数 ψ 已归一化, 则

$$\bar{x}=\int\psi^{*}x\psi\mathrm{d}\tau=\int x|\psi|^{2}\mathrm{d}\tau \tag{11.17}$$

因此, 在计算坐标 x 的平均值时, 利用的统计权重等于 $|\psi|^2$.

定理 厄米算符的平均值是实数.

证明可由 (11.7) 和 (11.16) 两关系式得出.

准定理 算符对所有函数的平均值都是实数, 则该算符是厄米算符.

该定理的正确性将在以后证明, 根据 (11.15) 式的性质也易理解.

—————— (11－4)

附录: 狄拉克 δ 函数 根据定义, 狄拉克 δ 函数具有如下性质: 当积分域包括 $x=0$ 的点

$$\int\delta(x)\mathrm{d}x=1 \tag{11.18}$$

相反, $\int\delta(x)\mathrm{d}x=0$ (图 8). 也可借助极限法来定义狄拉克 δ 函数

$$\delta(x)=\lim_{\alpha\to\infty}\sqrt{\frac{\alpha}{\pi}}\mathrm{e}^{-\alpha x^{2}} \tag{11.19}$$

或

$$\delta(x)=\lim_{\alpha\to\infty}\frac{\sin\alpha x}{\pi x} \tag{11.20}$$

以及其他.

这些定义也反映了 δ 函数的偶宇称性.

我们列举 δ 函数某些基本性质. 首先

$$\int_{-\infty}^{\infty}f(x)\delta(x-a)\mathrm{d}x=f(a) \tag{11.21a}$$

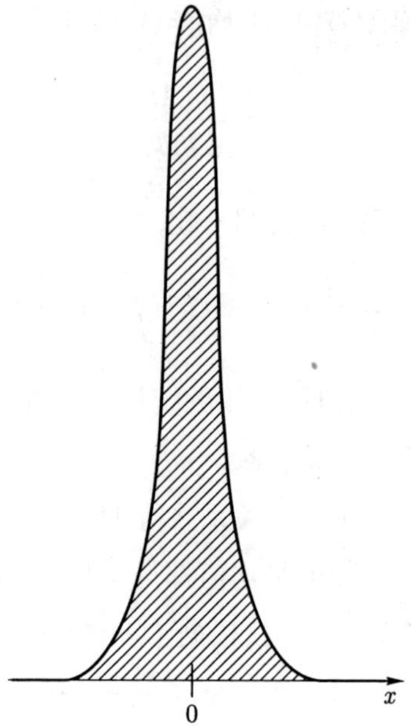

图 8　狄拉克 δ 函数直观表示, 曲线内面积等于 1, 峰高无限大

现在将 (11.21a) 式两边对 a 求导, 我们得到另一性质

$$-\int_{-\infty}^{\infty} f(x)\delta'(x-a)\mathrm{d}x = f'(a) \tag{11.21b}$$

应用时谨慎些!

我们现在写出 δ 函数的傅里叶展开

$$\delta(x) = \frac{1}{2\pi}\int_{-\infty}^{\infty} \mathrm{e}^{\mathrm{i}kx}\mathrm{d}k \tag{11.22}$$

不难看出这函数的傅里叶变换等于 1. 根据 (11.15) 式, δ 函数按照某问题的本征函数展开

$$\delta(x-x') = \sum_n (\psi_n(x)|\delta(x-x'))\psi_n(x)$$

考虑到 (11.21) 式, 我们得

$$\delta(x-x') = \sum_n \psi_n^*(x')\psi_n(x) \tag{11.23}$$

———————————— (11–5)

12. 质点的算符

最简单的物理系统是质点, 下面研究这种情形下的某些算符.

我们写出作用于函数 $\psi(x,y,z)$ 的六个算符

$$\hat{x},\quad \hat{y},\quad \hat{z},\quad \frac{\hbar}{\mathrm{i}}\frac{\partial}{\partial x}=\hat{p}_x,\quad \frac{\hbar}{\mathrm{i}}\frac{\partial}{\partial y}=\hat{p}_y,\quad \frac{\hbar}{\mathrm{i}}\frac{\partial}{\partial z}=\hat{p}_z \tag{12.1}$$

所有六个算符都是厄米, 我们要弄清楚它们怎样作用于系统的波函数.

A. **平均值** 假设 ψ 描述 “很小的” 波包 (图 9)

$$\psi\sim \mathrm{e}^{-\frac{\mathrm{i}}{\lambda}\boldsymbol{n}\cdot\boldsymbol{r}},\quad \boldsymbol{r}=(x,y,z)^{①}$$

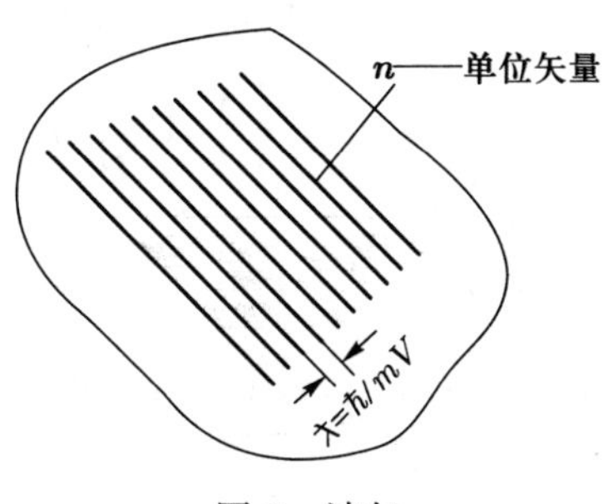

图 9 波包

按照 (11.16) 式的规则, 计算算符的平均值, 有

$$\left.\begin{aligned}&\bar{x},\bar{y},\bar{z}\text{——波包的平均坐标}\\&\bar{p}_x,\bar{p}_y,\bar{p}_z\text{——动量矢量 } mV\boldsymbol{n} \text{ 分量平均值}\end{aligned}\right| \tag{12.2}$$

注意 对于坐标, 这个结果很明显. 对于动量分量, 例如 $\bar{p}_x$, 有

$$\bar{p}_x=\frac{\left(\psi\middle|\frac{\hbar}{\mathrm{i}}\frac{\partial}{\partial x}\psi\right)}{(\psi|\psi)}\approx\frac{\hbar}{\lambda}n_x=mVn_x$$

---

① 俄译本 $\psi\sim \mathrm{e}^{\frac{\mathrm{i}}{\hbar}\boldsymbol{n}\cdot\boldsymbol{r}}$ 有误, 应为 $\psi\sim \mathrm{e}^{\frac{\mathrm{i}}{\lambda}\boldsymbol{n}\cdot\boldsymbol{r}}$. ——译者注

因为, 对于所研究的波函数

$$\frac{\hbar}{\mathrm{i}}\frac{\partial}{\partial x}\psi \approx \frac{\hbar}{\mathrm{i}}\frac{\partial}{\partial x}\mathrm{e}^{\frac{\mathrm{i}}{\lambda}n_x x} = \frac{\hbar}{\lambda}n_x\psi$$

根据 (12.2) 式的平均值定义, (12.1) 式表示的算符应与通常经典意义的坐标和动量分量联系着. 在这里使我们深信无疑.

B. **进一步的论断** 我们写出质点的势能与动能的和

$$E = \frac{1}{2m}(p_x^2 + p_y^2 + p_z^2) + U(x,y,z) = H(x,\cdots,p_x,\cdots) \tag{12.3}$$

这样写出的质点总能量表达式可理解为 (12.1) 式所示的算符的函数. 算符的这个函数也是根据 (10.21) 规则定义的, 但这里定义的算符完全是单值的. 这样一来

(12-1)

$$\left.\begin{aligned} &U(x,y,z) \to \widehat{U}(x,y,z)(\text{倍乘一函数的算符}) \\ &p_x^2 + p_y^2 + p_z^2 \to \hat{p}_x^2 + \hat{p}_y^2 + \hat{p}_z^2 = \left(\frac{\hbar}{\mathrm{i}}\right)^2\left(\frac{\partial}{\partial x}\frac{\partial}{\partial x} + \cdots\right) \\ &\qquad = -\hbar^2\left(\frac{\partial^2}{\partial x^2} + \cdots\right) = -\hbar^2\nabla^2 \end{aligned}\right| \tag{12.4}$$

因此, 对应能量 E 的算符 (显然, 它是厄米) 可写为

$$\widehat{H} = -\frac{\hbar^2}{2m}\nabla^2 + \widehat{U} \tag{12.5}$$

这样的算符作用于函数 ψ, 我们得

$$\widehat{H}\psi = -\frac{\hbar^2}{2m}\nabla^2\psi + \widehat{U}\psi \tag{12.6}$$

$\widehat{U}\psi$ 的意义等于通常的坐标函数 $U(x,y,z)$ 乘上波函数 ψ. 算符 $\widehat{H}$ 称为总能量算符或哈密顿算符. 从前面的例子 (特别是线性谐振子和氢原子) 指出

| 算符 $\widehat{H}$ 的本征值就是系统的能级 |

C. **可引的推广、假设** 现在研究系统状态的经典函数 (y 坐标, 动量的

z 分量, 动能 T, 动量矩的 x 分量等). 所有这些函数在经典物理中视为变量 x, y, z, p_x, p_y, p_z 的函数. 我们换为相应的算符函数:

———————————— (12–2)

$$\hat{x}, \quad \hat{p}_z = \frac{\hbar}{\mathrm{i}}\frac{\partial}{\partial z}, \quad \widehat{T} = -\frac{\hbar^2}{2m}\nabla^2,$$

$$\widehat{M}_x = \hat{y}\hat{p}_z - \hat{z}\hat{p}_y = \frac{\hbar}{\mathrm{i}}\left(y\frac{\partial}{\partial z} - z\frac{\partial}{\partial y}\right) \text{ 等}$$

注意 所有这些算符都应当选取厄米. 否则, 它们的平均值和本征值将不是实数.

假设 1 对依赖于坐标和动量的函数

$$F = F(x, y, z, p_x, p_y, p_z)$$

进行测量, 其结果只可能是相应的厄米算符的本征值.

假设 2[①] 系统的量子力学状态由波函数 ψ 定义[②]. 波函数 ψ 随时间而改变, 恰好满足依赖于时间的薛定谔方程.

问题 应怎样选取函数 ψ 的初始值呢?

回答 测量某物理量 $F(\boldsymbol{x}, \boldsymbol{p})$. 测量的结果应与算符 $\widehat{F}$ 的本征值之一相合, 例如 F_n. 若 F_n 是非简并的本征值, 则函数 ψ 在测量后就是与算符 $\widehat{F}$ 该本征值相对应的本征函数. 若是简并的, 则必须进行多次测量, 这点将在以后阐明.

———————————— (12–3)

本征值问题

$$\widehat{G}g_n(\boldsymbol{x}) = G_n g_n(\boldsymbol{x}) \tag{12.7}$$

式中 $\widehat{G}$ 为依赖于 $\boldsymbol{x}$ 和 $\boldsymbol{p}$ 的厄米算符; G_n 为它的本征值 (数); $g_n(\boldsymbol{x})$ 为本征函数. 将 ψ 按本征函数 $g_n(\boldsymbol{x})$ 展开成级数

① 原文在 "假设 2" 之前, 有一句 "在经典力学和量子力学中, 态的意义的讨论", 俄译本未译出. ——译者注

② 原文这里有一句 "然而, 两个彼此成正比的 ψ 代表同一态", 俄译本未译出. ——译者注

$$\left.\begin{aligned}\psi &= \sum_n b_n g_n(\boldsymbol{x}) \\ b_n &= (g_n|\psi) = \int g_n^* \psi \mathrm{d}\tau\end{aligned}\right| \qquad (12.8)$$

式中 b_n 为展开系数 (数), 而 ψ 确定系统在时刻 t 的状态.

假设 3 当测量物理量 $G(\boldsymbol{x}, \boldsymbol{p})$, 得到它的值等于 G_n 的概率是与 $|b_n|^2$ 成正比的. (12.9)

由此得到:

推论 若 ψ 是归一化函数, 则

$$\sum_n |b_n|^2 = 1$$

证明

$$\begin{aligned}1 = (\psi|\psi) &= \left(\sum_n b_n g_n \middle| \sum_s b_s g_s\right) = \sum_{n,s} b_n^* b_s (g_n|g_s) \\ &= \sum_{n,s} b_n^* b_s \delta_{ns} = \sum_n b_n^* b_n = \left| \sum_n |b_n|^2 \right.\end{aligned}$$

由此可见, 若函数 ψ 已归一化, 则 $|b_n|^2 =$ 测量 G 的数值等于 G_n 的概率. (12.10)

所以, 测量物理量 G 的所有可能结果的平均值 (波函数已归一化) 等于

$$\overline{G} = \sum_n |b_n|^2 G_n = \sum_n b_n^* b_n G_n = \sum_{n,s} b_s^* G_n b_n \delta_{ns}$$

———————————— (12-4)

$$\begin{aligned}&= \sum_{s,n} b_s^* G_n b_n (g_s|g_n) = \left(\sum_s b_s g_s \middle| \sum_n b_n g_n G_n\right) \\ &= \left(\psi \middle| \sum_n b_n G_n g_n\right) = \left(\psi \middle| G \sum_n b_n g_n\right) = (\psi|G\psi) \\ &= (\psi|G\psi)/(\psi|\psi)\end{aligned}$$

分母 $(\psi|\psi)$ 因为归一化为 1 [参阅 (11.16) 定义], 由此得:

定理 算符 $\widehat{G}$ 的平均值, 根据 (11.16) 定义的意义, 等于物理量 $G(\boldsymbol{x}, \boldsymbol{p})$ 所有可能的结果与其相应权重因子的乘积.

复杂的情况 算符 $\hat{g}$ 的本征值集合是连续的情况.

例 1 研究坐标算符 $\hat{x}$ 的算符方程

$$\hat{x} f(x) = x' f(x)$$

式中 x' 是数. 这个方程的解为

$$f(x) = \delta(x - x').$$

[$\delta(x - x')$ 为对应 x' 的本征函数]. 函数 $\delta(x - x')$ 不能归一化.

然而, 假若求和形式用积分来代替:

$$n \to x'$$

$$g_n(x) \to \delta(x - x')$$

$$b_n = (g_n|\psi) \to (\delta(x - x')|\psi)\mathrm{d}x'$$

$$\sum_n \to \int$$

那么, 通常的归一化的欠缺, 可借助微量因子 $\mathrm{d}x'$ 来补偿,

———————————— (12-5)

从而所有的公式仍能系统地建立. 因此质点的坐标值为 $x = x'$ 的概率密度等于

$$|(\delta(x - x')|\psi(x))|^2 = \left|\int \delta(x - x')\psi(x)\mathrm{d}x\right|^2 = |\psi(x')|^2 \tag{12.11}$$

这是很熟悉的结果! 坐标 x 的平均值定义为

$$\bar{x} = (\psi|x\psi) = \int x|\psi|^2\mathrm{d}x \tag{12.12}$$

(函数 ψ 已归一化为 1).

例 2 研究质点的动量. 对应它的算符

$$\hat{p} = \frac{\hbar}{\mathrm{i}}\frac{\mathrm{d}}{\mathrm{d}x} \tag{12.13}$$

本征值方程式是 ($\hat{p}$——算符, p'——数)

$$\hat{p}f(x) = p'f(x)$$

或

$$\frac{\hbar}{\mathrm{i}}f'(x) = p'f(x) \tag{12.14}$$

方程 (12.14) 式的通解是

$$f(x) = \mathrm{e}^{\frac{\mathrm{i}}{\hbar}p'x} \tag{12.15}$$

这是对应本征值 p' 的本征函数. 本征值可为任意值

$$-\infty < p' < \infty$$

在这种情况下进行归一化时又出现某种困难, 因为函数 (12.15) 式不能直接归一化. 在这样的情况下, 求和形式用下述方式变换

$$n \to p', \quad g_n(x) \to \mathrm{e}^{\frac{\mathrm{i}}{\hbar}p'x}$$

$$b_n = (g_n|\psi) \to (\mathrm{e}^{\frac{\mathrm{i}}{\hbar}p'x}|\psi), \quad \sum_n \to \int \frac{\mathrm{d}p'}{2\pi\hbar} \tag{12.16}$$

现在

$$\delta(x - x') = \sum_n g_n^*(x')g_n(x) \to \int \frac{\mathrm{d}p'}{2\pi\hbar}\mathrm{e}^{\frac{\mathrm{i}}{\hbar}p'(x-x')}$$

$$= \delta(x - x')$$

[注意, 乘子 $\dfrac{1}{2\pi\hbar}$ 的引入是为了完整性的需要. 参考 (11.22) 和 (11.23) 式].

——————————— (12-6)

系统的动量在 $(p', p' + \mathrm{d}p')$ 之间的概率等于 (ψ 已归一化)

$$\frac{\mathrm{d}p'}{2\pi\hbar}|(\mathrm{e}^{-\frac{\mathrm{i}}{\hbar}p'x}|\psi(x))|^2 \tag{12.17}$$

或

$$\frac{\mathrm{d}p'}{2\pi\hbar}\left|\int \mathrm{e}^{-\frac{\mathrm{i}}{\hbar}p'x}\psi(x)\mathrm{d}x\right|^2 \tag{12.18}$$

注意 由此直接得出的结论是, 所求的概率正比于傅里叶展开系数的模的平方. 不难使人深信, 根据 (12.17) 和 (12.18) 式及 ψ 的归一化, 总概率等于 1.

动量的平均值 对于动量的平均值, 可写出两种表达形式:

(1) 由 (12.18) 式得出

$$\bar{p}=\frac{1}{2\pi\hbar}\int p'\mathrm{d}p'\left|\int \mathrm{e}^{-\frac{\mathrm{i}}{\hbar}p'x}\psi(x)\mathrm{d}x\right|^2 \tag{12.19}$$

(2) 从平均值定义得出 (ψ 已归一化)

$$\begin{aligned}\bar{p}=(\psi|\hat{p}\psi)&=\frac{\hbar}{\mathrm{i}}(\psi|\psi')=\frac{\hbar}{\mathrm{i}}\int\psi^*\psi'\mathrm{d}x\\&=-\frac{\hbar}{\mathrm{i}}\int\psi'^*\psi\mathrm{d}x=\frac{\hbar}{2\mathrm{i}}\int(\psi^*\psi'-\psi'^*\psi)\mathrm{d}x\end{aligned} \tag{12.20}$$

(积分 $\int\psi^*\psi'\mathrm{d}x$ 用分部积分法). 建议读者自己证明, 等式 (12.19) 和 (12.20) 彼此等价.

[应指出: (12.19) 式的右边是对 x 和 x' 的二重积分形式, 并应用 (12.17) 和 (12.18) 式.]

———————————— (12–7)

13. 测不准原理

设质点具有确定的位置, 即 $x = x'$, 显然, 对应的波函数所具有的形式应该是 $\psi(x) = \delta(x - x')$. 它的傅里叶展开的所有系数都彼此相等. 因此, 在这样的状态下, 不论质点动量为何值都具有相同概率

$$\delta x = 0 \to \delta p = \infty \tag{13.1}$$

另一方面, 当动量具有确定值 $p = p'$ 时

$$\psi(x) = \mathrm{e}^{\frac{\mathrm{i}}{\hbar}p'x}, \quad |\psi|^2 = 1 \tag{13.2}$$

因此, 在这种情况下, 质点在空间的位置是不确定的

$$\delta p = 0 \to \delta(x) = \infty$$

可以来研究这样的中间情况 (图 10)

$$\psi(x) = \begin{cases} \mathrm{e}^{\mathrm{i}kx}, & |x| < a \\ 0, & |x| > a \end{cases}$$

即为

$$\delta x = a \tag{13.3}$$

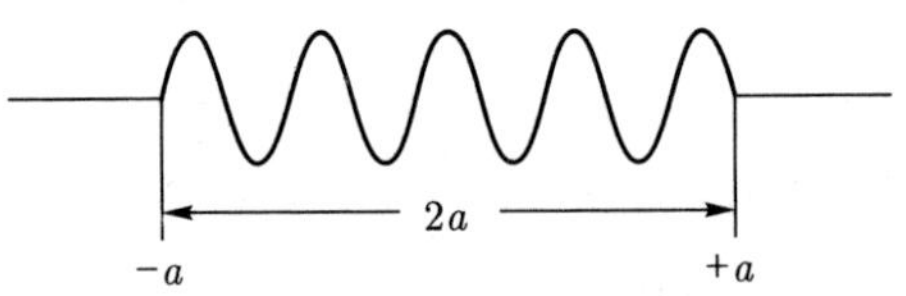

图 10 宽度为 $2a$ 的一维波包

由 (12.18) 式得

$$\int_{-a}^{a} \mathrm{e}^{-\frac{\mathrm{i}}{\hbar}p'x}\mathrm{e}^{\mathrm{i}kx}\mathrm{d}x = \int_{-a}^{a} \mathrm{e}^{\mathrm{i}\left(k - \frac{p'}{\hbar}\right)x}\mathrm{d}x = \frac{\sin\left[(p' - \hbar k)\dfrac{a}{\hbar}\right]}{p' - \hbar k} \times 2\hbar$$

在质点动量值等于 p' 的情况下, 概率密度与下面的量成正比

$$\sin^2\left[(p'-\hbar k)\frac{a}{\hbar}\right]\Big/(p'-\hbar k)^2$$

这种概率的分布如图 11 所示. 不难看出, 动量值散布在间隔

$$\delta p' = \frac{\pi\hbar}{a} \tag{13.4}$$

之内.

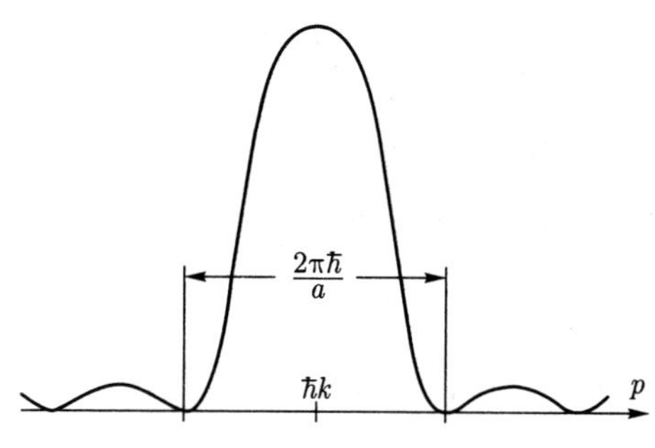

图 11　在 $\delta x = a$ 动量分布的概率密度

(13－1)

比较 (13.3) 与 (13.4) 式, 我们得

$$\delta x\delta p \approx a\frac{\pi\hbar}{a} \approx \pi\hbar \quad \text{或} \quad \delta x\delta p \approx \hbar \tag{13.5}$$

这个结果就是众所周知的海森伯测不准原理. 严格的证明指出, 对于任何波函数 ψ, 满足的不等式为

$$\delta x\delta p \geqslant \frac{\hbar}{2} \tag{13.6}$$

一维范围的证明在 E. Persico, Eundamentals of Quantum Mechanics (1950) p. 110-119. 可以找到. L. Schiff, Quantum Mechanics (1955) p. 7-15. 讨论了一些有用的例子. 在那里, 坐标 x 和动量 p 的互补形式与 (13.5) 式是吻合的[①].

① 参考 L. Schiff, Quantum Mechanics. 此外可参阅 P. A. M. Dirac, The Principles of Quantum Mechanics (1958) p. 95-97. A. A. Соколов, Квантовая Механика (1962) p. 146. Д. И. Блохиндев, Освовы Квантовой Механики (1961) p. 55. ——俄译者注

时间 t 与能量 E 的互补性

$$\delta t\delta E \approx \hbar \tag{13.7}$$

具有一系列的重要含义:

1. 对短时间 δt 内的现象的特征频率, 具有一定的宽度分布 (频带 $\delta\omega$), 类似 (13.3) 和 (13.4) 式的关系, 我们得到

$$\delta t\delta\omega \approx 1 \tag{13.8}$$

在量子力学中 $E = \hbar\omega$, 由此直接导出 (13.7) 式的关系式.

确定寿命很短的系统的能量状态不可能超过 (13.7) 式所允许的精度.

2. 测量过程的分析证明, 为了精确地测量能量 (精确度达到 δE), 要求时间间隔至少为

$$\delta t \approx \hbar/\delta E$$

所有这些, 以后还将作较详细的讨论.

——————————— (13 – 2)

14. 矩阵

有限场中的函数 仅含有限数目的点 (称它们为 $1, 2, \cdots, n$) 的场中的函数, 可理解为 n 个 (复) 数 $(f_1, f_2, \cdots, f_n)$ 的集合. 到连续场的过渡 (例如, 一维或多维空间) 可视为极限过渡 $n \to \infty$. 在未过渡时, 这种不连续 (离散的) 空间的函数用列表描绘出来.

现在研究仅包含 n 个点的场.

有限场中函数看成矢量 那么, 函数

$$f \equiv (f_1, f_2, \cdots, f_n) \tag{14.1}$$

视为复数矢量 (n 维复数矢量). 过渡到极限 $n \to \infty$ 时 (在可能情况仍是无限的连续的集合), 可引进希尔伯特空间中函数与矢量的等同概念. 下面将证明对于有限点 n 的一些定理. 在许多情况下, 这些定理将被推广, 我们引进函数标量积概念

$$f \equiv (f_1, f_2, \cdots, f_n) \quad 和 \quad g \equiv (g_1, g_2, \cdots, g_n)$$

$$(g|f) = \sum_{s=1}^{n} g_s^* f_s \tag{14.2}$$

[类似 (11.4) 式]. 注意到

$$(g|f) = (f|g)^* \tag{14.3}$$

"矢量" f 的模由下述关系来定义

$$|f|^2 = (f|f) = \sum_{s=1}^{\infty} |f_s|^2 \tag{14.4}$$

单位“矢量”是“矢量”模等于 1 的矢量, 即

$$(e|e) = 1 \tag{14.5}$$

矢量 f 和矢量 g 正交, 假若

$$(f|g) = 0 \quad 或 \quad (g|f) = 0 \tag{14.6}$$

(14–1)

基 引入由 n 个线性独立的矢量

$$e^1, e^2, \cdots, e^n \tag{14.7}$$

组成的基. n 个矢量线性独立的充要条件是, 它们不存在等于零的任何线性组合, 除非组合中的系数都等于零. 这条件表示为如下形式

$$\det(e^i_k) \neq 0 \tag{14.8}$$

任何函数 f 能表示为基矢 e^i 的线性组合形式

$$f = \sum_i a_i e^i \tag{14.9}$$

为了定出该展开式中的系数 a_i, 必须解 n 个线性方程组成的方程组, 且未知数组成的行列式不等于零.

正交基 假若

$$(e^i|e^k) = \delta_{ik} \tag{14.10}$$

我们称基为正交而且归一化的. 在这种情况下, 确定展开式的系数特别简单. 实际上, 在 (14.9) 式左右用 e^k 作标量积, 并利用 (14.10) 式正交条件, 显然有

$$(e^i|f) = a_i \tag{14.11}$$

这样, 可得等式

$$f = \sum_i a_i e^i = \sum_i (e^i|f) e^i \tag{14.12}$$

算符　算符 $\widehat{\Theta}$ 是一种运算, 运算后使 "矢量" f 变为同一场内的 "矢量" g

$$g = \widehat{\Theta} f \tag{14.13}$$

等式 (14.13) 表示 "矢量 g 等于算符 $\widehat{\Theta}$ 作用于矢量 f 的结果". 由此可知, 矢量 g 的分量是矢量 f 分量的函数

$$g_k = \Theta_k(f_1, f_2, \cdots, f_n) \tag{14.14}$$

换句话说, n 个函数 $\Theta_1, \Theta_2, \cdots, \Theta_n$, 其中每个都依赖于 n 个变数, 这个集合定义为算符 $\widehat{\Theta}$.

线性算符　类似于第 10 讲所研究的情况, 线性算符是由下述性质定义的

$$\widehat{\Theta}(af + bg) = a\widehat{\Theta} f + b\widehat{\Theta} g \tag{14.15}$$

式中 a 和 b 是常数, 而 f 和 g 是任意 "矢量".

——————— (14–2)

定理　对于有限场, 最普遍的线性算符归结为线性齐次结合. 换句话说:

假若 $g = \widehat{\Theta} f$, 则

$$\begin{aligned} g_1 &= a_{11} f_1 + \cdots + a_{1n} f_n \\ g_2 &= a_{21} f_1 + \cdots + a_{2n} f_n \\ &\cdots\cdots\cdots\cdots \\ g_n &= a_{n1} f_1 + \cdots + a_{nn} f_n \end{aligned}$$

或

$$g_k = \sum_{i=1}^{n} a_{kl} f_l \tag{14.16}$$

式中 a_{kl} 是常数.

证明　(14.16) 的算符显然是线性的. 要证明它对所有线性算符都具有同样形式. 我们假定, 按照 (14.14) 式定义的算符是线性的, 利用等式 (14.15)

的形式

$$\widehat{\Theta}(p+\varepsilon f)=\widehat{\Theta}p+\varepsilon\widehat{\Theta}f \tag{14.17}$$

式中 p 和 f 是函数, ε 是无限小的常数, 当

$$\begin{aligned}(\widehat{\Theta}p)_k&=\Theta_k(p_1,p_2,\cdots,p_n)\\(\widehat{\Theta}f)_k&=\Theta_k(f_1,f_2,\cdots,f_n)\\(\widehat{\Theta}(p+\varepsilon f))_k&=\Theta_k(p_1+\varepsilon f_1,\cdots,p_n+\varepsilon f_n)\\&=\Theta_k(p_1,p_2,\cdots,p_n)+\varepsilon\left(\frac{\partial\Theta_k(p)}{\partial p_1}f_1+\frac{\partial\Theta_k(p)}{\partial p_2}f_2+\cdots\right)\end{aligned}$$

在最后的式中, 项 $\Theta_k(p_1+\varepsilon f_1,\cdots)$ 在 "点" $p_1,p_2,\cdots,p_n$ 附近展开为泰勒级数, 而后忽略展开式中高于一次的无限小项. 将其结果与线性条件 (14.17) 式比较, 得到

$$(\widehat{\Theta}f)_k=\sum\frac{\partial\Theta_k(p)}{\partial p_i}f_i$$

该和式中的系数与分量 f_i 无关, 因此它们是常数, 正是我们要证明的.

今后, 我们仅研究形式为 (14.16) 的线性算符.

——————————— (14–3)

算符的矩阵表示. (14.16) 的线性算符写为由系数 a_{ik} 组成的 $n\times n$ 的方阵形式

$$\widehat{\Theta}=\begin{pmatrix}a_{11}&a_{12}&\cdots&a_{1n}\\a_{21}&a_{22}&\cdots&a_{2n}\\\vdots&\vdots&&\vdots\\a_{n1}&a_{n2}&\cdots&a_{nn}\end{pmatrix} \tag{14.18}$$

(矩阵算符不应与同一矩阵的行列式相混淆, 行列式是一个数).

也可引进长方矩阵 ($n_{行}\times m_{列}$). 例如, "矢量" f 可以写为垂直一列的形式 ($n\times 1$ 矩阵)

$$f=\begin{pmatrix}f_1\\f_2\\\vdots\\f_n\end{pmatrix} \tag{14.19}$$

矩阵代数 我们定义矩阵的基本运算:

矩阵与数 a 相乘, 表示它所有的元素都乘以 a

$$a(a_{ik})=(aa_{ik}) \tag{14.20}$$

两矩阵的和与差 (仅允许具有同行数与同列数、而行与列不要求相等的两矩阵组成矩阵和或差) 表示它的所有元素是原先两矩阵相对应的元素的和或差. 如

$$\begin{pmatrix}a_{11}&a_{12}&a_{13}\\a_{21}&a_{22}&a_{23}\end{pmatrix}+\begin{pmatrix}b_{11}&b_{12}&b_{13}\\b_{21}&b_{22}&b_{23}\end{pmatrix}=\begin{pmatrix}a_{11}+b_{11}&a_{12}+b_{12}&a_{13}+b_{13}\\a_{21}+b_{21}&a_{22}+b_{22}&a_{23}+b_{23}\end{pmatrix} \tag{14.21}$$

定理 算符 (14.15) 的基本性质和矩阵的性质一致.

这表明, 由 (14.20) 和 (14.21) 两运算所定义的矩阵代数完全与 (14.15) 定义的线性算符代数等价.

两矩阵 A 和 B 的乘积

$$AB=C \tag{14.22}$$

——— (14–4)

仅在下述情况下有定义, 即矩阵 A 具有的列数与矩阵 B 的行数相等. 两矩阵乘积运算用下面方法确定

$$\left.\begin{aligned}A=(a_{ik});\ i&=1,2,\cdots,n,\ n\ \text{为行数};\\k&=1,2,\cdots,m,\ m\text{为列数};\\B=(b_{jl});\ j&=1,2,\cdots,m,\ m\ \text{为行数};\\l&=1,2,\cdots,p,\ p\ \text{为列数};\end{aligned}\right| \tag{14.23}$$

乘积 $C = AB$ 是一矩阵

$$C = (c_{rs});\ r = 1, 2, \cdots, n,\ n \text{ 为行数};$$
$$s = 1, 2, \cdots, p,\ p \text{ 为列数}.$$

两矩阵 A 与 B 的乘积给出矩阵 C, 它的行数等于矩阵 A 的行数, 它的列数等于矩阵 B 的列数

$$\underset{\leftarrow m \rightarrow}{\boxed{A}}\ \updownarrow n \times \underset{\leftarrow p \rightarrow}{\boxed{B}}\ \updownarrow m = \overset{\leftarrow p \rightarrow}{\boxed{C}}\ \updownarrow n \tag{14.24}$$

乘积运算的结果获得的矩阵元素按照下述规则得到

$$c_{rs} = \sum_{k=1}^{m} a_{rk} b_{ks} \tag{14.25}$$

乘积规则: 行 × 列.

非常重要的特殊情况 类似 (14.18) 的方阵 $(n \times n)$ 的乘积有如下性质:

(a) 乘积 $A \times B$ 仍然是一个 n 阶方阵.

(b) 取逆序的矩阵乘积仍是一个 n 阶方阵. 但在一般情

——————— (14–5)

况下, 乘积 BA 不等于 AB

$$(AB)_{rs} = \sum_k a_{rk} b_{ks}$$
$$(BA)_{rs} = \sum_k b_{rk} a_{ks} \tag{14.26}$$

一直到 (14.34) 式, 所谈的都将是方阵.

定理 两个方阵乘积的行列式等于两方阵行列式的乘积

$$\det(AB) = \det(A) \times \det(B) \tag{14.27}$$

这个定理的证明很明显, 方阵乘积的规则完全与行列式乘积的一样 (行 × 列).

定义 交换子或对易关系 (仅在方阵情况下才允许) 是

$$[A, B] = AB - BA \tag{14.28}$$

交换子显然有如下性质

$$[A, B] = -[B, A]$$

定义 单位矩阵是下述形式的矩阵

$$1 = \begin{pmatrix} 1 & 0 & \cdots & 0 \\ 0 & 1 & \cdots & 0 \\ \vdots & \vdots & & \vdots \\ 0 & 0 & \cdots & 1 \end{pmatrix} \tag{14.29}$$

即主对角线上的元素等于 1 而其余元素为零的方阵.

单位矩阵的性质为

$$1A = A1 = A, \quad [1, A] = [A, 1] = 0 \tag{14.30}$$

这些性质可由 (14.26) 式直接推出.

定义 矩阵 B 为 A 的逆矩阵, 即

$$B = A^{-1}$$

是用下述关系定义的 (14.31)

$$A^{-1}A = AA^{-1} = 1$$

问题 在什么情况下存在逆矩阵?

回答 仅当 $\det(A) \neq 0$ 时, 才有逆矩阵存在. 因为仅在这种情况下, 才能实现下述规则

$$(A^{-1})_{rs} = \operatorname{adj}(A)_{rs} / \det(A) \tag{14.32}$$

建议读者直接检验这条规则.

逆矩阵的两条性质:

$$\det(A^{-1})=\frac{1}{\det(A)} \tag{14.33}$$

$$[A^{-1},A]=0 \tag{14.34}$$

———————— (14–6)

重要性质 对于定义算符的矩阵 [例如 (14.16)], 所有上述的代数运算也能从第 10 讲所叙述的算符代数推出, 而且是一致的. (建议对所有的运算逐个检验这些论断.) 特别是对于方阵, 如同第 10 讲所给出的那样 [参考 (10.18) 和 (10.21) 式], 能建立一个矩阵对另一个矩阵的函数关系.

定义 方阵与直列矩阵的乘积 [对应于 (14.18) 和 (14.19) 的矩阵形式] 定义为

$$\widehat{\Theta}f=g,\quad \boxed{}\times\boxed{}=\boxed{} \tag{14.35}$$

式中 g 是由 (14.25) 式按照矩阵乘积规则给出的直列矩阵, 这里 (14.25) 式对应于式 (14.16).

所以, 等式 (14.35) 可以理解如下:

或者如规则

方阵 $\Theta\times$ 直列矩阵 $f=$ 直列矩阵 g,

或者如规则

算符 $\widehat{\Theta}$ 作用于函数 f 得到函数 g. (14.36)

———————— (14–7)

转置矩阵

矩阵 A 的转置矩阵表示为 A^{T}.

定义 $A^{\mathrm{T}}=$ 矩阵 A 中行与列相互交换元素后的矩阵, 或相当于

$$(A^{\mathrm{T}})_{ik}=A_{ki} \tag{14.37}$$

特殊情况 若 A 为方阵 (例如矩阵算符), 那么 A^{T} 的获得是以矩阵 A 的每个元素与它相对于对角线对称位置上的元素进行交换.

若 f 为直列矩阵 (函数或 "矢量"), 那么 f^{T} 是横行矩阵

$$(f_1 \quad f_2 \quad \cdots \quad f_n)$$

矩阵的复共轭矩阵　这样的矩阵表示为 A^*.

定义　若它的每个元素是矩阵 A 的对应元素的共轭复数, 则矩阵 A^* 为 A 的复共轭矩阵, 即

$$(A^*)_{ik} = A_{ik}^* \tag{14.38}$$

矩阵的厄米共轭矩阵　厄米共轭运算在量子力学中起极重要的作用. 我们把矩阵 A 的厄米共轭矩阵用 $A^\dagger$ 表示.

定义　矩阵 $A^\dagger$ 可以由相继对矩阵 A 进行转置和复共轭获得

$$(A^\dagger)_{ik} = A_{ki}^* \tag{14.39}$$

例 1

$$A = \begin{pmatrix} 1 & 2+\mathrm{i} & 3 \\ 2 & 1+\mathrm{i} & 1-\mathrm{i} \\ 0 & 0 & 1 \end{pmatrix}, \quad A^\dagger = \begin{pmatrix} 1 & 2 & 0 \\ 2-\mathrm{i} & 1-\mathrm{i} & 0 \\ 3 & 1+\mathrm{i} & 1 \end{pmatrix}$$

———————————— (14-8)

例 2

$$f = \begin{pmatrix} f_1 \\ f_2 \\ f_3 \end{pmatrix}, \quad f^\dagger = (f_1^* \quad f_2^* \quad f_3^*) \tag{14.40}$$

厄米共轭矩阵的性质　设 f 和 g 为直列矩阵, 即函数 [参考 (14.23)—(14.25) 式的定义], 则 $g^\dagger f$ 的乘积是一行一列的矩阵, 即一个简单的数

$$g^\dagger f = \sum_{s=1}^{n} g_s^* f_s = (g|f) \tag{14.41}$$

设 $A, B, C, \cdots, K, L$ 是一些有这样行数与列数的矩阵 (一般说来, 各个矩阵是不一样的), 使这些矩阵的乘积是可定义的, 即矩阵

$$P = A \times B \times C \times \cdots \times K \times L$$

为使这种乘积存在, 必须使每次乘积中前个矩阵的列数等于跟随它的矩阵的行数. 那么

$$P^\dagger = L^\dagger \times K^\dagger \times \cdots \times C^\dagger \times B^\dagger \times A^\dagger \tag{14.42}$$

就是说, 矩阵乘积的厄米共轭是它们的厄米共轭矩阵按逆序相乘. 这个论断的正确性显然可从乘积运算的定义推得.

在 (14.41) 式中, 对于一行一列的矩阵 $g^\dagger f$, 厄米共轭与通常的复共轭一致

$$(g^\dagger f)^\dagger = (g^\dagger f)^* = f^\dagger g = (f|g) \tag{14.43}$$

——————————— (14–9)

15. 厄米矩阵——本征值问题

定义 我们称这样的方阵 $(n \times n)$ 为厄米矩阵 (或自轭矩阵), 假若它的每个元素与它对于主对角线对称位置上的元素是复共轭. 换句话说, 若 A 是厄米矩阵, 则

$$a_{ik} = a_{ki}^* \tag{15.1}$$

所以, 厄米矩阵与它自己的厄米共轭矩阵恒等, 反之亦然 (故称自轭矩阵)

$$A(\text{厄米矩阵}) = A^\dagger \tag{15.2}$$

例如, 所有如下的矩阵

$$\begin{pmatrix} 1 & 0 \\ 0 & -1 \end{pmatrix}, \quad \begin{pmatrix} 0 & 1 & 1 \\ 1 & 0 & 0 \\ 1 & 0 & 0 \end{pmatrix},$$

$$\begin{pmatrix} 0 & -\mathrm{i} & \mathrm{e}^{\mathrm{i}\alpha} \\ \mathrm{i} & 0 & \mathrm{e}^{-\mathrm{i}\beta} \\ \mathrm{e}^{-\mathrm{i}\alpha} & \mathrm{e}^{\mathrm{i}\beta} & 3 \end{pmatrix}, \quad \begin{pmatrix} 0 & -\mathrm{i} \\ \mathrm{i} & 0 \end{pmatrix}$$

都是厄米矩阵 (自轭矩阵). 应觉察到

厄米矩阵主对角线上的元素或者是实数, 或者为零

$$a_{ii} = \text{实数 (或零)} \tag{15.3}$$

这从已给出的定义显然可得.

定理 设 $A, B, C, \cdots$ 是厄米矩阵, 而 $a, b, c, \cdots$ 是实数, 则组合

$$aA + bB + cC + \cdots \tag{15.4}$$

也是厄米矩阵.

定理 设 A 为厄米矩阵, 则它的任何次幂仍是厄米矩阵. 即

$$A^s = (A^s)^\dagger \tag{15.5}$$

证明 $(A^s)^\dagger = (A \times A \times A \times \cdots)^\dagger = A^\dagger \times A^\dagger \times A^\dagger \times \cdots = (A^\dagger)^s = A^s$.

定理 设 A 为厄米矩阵, 则

$$\det(A) = \text{实数} \tag{15.6}$$

证明 $\det(A) = \det(A^{\mathrm{T}}) = [\det(A^\dagger)]^* = [\det(A)]^*$.

(15–1)

定理 若 A 是厄米矩阵, 则它的逆矩阵也是厄米矩阵

$$A^{-1} = (A^{-1})^\dagger \tag{15.7}$$

证明 $1 = AA^{-1} = (A^\dagger)^{-1}A^\dagger = A^{-1}A$, 因为 A 和 1 都是厄米矩阵, 所以 $(A^{-1})^\dagger$ 也应该是厄米矩阵.

从这些定理引出如下的结果.

重要的定理 设 $F(x)$ 是实变数 x 的这样一个实函数, 使我们能构造一矩阵 $F(A)$, 它是参照 (10.18) 式的矩阵 A 的函数, 那么, 当 A 是厄米矩阵, 则 $F(A)$ 也是厄米矩阵

$$F(A)^\dagger = F(A) \tag{15.8}$$

证明 事实上, $F(x)$ 展开成级数, 仅包含着实系数. 根据 (15.4) 和 (15.5) 的定理可知, $F(A)^\dagger = F(A)$.

厄米矩阵有下列两个性质.

若 A 和 B 是厄米矩阵, 则它们的乘积一般不是厄米矩阵, 但对称乘积 $\dfrac{1}{2}(AB + BA)$ 是厄米矩阵

$$C = \frac{1}{2}(AB + BA) = C^\dagger \tag{15.9}$$

证明 $C^{\dagger}=\frac{1}{2}(B^{\dagger}A^{\dagger}+A^{\dagger}B^{\dagger})=\frac{1}{2}(BA+AB)=C.$

根据 (15.9) 式的性质, 我们在许多情况下能定义出为两个 (或更多个) 矩阵的函数的矩阵 $F(A,B)$:

假设符号 F 表示两个变量的实函数, 又设 A 和 B 是厄米矩阵, 则

$$F(A,B)\ \text{是厄米矩阵} \tag{15.10}$$

——— (15–2)

假若厄米矩阵 A 和 B 是可对易的, 这样的矩阵函数是不难定义的. 基于这一点, 可得出:

定理 设 A 和 B 是厄米矩阵, 且 $[A,B]=0$, 则乘积 $P=A\times B\times A\times A\times B\times B$, 或 A 和 B 其他类似的乘积也是厄米矩阵

$$P^{\dagger}=P \tag{15.11}$$

证明 写出 $P^{\dagger}$ 的表达式, 利用定理中给出的条件, 重新改变乘积中因子的次序, 不难得出等式 $P^{\dagger}=P$.

现在, 我们指出一个重要的性质.

性质 厄米算符 (11.6) 的定义与厄米矩阵 (15.1) 的定义是一致的.

实际上, 若 $A=A^{\dagger}$, 则

$$(g|Af)=g^{\dagger}Af=g^{\dagger}A^{\dagger}f=(Ag)^{\dagger}f=(Ag|f) \tag{15.12}$$

关于本征值问题 现在我们研究关于厄米矩阵算符的本征值问题. 设 $A=A^{\dagger}$, 那么把本征值问题写成如下的算符形式

$$\widehat{A}\psi=a\psi \tag{15.13a}$$

式中 a 为本征值. 由矩阵形式可将问题表述为方程组

$$\left.\begin{array}{l} a_{11}\psi_1+a_{12}\psi_2+\cdots+a_{1n}\psi_n=a\psi_1 \\ a_{21}\psi_1+a_{22}\psi_2+\cdots+a_{2n}\psi_n=a\psi_2 \\ \qquad\cdots\cdots\cdots\cdots \end{array}\right| \tag{15.13b}$$

$$a_{n1}\psi_1 + a_{n2}\psi_2 + \cdots + a_{nn}\psi_n = a\psi_n$$

式中系数 a_{ik} 为矩阵 A 的元素. 若它的系数行列式等于零, 即

$$\begin{vmatrix} a_{11}-a & a_{12} & \cdots & a_{1n} \\ a_{21} & a_{22}-a & \cdots & a_{2n} \\ \vdots & \vdots & & \vdots \\ a_{n1} & a_{n2} & \cdots & a_{nn}-a \end{vmatrix} = 0 \tag{15.14}$$

(注意, 这是行列式, 不是矩阵!) 则齐次方程组 (15.13b) 是可解的. 方程 (15.14) 式是本征值 a 的 n 次代数方程 (称为久期方程). 一般说来, 这样的方程具有 n 个根 (在简并情况,

(15–3)

其中某些根彼此相等). 所有的根都是实数 [证明类似定理 (11.8) 的证明].

因此, 厄米矩阵算符具有 n 个实数的本征值. 其中某些根可能彼此相同. 本征值 $a_1, a_2, \cdots, a_n$ 对应于本征函数 $\psi_1, \psi_2, \cdots, \psi_n$. (15.15)

定理 对应于不同本征值的本征函数是正交的, 即 (15.16)

若 $a_i \neq a_k$, 则 $(\psi^{(i)}|\psi^{(k)}) = 0$

证明类似于定理 (11.9) 的证明.

定理 若久期方程的所有 n 个根都是单一的, 则每个本征值 a_s 仅对应于一个本征函数 ψ_s (准确到常数因子). (15.17)

这条定理的证明, 由行列式代数得出.

构造 ψ_s 的规则 在久期方程 (15.14) 式中, 我们将 a_s 代替 a, 那么该行列式任一行的 n 个代数余子式将与矢量的分量 $\psi^{(s)}$ 成正比. (15.18)

问题

1. 寻求矩阵算符

$$\widehat{A} = \begin{pmatrix} 0 & 1 & 0 \\ 1 & 0 & 1 \\ 0 & 1 & 0 \end{pmatrix}$$

的本征矢量, 并进行归一化.

2. 对下面的矩阵, 进行同样的运算

$$\begin{pmatrix} 0 & 1 \\ 1 & 0 \end{pmatrix}, \quad \begin{pmatrix} 0 & -\mathrm{i} \\ \mathrm{i} & 0 \end{pmatrix}, \quad \begin{pmatrix} 1 & 0 \\ 0 & -1 \end{pmatrix}$$

简并情况 我们研究关于厄米矩阵算符的情况下的简并问题.

为久期方程解而有 q 重性的本征值, 对应 q 个线性无关的本征函数. 这是由行列式代数中推得的结论. 它们可以选择使之正交且归一化到 1. (15.19)

讨论其与椭球的几何相似性是有益的.

——————————— (15–4)

我们选取正交的本征函数系

$$\psi_1, \psi_2, \cdots, \psi_n; \quad \psi^{\dagger(r)}\psi^{(s)} = \delta_{rs} \tag{15.20}$$

作为矢量空间的基. 我们将任意函数 f 按这些本征函数展开成级数

$$f = \sum_s (\psi^{(s)}|f)\psi^{(s)} \tag{15.21}$$

我们获得的结果正是在第 11 讲 "证明过" 的准定理 (11.14) 或 (11.15) 式. 该讲所有其余的准定理也能借助矩阵的简单代数性质来证明.

对于不连续的本征值, 我们可以得出类似于 (11.23) 的公式. 在 (15.21) 式中我们假定

$$f \to f_\rho = \delta_{\rho\sigma}$$

式中 σ 是固定的, 而 ρ 是可变的指标.

$$f_\rho = \begin{pmatrix} 0 \\ 0 \\ \vdots \\ 1 \\ 0 \\ \vdots \end{pmatrix} \Leftarrow \sigma$$

因此

$$(\psi^{(s)}|f) = \psi_\sigma^{*(s)}$$

所以

$$\delta_{\rho\sigma} = \sum_s \psi_\sigma^{*(s)} \psi_\rho^{(s)} \tag{15.22}$$

上式也可写为

$$\sum_s \psi^{(s)} \psi^{\dagger(s)} = 1 \tag{15.23}$$

式中 1 为 $n \times n$ 的单位矩阵 (等同变换矩阵).

推论 矩阵算符由已知的本征函数和相应的本征值完全确定. 实际上, 在这种情况, 方程的右边

$$Af = \sum_s a_s (\psi^{(s)}|f) \psi^{(s)} \tag{15.24}$$

可单值地确定, 这正是对应着算符的定义.

———————— (15–5)

16. 幺正矩阵和变换

设 A 和 B 为厄米算符, 而

$$\left.\begin{array}{l}\psi^{(1)},\psi^{(2)},\cdots,\psi^{(n)}\\ a_1,a_2,\cdots,a_n\end{array}\right\}\begin{array}{l}\text{算符 }\widehat{A}\text{ 的正交本征函}\\ \text{数系和对应的本征值}\end{array} \tag{16.1}$$

而

$$\left.\begin{array}{l}\varphi^{(1)},\varphi^{(2)},\cdots,\varphi^{(n)}\\ b_1,b_2,\cdots,b_n\end{array}\right\}\begin{array}{l}\text{算符 }\widehat{B}\text{ 的正交本征函}\\ \text{数系和对应的本征值}\end{array} \tag{16.2}$$

问题 要寻找一个变换矩阵 T, 使 $\varphi^{(s)}$ 变换到 $\psi^{(s)}$

$$T\varphi^{(s)}=\psi^{(s)} \tag{16.3}$$

解 我们对这个方程右乘 $\varphi^{\dagger(s)}$

$$T\varphi^{(s)}\varphi^{\dagger(s)}=\psi^{(s)}\varphi^{\dagger(s)}$$

对 s 求和且利用性质 (15.23), 我们得

$$T=\sum_s\psi^{(s)}\varphi^{\dagger(s)} \tag{16.4}$$

这里发现了与坐标变换的类似性.

从一个坐标系到另一坐标系的矢量变换能够表为矩阵形式. 今后将明显地看到, 在这样的变换中, 幺正矩阵所描绘的变换起特别重要的作用.

定义 假若某矩阵 Q 具有下述性质, 则该矩阵称为幺正矩阵

$$Q^\dagger Q=1 \quad \text{或} \quad Q^\dagger=Q^{-1} \tag{16.5}$$

定理 T 是幺正矩阵, 即

$$T^\dagger T = 1 \tag{16.6}$$

证明 取它的厄米共轭矩阵

$$T^\dagger = \left(\sum \psi^{(s)}\varphi^{\dagger(s)}\right)^\dagger = \sum \varphi^{(s)}\psi^{\dagger(s)}$$

根据 (15.20) 和 (15.23) 式, 最后我们得

$$\begin{aligned} T^\dagger T &= \sum_{s,\sigma} \varphi^{(s)}\psi^{\dagger(s)}\psi^{(\sigma)}\varphi^{\dagger(\sigma)} = \sum_{s,\sigma} \varphi^{(s)}\delta_{s\sigma}\varphi^{\dagger(\sigma)} \\ &= \sum_s \varphi^{(s)}\varphi^{\dagger(s)} = 1 \end{aligned}$$

——————— (16–1)

定理 若 T 是幺正矩阵, 则

$$(Tf|Tg) = (f|g) \tag{16.7}$$

证明 $(Tf|Tg) = (Tf)^\dagger Tg = f^\dagger T^\dagger Tg = f^\dagger g = (f|g)$.

定理 若 T 是幺正矩阵, 而 $\psi^{(s)}$ 为 n 个矢量的正交系, 则 $T\psi^{(s)} = \varphi^{(s)}$ 的变换结果也形成 n 个矢量正交系. (16.8)

证明 很明显, 由定理 (16.7) 可推得.

结论 幺正变换使一个正交基变为另一正交基.

例 1 函数 "矢量" $e^{(s)}$ 正交系的变换

$$e^{(1)} = \begin{pmatrix} 1 \\ 0 \\ \vdots \\ 0 \end{pmatrix}, \quad e^{(2)} = \begin{pmatrix} 0 \\ 1 \\ \vdots \\ 0 \end{pmatrix}, \cdots, \quad e^{(n)} = \begin{pmatrix} 0 \\ 0 \\ \vdots \\ 1 \end{pmatrix}$$

借助幺正变换, 给出另一 "矢量" $\psi^{(s)}$ 的正交系

$$Te^{(s)} = \psi^{(s)} \tag{16.9}$$

$$T=\sum_s \psi^{(s)}e^{\dagger(s)}=\begin{pmatrix}\psi_1^{(1)} & \psi_1^{(2)} & \cdots & \psi_1^{(n)}\\ \vdots & \vdots & & \vdots\\ \psi_n^{(1)} & \psi_n^{(2)} & \cdots & \psi_n^{(n)}\end{pmatrix}$$

或

$$T_{ik}=\psi_i^{(k)}$$

例 2 "矢量" f 的坐标变换

$$f=\begin{pmatrix}x_1\\ x_2\\ \vdots\\ x_n\end{pmatrix}=\sum_i x_i e^{(i)} \tag{16.10}$$

变换到新坐标 "轴" $\psi^{(k)}$

$$f=\sum_k x'_k\psi^{(k)}$$

式中 x_i 为 f 的旧坐标值, 而 x'_k 为 "矢量" f 借助变换矩阵 T 而得的新坐标值.

———————— (16 – 2)

因此, 已知基之间的联系, 现在寻找 "新" "旧" 坐标之间的联系

$$x'_k=\psi_k^\dagger f=\sum_s \psi_s^{*(k)}x_s=(T^\dagger)_{ks}x_s \tag{16.11a}$$

[式中最后一步利用了 (16.9) 式]. 写成直列矩阵形式

$$x=\begin{pmatrix}x_1\\ x_2\\ \vdots\end{pmatrix},\quad x'=\begin{pmatrix}x'_1\\ x'_2\\ \vdots\end{pmatrix}$$

这个关系简写为

$$x'=T^\dagger x=T^{-1}x,\quad x=Tx' \tag{16.11b}$$

结论 坐标变换可用基矢的逆变换矩阵来描述.

矩阵算符 $\widehat{A}$ 的变换

问题 若矩阵算符 $\widehat{A}$ 定义为某矢量坐标 x 的某种线性变换, 那么, 怎样一个对应的线性变换算符 $\widehat{A}'$ 将作用于同一矢量的新坐标 x' 呢?

回答 利用变换 (16.11b), 我们发现

$$x = Tx', \quad \widehat{A}x = \widehat{A}Tx' = T\widehat{A}'x'$$

由此得

$$T^{-1}\widehat{A}Tx' = \widehat{A}'x'$$

对于任意 x' 值, 则

$$\widehat{A}' = T^{-1}\widehat{A}T = T^{\dagger}\widehat{A}T$$

反之则

$$\widehat{A} = T\widehat{A}'T^{-1} = T\widehat{A}'T^{\dagger} \tag{16.12}$$

(16–3)

由此可见, 矩阵 T 可使算符 $\widehat{A}$ 变为算符 $\widehat{A}'$.

变换的性质 我们现在研究在量子力学计算中有广泛应用的关于矩阵算符的许多性质:

1. 假如 $\widehat{A}' = T^{-1}\widehat{A}T$, $\widehat{B}' = T^{-1}\widehat{B}T$, 则

$$\begin{aligned}
\widehat{A}' \pm \widehat{B}' &= T^{-1}(\widehat{A} \pm \widehat{B})T \\
\widehat{A}'\widehat{B}' &= T^{-1}(\widehat{A}\widehat{B})T \\
\widehat{A}'^{n} &= T^{-1}\widehat{A}^{n}T \\
F(\widehat{A}') &= T^{-1}F(\widehat{A})T \\
1 &= T^{-1}1T, \text{ 等等}
\end{aligned} \tag{16.13}$$

这些性质的证明可以直接验证.

2. $\widehat{A}', \widehat{B}', \cdots$ 的算符代数与 $\widehat{A}, \widehat{B}, \cdots$ 的算符代数相同.

3. 算符 $\widehat{A}'$ 的本征值与算符 $\widehat{A}$ 的本征值相同, 则它们的本征函数之间就有如下联系

$$\psi'^{(s)} = T^{-1}\psi^{(s)} = T^{\dagger}\psi^{(s)} \tag{16.14}$$

或

$$T\psi'^{(s)} = \psi^{(s)}$$

定义 方阵的迹是

$$\mathrm{tr}(A) = \sum_{s=1}^{n} A_{ss} \tag{16.15}$$

即等于主对角线上各元素之和.

实质上, 仅对于方阵, 迹才具有意义.

迹的下述性质是有用的: 符号 tr 下的矩阵乘积中循环地置换各矩阵位置, 仍保持该乘积的迹值不变. 即

$$\mathrm{tr}(AB\cdots YZ) = \mathrm{tr}(ZAB\cdots Y)$$

定理 矩阵 A 和 A' 的迹相等. 即

$$\begin{aligned} \mathrm{tr}(A') = \mathrm{tr}(T^{\dagger}AT) &= \sum_{ikr}(T^{\dagger}_{ik}A_{kr}T_{ri}) \\ &= \sum_{kr} A_{kr}(TT^{\dagger})_{rk} = \sum_{kr} A_{kr}\delta_{kr} \\ &= \sum A_{kk} = \mathrm{tr}(A) \end{aligned} \tag{16.16}$$

——————————(16–4)

问题 寻找使厄米矩阵 A 变为对角矩阵形式 A' 的幺正矩阵.

解 [参考 (16.9) 式] $T = \sum_{s} \psi^{(s)} e^{\dagger(s)}$, 事实上

$$
\begin{aligned}
A' = T^{\dagger} A T &= \sum_{s,\sigma} e^{(s)} \psi^{\dagger(s)} A \psi^{(\sigma)} e^{\dagger(\sigma)} \\
&= \sum_{s,\sigma} a_\sigma e^{(s)} \psi^{\dagger(s)} \psi^{(\sigma)} e^{\dagger(\sigma)} = \sum_{s} a_s e^{(s)} e^{\dagger(s)} \\
&= \sum_{s} a_s \times \begin{pmatrix} 0 & 0 & \cdots & 0 & \cdots & 0 \\ 0 & 0 & \cdots & 0 & \cdots & 0 \\ \vdots & \vdots & & \vdots & & \vdots \\ 0 & 0 & \cdots & 1 & \cdots & 0 \\ \vdots & \vdots & & \vdots & & \vdots \\ 0 & 0 & \cdots & 0 & \cdots & 0 \end{pmatrix} \leftarrow s \\
&\qquad\qquad\qquad\qquad\quad \Uparrow \\
&\qquad\qquad\qquad\qquad\quad s \\
&= \begin{pmatrix} a_1 & 0 & \cdots & 0 & \cdots & 0 \\ 0 & a_2 & \cdots & 0 & \cdots & 0 \\ \vdots & \vdots & & \vdots & & \vdots \\ 0 & 0 & \cdots & a_s & \cdots & 0 \\ \vdots & \vdots & & \vdots & & \vdots \\ 0 & 0 & \cdots & 0 & \cdots & a_n \end{pmatrix}
\end{aligned}
\tag{16.17}
$$

(这里利用等式 $A\psi^{(\sigma)} = a_\sigma \psi^{(\sigma)}$ 和 $\psi^{\dagger(s)}\psi^{(\sigma)} = \delta_{s\sigma}$). 由此可见, 矩阵 A 变换为对角矩阵 A', 而 A' 对角线上的元素为算符 $\widehat{A}$ 的本征值. 矩阵 T 把原始基 $e^{(s)}$ 变换为基 $\psi^{(s)}$. 这就是说, A 借助于新的坐标基变换为对角矩阵, 而这新坐标基就是 A 的本征函数. 由此得:

定理 算符的迹等于它本征值的和

$$
\operatorname{tr}(\widehat{A}) = \sum_{s=1}^{n} a_s \tag{16.18}
$$

证明 很显然, 由 (16.16) 和 (16.17) 可推出.

现在给出矩阵 $F(A)$ 的新定义. 分三步进行.

定义

第一步 利用 (16.17) 的方法, 使矩阵 A 变为对角矩阵 A'

$$A' = T^\dagger A T, \quad A = T A' T^\dagger$$

第二步 取下述矩阵作为 $F(A')$

$$F(A') = \begin{pmatrix} F(a_1) & 0 & 0 & \cdots & 0 \\ 0 & F(a_2) & 0 & \cdots & 0 \\ 0 & 0 & F(a_3) & \cdots & 0 \\ \vdots & \vdots & \vdots & & \vdots \end{pmatrix} \tag{16.19}$$

第三步 回到原来的基

$$F(A) = T F(A') T^\dagger$$

(16-5)

利用 (16.13) 的等式, 不难证明这个定义的正确性. 定义 (16.19) 与第 10 讲所给出的普遍定义是等价的. 后者在所有的情况都是有意义的. 然而, 定义 (16.19) 对函数 F 不给任何限制.

定理 仅当矩阵函数是由 (16.19) 定义时, 对易关系 $[A, F(A)] = 0$ 才是成立的. (16.20)

证明 对易关系 $[A', F(A')] = 0$ 显然是满足的, 因为两者是对角矩阵. 再利用 (16.13) 的变换, 不难获得 (16.20) 的等式, 即为所求.

逆定理 若 A, B 是对易的, 且 A 为非简并矩阵, 则存在 $B = F(A)$. (16.21)

证明 借助 (16.17) 的方法, 将 A 变为对角矩阵

$$A' = T^\dagger A T = \begin{pmatrix} a_1 & 0 & \cdots \\ 0 & a_2 & \cdots \\ \vdots & \vdots & \end{pmatrix}$$

对矩阵 B 我们也这样做

$$B' = T^\dagger A T$$

(在这种情况下, 显然还不知道矩阵 B' 是否为对角矩阵). 从 $[A, B] = 0$, 得到 $[A', B'] = 0$, 其分量表示式为

$$[A', B']_{ik} = (a_i - a_k) b'_{ik} = 0$$

但当 $i \neq k$ 时, $a_i \neq a_k$, 所以得, 当 $i \neq k$ 时, $b'_{ik} = 0$. 因此, 矩阵 B' 也是对角矩阵, 等于

$$B' = \begin{pmatrix} b_1 & 0 & 0 & \cdots \\ 0 & b_2 & 0 & \cdots \\ 0 & 0 & b_3 & \cdots \\ \vdots & \vdots & \vdots & \end{pmatrix}$$

那么, 若在无穷多的函数当中, 选取一个函数 F, 使 $F(a_1) = b_1$, $F(a_2) = b_2, \cdots, F(a_n) = b_n$, 则可写下等式 $B' = F(A')$. 再利用 (16.19) 的定义进行逆变换, 则定理被证明.

———————————— (16–6)

我们发现, 在上述过程中已证明了如下定理.

定理 若非简并矩阵 B 与对角矩阵 A 可对易, 则矩阵 B 也应对角化. (16.22)

假若在定理 (16.22) 中, 对角矩阵 A 是简并的, 则 B 不一定对角化, 但具有如下面所示的特征. 不难进一步推广.

若

$$A = \begin{pmatrix} a_1 & 0 & 0 & 0 & 0 \\ 0 & a_1 & 0 & 0 & 0 \\ 0 & 0 & a_2 & 0 & 0 \\ 0 & 0 & 0 & a_2 & 0 \\ 0 & 0 & 0 & 0 & a_2 \end{pmatrix} \tag{16.23}$$

则

$$B=\begin{pmatrix} b_{11} & b_{12} & 0 & 0 & 0 \\ b_{21} & b_{22} & 0 & 0 & 0 \\ 0 & 0 & b_{33} & b_{34} & b_{35} \\ 0 & 0 & b_{43} & b_{44} & b_{45} \\ 0 & 0 & b_{53} & b_{54} & b_{55} \end{pmatrix}$$

重要应用 由定理 (16.22) 和 (16.23) 所确立的事实, 在量子力学中找到很重要的应用.

设 A 和 B 是厄米矩阵, 并设 $[A,B]=0$, 我们像第 15 讲所指出的那样 [参看 (15.13) 和 (15.14) 式], 求解算符 $\widehat{A}$ 的本征值问题. 然后, 按照 (16.17) 的方法将矩阵 A 和 B 变为对角形式

$$A'=T^{\dagger}AT, \quad B'=T^{\dagger}BT$$

矩阵 A' 和 B' 的可对易表明: 若矩阵 A 为非简并的, 则根据定理 (16.22), 矩阵 B' 也对角化. 这正是所要求的算符 $\widehat{B}$ 的本征值的解答. (16.24)

若 A 是简并的, 则 B' 具有类似 (16.23) 的形式. 久期方程分裂为较简单的方程. 方程的个数等于矩阵 A 本征值的简并度.

—— (16–7)

17. 可观测量

可观测量是系统状态的函数[①].

1. 在量子力学中, 对于每个可观测量 Q 可建立对应的线性算符 (以 $\widehat{Q}$ 表示).

假若可观测的量值本质上是实数, 则相应的算符 $\widehat{Q}$ 是厄米算符.

2. 对可观测量的测量只能给出算符 $\widehat{Q}$ 的本征值之一

$$\widehat{Q} f_{q'} = q' f_{q'} \tag{17.1}$$

式中 q' 为算符 $\widehat{Q}$ 的本征值,$f_{q'}$ 为算符 $\widehat{Q}$ 相对应的本征函数.

3. 系统状态用 ψ 来描述 (通常, 归一化为 1. 归一化因子不起原则性的作用).

4. 怎样确定 ψ?

当测量 Q 时存在着 $Q = q'$, 因此若本征值是非简并的, 归结为

$$\psi = f_{q'} \tag{17.2}$$

若 q' 为简并的本征值, 则波函数 ψ 是对应该值 q' 的所有本征函数的线性组合 (矢量 ψ 属于子空间 q'). 在这种情况下, 方程

$$\widehat{Q}\psi = q'\psi \tag{17.3}$$

定义子空间 q'.

——————————————— (17–1)

为了在子空间内定出 ψ, 选取新的可观测量 p, 且假设它与 $\widehat{Q}$ 可对易

$$[\widehat{P}, \widehat{Q}] = 0 \tag{17.4}$$

---

① 关于可观测量的概念, 较详细的分析可参阅 P. A. M. Dirac, The Principles of Quantum Mechanics p34-35. ——俄译者注

定理 若 $[\widehat{P},\widehat{Q}]=0$, 且 $\widehat{Q}\psi=q'\psi$, 假设 ψ 属于子空间 q, 则 $\widehat{P}\psi$ 也属于子空间 q', 即

$$\widehat{Q}(\widehat{P}\psi)=q'(\widehat{P}\psi) \tag{17.5}$$

证明 $\widehat{Q}(\widehat{P}\psi)=\widehat{Q}\widehat{P}\psi=\widehat{P}\widehat{Q}\psi=q'(\widehat{P}\psi)$.

将 $\widehat{P}$ 视为子空间 q' 中的算符, 它的本征值和本征函数的个数等于由下述联立方程给出的子空间 q' 的维数

$$\left.\begin{aligned}\widehat{Q}\psi&=q'\psi\\ \widehat{P}\psi&=p'\psi\end{aligned}\right| \tag{17.6}$$

式中 p' 为在子空间 $Q=q'$ 内算符 $\widehat{P}$ 的本征值. 方程组 (17.6) 定义了子子空间 (sub-sub-space)$(Q=q',P=p')$. 若这个子子空间仅为一维的, 则方程组 (17.6) 确定了 ψ (准确到常数因子). 否则, ψ 局限于子子空间内. 在这种情况下, 在研究中引进第三个可观测量 R, 且使

$$[\widehat{R},\widehat{Q}]=0,\quad [\widehat{R},\widehat{P}]=0 \tag{17.7}$$

算符 $\widehat{R}$ 作用在子子空间内, 而方程组

$$\widehat{Q}\psi=q'\psi,\quad \widehat{P}\psi=p'\psi,\quad \widehat{R}\psi=r'\psi \tag{17.8}$$

定义子子子空间 (sub-sub-sub space). 假若这个子子子空间仅具有一维, 则函数 ψ 就被确定了. 若还不是, 则可按此程序继续进行, 直到获得一维为止.

5. 若波函数 ψ 是已知的, 则测量某可观测量 $\widehat{A}$, 获得值 $A=a'$ 的概率是

$$|(f_{a'}|\psi)|^2$$

———————————— (17–2)

6. "态矢量" ψ 随时间的变化. 设算符 $\widehat{H}$ 为哈密顿 (可以把它理解为厄米算符, 因为能量是实数值), 则与时间有关的薛定谔方程写为

$$\mathrm{i}\hbar\dot{\psi}=\widehat{H}\psi \tag{17.9}$$

因此

$$-\mathrm{i}\hbar\dot{\psi}^{\dagger} = \psi^{\dagger}\widehat{H}^{\dagger} = \psi^{\dagger}\widehat{H} \tag{17.10}$$

定理 $\psi^{\dagger}\psi$ (即已被归一化的波函数) 是不随时间而变的常数. 正因如此, 若在起初时刻波函数 $\psi(0)$ 已被归一化, 则在任一时刻 $\psi(t)$ 也归一化. (17.11)

证明

$$\frac{\partial}{\partial t}(\psi^{\dagger}\psi) = \psi^{\dagger}\psi + \psi^{\dagger}\psi$$

考虑到 (17.9) 和 (17.10) 式, 有

$$\psi^{\dagger}\psi + \psi^{\dagger}\psi = \left(\frac{1}{\mathrm{i}\hbar}\right)\psi^{\dagger}\widehat{H}\psi - \left(\frac{1}{\mathrm{i}\hbar}\right)\psi^{\dagger}\widehat{H}\psi = 0$$

即为所要求的证明.

7. 经典力学的哈密顿 H 和量子力学的哈密顿算符 $\widehat{H}$ 具有如下的关系:

若在经典力学中, $H = H(q_1, q_2, \cdots, p_1, p_2, \cdots)$, 那么, 要得到量子力学总能量算符, 可作如下代换

$$p_j \to \frac{\hbar}{\mathrm{i}}\frac{\partial}{\partial q_j} \equiv \hat{p}_j \tag{17.12}$$

然而, 这种作法不是永远给出单值的结果.

算符作用于形式为 $f = f(q_1, q_2, \cdots, q_s)$ 的函数. 物理量 q' 的下标 $1, 2, \cdots, s$ 中的每一个都是简写, 有时甚至代表一组指标 (s 是所有指标的简写).

8. 过渡到矩阵的描述. 选取某些恰当算符 (例如, 哈密顿或无微扰的哈密顿) 的本征函数作为正交归一基矢量,

———————— (17–3)

常可方便地把算符变换为矩阵形式. 为简单起见, 我们研究仅具有一个广义坐标 q 的坐标系, 设为 $q = x$.

正交归一的函数基写为

$$\psi^{(1)}(x),\ \psi^{(2)}(x),\ \cdots,\ \psi^{(n)}(x) \tag{17.13}$$

幺正变换矩阵 [参看 (16.9) 式] 具有如下形式

$$T=\begin{pmatrix}\psi^{(1)}(x') & \psi^{(2)}(x') & \cdots & \psi^{(n)}(x') & \cdots\\ \psi^{(1)}(x'') & \psi^{(2)}(x'') & \cdots & \psi^{(n)}(x'') & \cdots\\ \vdots & \vdots & & \vdots & \\ \psi^{(1)}(x^{(n)}) & \psi^{(2)}(x^{(n)}) & \cdots & \psi^{(n)}(x^{(n)}) & \cdots\\ \vdots & \vdots & & \vdots & \end{pmatrix} \tag{17.14}$$

矩阵是两重无限的! 实际上, 行数和列数都是无限的. 且列的编号 $1,2,\cdots,n,\cdots$ 可能是不连续的, 也可能是连续的. 所有行的编号 $x',x'',x''',\cdots,x^{(n)},\cdots$ 通常是无限的和连续的. 应用 (17.14) 式排列时需谨慎些!

"矢量函数" $f(x)=\sum\varphi_n\psi^{(n)}$ 的展开系数

$$\varphi_n=(\psi^{(n)}|f)=\int\psi^{*(n)}f\mathrm{d}x=\int\psi^{\dagger(n)}f\mathrm{d}x$$

这里

$f(x'),f(x''),f(x'''),\cdots$ 为 f 的旧分量

$\varphi_1,\varphi_2,\varphi_3,\cdots$ 为 f 的新分量 (17.15)

算符 $\widehat{A}$ 变为 $T^\dagger\widehat{A}T=\widehat{A}'$, 而

$$\widehat{A}=\begin{pmatrix}A_{11} & A_{12} & \cdots & A_{1n} & \cdots\\ A_{21} & A_{22} & \cdots & A_{2n} & \cdots\\ A_{31} & A_{32} & \cdots & A_{3n} & \cdots\\ \vdots & \vdots & & \vdots & \end{pmatrix} \tag{17.16}$$

$$\begin{aligned}A_{nm}&=(\psi^{(n)}|\widehat{A}\psi^{(m)})\\&=\int\psi^{*(n)}(x)\widehat{A}\psi^{(m)}(x)\mathrm{d}x\end{aligned}$$

若 $\widehat{A}$ 是厄米算符, 则 $A_{nm}=A^*_{mn}$.

(17–4)

A_{nm} 为算符在态 n 与态 m 之间的矩阵元素. 写成另一形式

$$\begin{aligned} A_{nm} &= \langle\psi^{(n)}|\widehat{A}|\psi^{(m)}\rangle = \langle n|\widehat{A}|m\rangle \\ \psi^{(m)} &\equiv |m\rangle = \text{ket}(\text{右矢, 即刃}) \\ \psi^{\dagger(n)} &\equiv \langle n| = \text{brac}(\text{左矢, 即刁}) \end{aligned} \tag{17.17}$$ [1]

举例 谐振子波函数 [(4.17) 式]

$$\psi^{(n)}(x) = u_n(x)$$

是下述算符的本征函数 (17.18)

$$\widehat{H} = \frac{1}{2m}\hat{p}^2 + \frac{m\omega^2}{2}\hat{x}^2$$

经过 (17.14) 的幺正变换后, 哈密顿矩阵变为对角形式

$$H = \begin{pmatrix} \frac{\hbar}{2}\omega & 0 & 0 & 0 & \cdots \\ 0 & \frac{3\hbar}{2}\omega & 0 & 0 & \cdots \\ 0 & 0 & \frac{5\hbar}{2}\omega & 0 & \cdots \\ 0 & 0 & 0 & \frac{7\hbar}{2}\omega & \cdots \\ \vdots & \vdots & \vdots & \vdots & \end{pmatrix} \tag{17.19}$$

$$H_{nm} = H_{nm}\delta_{nm} = \hbar\omega\left(n + \frac{1}{2}\right)\delta_{nm}$$

寻求 x 和 p 的矩阵. 从 (17.18) 和对易关系

$$\hat{p}\hat{x} - \hat{x}\hat{p} = \frac{\hbar}{\mathrm{i}}$$

出发, 我们得

$$\frac{\hbar}{\mathrm{i}m}\hat{p} = \widehat{H}\hat{x} - \hat{x}\widehat{H}$$

或 (17.20)

$$\frac{\hbar}{\mathrm{i}m}p_{rs} = (\widehat{H}\hat{x} - \hat{x}\widehat{H})_{rs} = (H_{rr} - H_{ss})x_{rs} = \hbar\omega(r-s)x_{rs}$$

① 常称为狄拉克符号, 在现代量子理论中被广泛采用. ——俄译者注

用类似的方法, 由对易关系

$$\widehat{H}\hat{p} - \hat{p}\widehat{H} = \frac{\hbar}{\mathrm{i}} m\omega^2 x$$

给出 (17.21)

$$-\frac{\hbar}{\mathrm{i}} m\omega^2 x_{rs} = \hbar\omega(r-s) p_{rs}$$

联立求解, 我们得到

$$x_{rs} = (r-s)^2 x_{rs}$$

因此, 仅当 $r = s \pm 1$ 时,$x_{rs} \neq 0$, $p_{rs} \neq 0$ (17.22)

$$p_{r,r+1} = -\mathrm{i} m\omega x_{r,r+1}$$

寻找 $x_{r,r+1}$ 量. 首先由 (17.18)、(17.19) 和 (17.22) 式得

$$|x_{r,r+1}|^2 + |x_{r-1,r}|^2 = \frac{\hbar\omega}{m\omega^2}\left(r + \frac{1}{2}\right)$$

其次由对易关系 $\hat{p}\hat{x} - \hat{x}\hat{p} = \frac{\hbar}{\mathrm{i}}$ 和 (17.22) 式得[①]

$$|x_{r,r+1}|^2 - |x_{r-1,r}|^2 = \frac{\hbar}{2m\omega}$$

上述两式联立, 求得

$$|x_{r,r+1}|^2 = \frac{\hbar}{2m\omega}(r+1)$$

考虑到该复数表达式中相角选择的任意性, 我们取

$$x_{r,r+1} = x_{r,r+1} = \sqrt{\frac{\hbar}{2m\omega}}\sqrt{r+1}$$

$$p_{r,r+1} = -p_{r,r+1} = -\mathrm{i}\sqrt{\frac{\hbar m\omega}{2}}\sqrt{r+1} \quad (r = 0, 1, \cdots) \tag{17.23}$$

把这些结果表示为矩阵形式

① 原文没有 $|x_{r,r+1}|^2 - |x_{r-1,r}|^2 = \frac{\hbar}{2m\omega}$, 这是译者补加的. ——译者注

$$
\left.\begin{aligned}
x &= \sqrt{\frac{\hbar}{2m\omega}}\begin{pmatrix} 0 & \sqrt{1} & 0 & 0 & \cdots \\ \sqrt{1} & 0 & \sqrt{2} & 0 & \cdots \\ 0 & \sqrt{2} & 0 & \sqrt{3} & \cdots \\ 0 & 0 & \sqrt{3} & 0 & \cdots \\ \vdots & \vdots & \vdots & \vdots & \end{pmatrix} \\
p &= \sqrt{\frac{\hbar m\omega}{2}}\begin{pmatrix} 0 & -\mathrm{i}\sqrt{1} & 0 & 0 & \cdots \\ \mathrm{i}\sqrt{1} & 0 & -\mathrm{i}\sqrt{2} & 0 & \cdots \\ 0 & \mathrm{i}\sqrt{2} & 0 & -\mathrm{i}\sqrt{3} & \cdots \\ 0 & 0 & \mathrm{i}\sqrt{3} & 0 & \cdots \\ \vdots & \vdots & \vdots & \vdots & \end{pmatrix}
\end{aligned}\right| \tag{17.24}
$$

建议读者从 (17.24) 式出发, 重新验证等式

$$
\hat{p}\hat{x} - \hat{x}\hat{p} = \frac{\hbar}{\mathrm{i}}
$$

——————————— (17–6)

重要的线性组合

$$
\left.\begin{aligned}
\hat{a}^{\dagger} &= \sqrt{\frac{m\omega}{2\hbar}}\hat{x} - \frac{\mathrm{i}}{\sqrt{2\hbar m\omega}}\hat{p} = \begin{pmatrix} 0 & 0 & 0 & \cdots \\ \sqrt{1} & 0 & 0 & \cdots \\ 0 & \sqrt{2} & 0 & \cdots \\ 0 & 0 & \sqrt{3} & \cdots \\ \vdots & \vdots & \vdots & \end{pmatrix} \\
\hat{a} &= \sqrt{\frac{m\omega}{2\hbar}}\hat{x} + \frac{\mathrm{i}}{2\hbar m\omega}\hat{p} = \begin{pmatrix} 0 & \sqrt{1} & 0 & 0 & 0 & \cdots \\ 0 & 0 & \sqrt{2} & 0 & 0 & \cdots \\ 0 & 0 & 0 & \sqrt{3} & 0 & \cdots \\ 0 & 0 & 0 & 0 & \sqrt{4} & \cdots \\ \vdots & \vdots & \vdots & \vdots & \vdots & \end{pmatrix}
\end{aligned}\right| \tag{17.25}
$$

这里 $\hat{a}$ 和 $\hat{a}^\dagger$ 不是厄米算符 (在量子场论中, 称为粒子的湮没和产生算符).

建议读者验证 $\hat{a}$ 与 $\hat{a}^\dagger$ 的对易关系

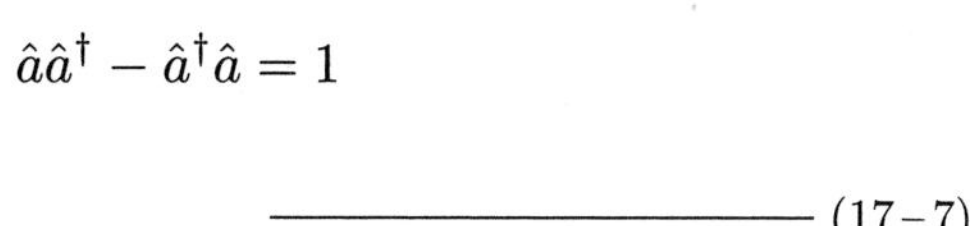

$$\hat{a}\hat{a}^\dagger - \hat{a}^\dagger\hat{a} = 1$$

—————————— (17–7)

18. 角动量

角动量, 或称动量矩, 在量子力学中如同经典物理中一样, 由下式确定 (在量子力学中为算符)

$$\widehat{\boldsymbol{M}} = \hat{\boldsymbol{x}} \times \hat{\boldsymbol{p}} \tag{18.1}$$

其分量

$$\begin{aligned} \widehat{M}_x &= \hat{y}\hat{p}_z - \hat{z}\hat{p}_y = X \\ \widehat{M}_y &= \hat{z}\hat{p}_x - \hat{x}\hat{p}_z = Y \\ \widehat{M}_z &= \hat{x}\hat{p}_y - \hat{y}\hat{p}_x = Z \end{aligned} \tag{18.2}$$

角动量平方算符定义如通常一样

$$\widehat{M}^2 = \widehat{M}_x^2 + \widehat{M}_y^2 + \widehat{M}_z^2 \tag{18.3}$$

不难证明下列的对易关系

$$\begin{aligned} [\widehat{M}_x, \widehat{M}_y] &= \mathrm{i}\hbar\widehat{M}_z \\ [\widehat{M}_y, \widehat{M}_z] &= \mathrm{i}\hbar\widehat{M}_x \\ [\widehat{M}_z, \widehat{M}_x] &= \mathrm{i}\hbar\widehat{M}_y \end{aligned} \tag{18.4}$$

或者

$$[\widehat{\boldsymbol{M}} \times \widehat{\boldsymbol{M}}] = \mathrm{i}\hbar\widehat{\boldsymbol{M}} \tag{18.5}$$

$$[\widehat{M}_x, \widehat{\boldsymbol{M}}^2] = [\widehat{M}_y, \widehat{\boldsymbol{M}}^2] = [\widehat{M}_z, \widehat{\boldsymbol{M}}^2] = 0 \tag{18.6}$$

$$[\hat{r}^2, \widehat{M}_x] = [\hat{r}^2, \widehat{M}_y] = [\hat{r}^2, \widehat{M}_z] = 0 \tag{18.7}$$

$$[\hat{r}^2, \widehat{\boldsymbol{M}}^2] = 0 \tag{18.8}$$

利用 $\hbar = 1$ 单位制, 对易关系 (18.4) 采用 (18.2) 式的表示式, 则

$$[X, Y] = \mathrm{i}Z, \quad [Y, Z] = \mathrm{i}X, \quad [Z, X] = \mathrm{i}Y \tag{18.9}$$

现在取矩阵 $\widehat{\boldsymbol{M}}^2$ 为对角化的表象.

——————————(18－1)

寻求算符 $\widehat{\boldsymbol{M}}^2$ 的本征值. 算符 (18.2) 和 (18.3) 在极坐标中写为

$$\widehat{M}_z=\frac{\hbar}{\mathrm{i}}\frac{\partial}{\partial\varphi},\quad \widehat{M}^2=-\hbar^2\Lambda \tag{18.10}$$

式中 Λ 为拉普拉斯算符的角量部分 [(6.11) 式].

从 (18.2) 表示式看出, $\widehat{\boldsymbol{M}}$ 的任何两个分量彼此是不可对易的, 因此, 在任一表象中三个分量 $\widehat{M}_x$, $\widehat{M}_y$, $\widehat{M}_z$ 之中仅有一个能够对角化. 然而, $\widehat{\boldsymbol{M}}$ 的所有三个分量同时都可与 $\widehat{\boldsymbol{M}}^2$ 算符对易 [参看 (18.6) 式], 所以, 选取 $\widehat{\boldsymbol{M}}$ 中的一个分量 (例如 $\widehat{M}_z$) 与 $\widehat{\boldsymbol{M}}^2$ 矩阵算符同时对角化. 由此可见, 在量子力学中, $\widehat{\boldsymbol{M}}^2$ 和 $\widehat{\boldsymbol{M}}$ 中的一个分量是可同时观测的量.

结论

$\widehat{\boldsymbol{M}}^2$ 具有本征值 $\hbar^2 l(l+1)$; $l=0,1,2,\cdots$

$\widehat{M}_z$ 具有本征值 $\hbar m$; $m=\cdots,-2,-1,0,-1,-2,\cdots$ (18.11)

这里 m 为磁量子数, l 为轨道量子数.

$\widehat{\boldsymbol{M}}^2$ 的本征函数 (在 $\hbar=1$ 的单位制中) 为

$$\boldsymbol{M}^2=l(l+1),\quad \psi=f(r)\mathrm{Y}_{lm}(\theta,\varphi)$$

这样, 本征函数对磁量子数 m 而言具有 $(2l+1)$ 重简并 (这种简并还重叠在径向本征函数的简并上). (18.12)

在 $\boldsymbol{M}^2=l(l+1)$ 中, 每个值存在着 $(2l+1)$ 个 M_z 值

$$\widehat{M}_z=m=(l,l-1,l-2,\cdots,-l) \tag{18.13}$$

在已被使用的表象中, 我们指出 $\widehat{M}_x$, $\widehat{M}_y$, $\widehat{M}_z$ 矩阵的具体形式

$$\widehat{M}_x=\hbar\begin{pmatrix} l & 0 & 0 & \cdots & 0\\ 0 & l-1 & 0 & \cdots & 0\\ 0 & 0 & l-2 & \cdots & 0\\ \vdots & \vdots & \vdots & & \vdots\\ 0 & 0 & 0 & \cdots & -l \end{pmatrix}$$

$$\widehat{M}_y = \frac{\hbar}{2}\begin{pmatrix} 0 & -\mathrm{i}b_l & 0 & 0 & \cdots & 0 & 0 \\ \mathrm{i}b_l & 0 & -\mathrm{i}b_{l-1} & 0 & \cdots & 0 & 0 \\ 0 & \mathrm{i}b_{l-1} & 0 & -\mathrm{i}b_{l-2} & \cdots & 0 & 0 \\ 0 & 0 & \mathrm{i}b_{l-2} & 0 & \cdots & 0 & 0 \\ \vdots & \vdots & \vdots & \vdots & & \vdots & \vdots \\ 0 & 0 & 0 & 0 & \cdots & 0 & -\mathrm{i}b_{-l+1} \\ 0 & 0 & 0 & 0 & \cdots & \mathrm{i}b_{-l+1} & 0 \end{pmatrix}$$

$$\widehat{M}_z = \frac{\hbar}{2}\begin{pmatrix} 0 & b_l & 0 & 0 & \cdots & 0 & 0 \\ b_l & 0 & b_{l-1} & 0 & \cdots & 0 & 0 \\ 0 & b_{l-1} & 0 & b_{l-2} & \cdots & 0 & 0 \\ 0 & 0 & b_{l-2} & 0 & \cdots & 0 & 0 \\ \vdots & \vdots & \vdots & \vdots & & \vdots & \vdots \\ 0 & 0 & 0 & 0 & \cdots & 0 & b_{-l+1} \\ 0 & 0 & 0 & 0 & \cdots & b_{-l+1} & 0 \end{pmatrix} \tag{18.14}$$

式中 $b_s = \sqrt{(l+s)(l+1-s)}$ (参看 Schiff, Quantum Mechanios (1955) p. 144).

———————————— (18−2)

上面这些公式的准确性可直接地或用球函数的性质, 或用对易规则来证明. 后面我们将对动量矩算符的性质给予更一般的讨论.

下面我们写出角动量在 $l=0$ 和 $l=1$ 时的矩阵形式:

$l=0$ 时

$$\widehat{\boldsymbol{M}}^2 = (0), \quad \widehat{M}_x = \widehat{M}_y = \widehat{M}_z = (0) \tag{18.15}$$

$l=1$ 时

$$\widehat{\boldsymbol{M}}^2 = 2\begin{pmatrix} 1 & 0 & 0 \\ 0 & 1 & 0 \\ 0 & 0 & 1 \end{pmatrix}, \quad \widehat{M}_z = \begin{pmatrix} 1 & 0 & 0 \\ 0 & 0 & 0 \\ 0 & 0 & -1 \end{pmatrix},$$

$$\widehat{M}_x = \begin{pmatrix} 0 & \frac{1}{\sqrt{2}} & 0 \\ \frac{1}{\sqrt{2}} & 0 & \frac{1}{\sqrt{2}} \\ 0 & \frac{1}{\sqrt{2}} & 0 \end{pmatrix}, \quad \widehat{M}_y = \begin{pmatrix} 0 & -\frac{\mathrm{i}}{\sqrt{2}} & 0 \\ \frac{\mathrm{i}}{\sqrt{2}} & 0 & -\frac{\mathrm{i}}{\sqrt{2}} \\ 0 & \frac{\mathrm{i}}{\sqrt{2}} & 0 \end{pmatrix},$$

$$\widehat{M}_x + \mathrm{i}\widehat{M}_y = \begin{pmatrix} 0 & \sqrt{2} & 0 \\ 0 & 0 & \sqrt{2} \\ 0 & 0 & 0 \end{pmatrix}, \quad \widehat{M}_x - \mathrm{i}\widehat{M}_y = \begin{pmatrix} 0 & 0 & 0 \\ \sqrt{2} & 0 & 0 \\ 0 & \sqrt{2} & 0 \end{pmatrix} \tag{18.16}$$

最后两个非厄米算符不等于零的矩阵元素的算式如下

$$\begin{aligned} \frac{1}{\hbar}\langle m+1|\widehat{M}_x + \mathrm{i}\widehat{M}_y|m\rangle &= \sqrt{(l+m+1)(l-m)} \\ \frac{1}{\hbar}\langle m-1|\widehat{M}_x - \mathrm{i}\widehat{M}_y|m\rangle &= \sqrt{(l+m)(l+1-m)} \end{aligned} \tag{18.17}$$

说明 算符 $\widehat{M}_x + \mathrm{i}\widehat{M}_y$ 的作用使状态 $|m\rangle$ 变为 $|m+1\rangle$ 的状态, 而算符 $\widehat{M}_x - \mathrm{i}\widehat{M}_y$ 的作用使同一状态 $|m\rangle$ 变为 $|m-1\rangle$ 的状态. 这样, 算符 $\widehat{M}_x + \mathrm{i}\widehat{M}_y$ 使 m 值加一个单位, 而算符 $\widehat{M}_x - \mathrm{i}\widehat{M}_y$ 使 m 值降低一个单位. 即①

$$\begin{aligned} \widehat{M}_x + \mathrm{i}\widehat{M}_y|m\rangle &= \sqrt{(l+m+1)(l-m)}|m+1\rangle \\ \widehat{M}_x - \mathrm{i}\widehat{M}_y|m\rangle &= \sqrt{(l+m)(l+1-m)}|m-1\rangle \end{aligned} \tag{18.18}$$

——————(18-3)

① 俄译文与原文稍有不同. 译者根据原文补加了这两个等式. ——译者注

19. 可观测量与时间的关系, 海森伯表象

幺正变换 $\hat{s}(t)$ 与时间有关的薛定谔方程

$$\mathrm{i}\hbar\dot{\psi} = \widehat{H}\psi \tag{19.1}$$

能用来定义下述依赖于时间的幺正变换.

变换 $\hat{s}(t)$, 可使对应于 $t=0$ 的矢量 $\varphi(0)$ 变为对应于 t 时刻的矢量 $\varphi(t)$①. (19.2)

注意到, 在微分方程理论中, 对下述方程

$$\mathrm{i}\hbar\dot{\varphi} = \widehat{H}\varphi \tag{19.2}$$

从 0 到 t 进行积分可获得 φ, 取 $\varphi(0)$ 当作 φ 的初始值.

由定理 (17.11) 直接得出算符 $\hat{s}(t)$ 应该是幺正变换:

假若

$$\varphi(t) = \hat{s}(t)\varphi(0)$$

则

$$\varphi(0) = \hat{s}^{-1}(t)\varphi(t) = \hat{s}^{\dagger}(t)\varphi(t)$$

(19.3)

特别是, 对于波函数

$$\psi(t) = \hat{s}(t)\psi(0), \quad \psi(0) = \hat{s}^{\dagger}(t)\psi(t) \tag{19.5}$$

当哈密顿 $\widehat{H}$ 与时间无关, 对于 $\hat{s}(t)$ 的明显形式是

$$\hat{s}(t) = \mathrm{e}^{-\frac{\mathrm{i}}{\hbar}\widehat{H}t} \tag{19.6}$$

——— (19-1)

① 回忆一下, 在经典力学中, 可用正则变换从 $t=0$ 时刻变换到另一时刻 t. ——俄译者注

不难验证, 直接将 (19.6) 式代入 (19.5) 式, 而后再代入 (19.1) 式, 得

$$\hat{s}^{\dagger}(t)=\mathrm{e}^{\frac{\mathrm{i}}{\hbar}\widehat{H}t} \tag{19.7a}$$

因为哈密顿 $\widehat{H}$ 是厄米算符. 在一般情况下, $\hat{s}$ 矩阵由下述方程式求出

$$\dot{\hat{s}}=-\frac{\mathrm{i}}{\hbar}\widehat{H}\hat{s}(t)\quad 或\quad \dot{\hat{s}}^{\dagger}=\frac{\mathrm{i}}{\hbar}\hat{s}^{\dagger}(t)\widehat{H} \tag{19.7b}$$

薛定谔表象 在这种表象中, 系统用依赖于时间的态 "矢量" $\psi(t)$ 来描述. 随时间而变化的 "矢量" 分量振幅 $\psi(t)$ 在希尔伯特空间中用不依赖于时间的坐标基$\boldsymbol{B}(0)$ 来描述

$$e^{(1)}=\begin{pmatrix}1\\0\\0\\\vdots\end{pmatrix},\quad e^{(2)}=\begin{pmatrix}0\\1\\0\\\vdots\end{pmatrix},\quad \cdots \tag{19.8}$$

任何一个不显含时间 t 的可观测量如 x, p_y, 或坐标、动量的任何函数用在基矢 $\boldsymbol{B}(0)$ 中的矩阵来描述, 这种矩阵的所有元素是与时间无关的. 然而在时刻 t 进行的测量所获得的某一结果的概率却与时间有关, 因为态矢量 $\psi(t)$ 在薛定谔表象中是时间的函数.

海森伯表象 在这种表象中, 原来随时间而变化的态振幅 ("矢量") $\psi(t)$ 通过 $\hat{s}$ 矩阵用下述关系与它自己的初值联系着

$$\psi(t)=\hat{s}(t)\psi(0) \tag{19.9}$$

——————————— (19 – 2)

在依赖于时间的基矢 $\boldsymbol{B}(t)$ 坐标系中

$$e^{(s)}(t)=\hat{s}(t)e^{(s)}(0) \tag{19.10}$$

"矢量" $\psi(t)$ 分量与时间无关, 等于在基矢 $\boldsymbol{B}(0)$ 中 "矢量" $\psi(0)$ 的分量, 因为它满足关系式

$$e^{\dagger(s)}(t)\psi(t)=[\hat{s}(t)e^{(s)}(0)]^{\dagger}\hat{s}(t)\psi(0)$$

$$= e^{\dagger(s)}(0)\hat{s}^{\dagger}\hat{s}\psi(0) = e^{\dagger(s)}(0)\psi(0) \tag{19.11}$$

这个关系的含义有时简述为，态矢量不依赖于时间. 然而，较确切地说，态矢量仅对伴随它运动的坐标系而言，也仅仅在这种坐标系中才是不变的.

可观测量 A 的矩阵元素是坐标和动量的函数，但不明显地包含时间 t，仅在坐标基 $\boldsymbol{B}(0)$ 中它不随时间变化，但在海森伯的依赖于时间的坐标基 $\boldsymbol{B}(t)$ 中，则不然.

海森伯运动方程 对应算符 $\widehat{A}$ 的矩阵在 $t=0$ 变换到时刻 t 可采用的形式为

$$\left.\begin{aligned} \widehat{A}(t) &= \hat{s}^{\dagger}(t)\widehat{A}\hat{s}(t) \\ \widehat{A} &= \hat{s}\widehat{A}(t)\hat{s}^{\dagger} \end{aligned}\right| \tag{19.12}$$

式中 $\widehat{A}$ 为不依赖于时间的矩阵，它是薛定谔基 $\boldsymbol{B}(0)$ 的表示. 利用 (19.7b) 式，求 $\widehat{A}(t)$ 对时间的导数

$$\begin{aligned} \frac{\mathrm{d}}{\mathrm{d}t}\widehat{A}(t) &= \dot{\hat{s}}^{\dagger}(t)\widehat{A}\hat{s}(t) + \hat{s}^{\dagger}(t)\widehat{A}\dot{\hat{s}}(t) \\ &= \frac{\mathrm{i}}{\hbar}[\hat{s}^{\dagger}\widehat{H}\widehat{A}\hat{s} - \hat{s}^{\dagger}(t)\widehat{A}\widehat{H}\hat{s}] \end{aligned}$$

(19–3)

如在 (19.12) 式一样，令

$$\widehat{H}(t) = \hat{s}^{\dagger}\widehat{H}\hat{s} \tag{19.13}$$

得到

$$\frac{\mathrm{d}}{\mathrm{d}t}\widehat{A}(t) = \frac{\mathrm{i}}{\hbar}[\widehat{H}(t), \widehat{A}(t)] \tag{19.14}$$

这就是关于不明显依赖于时间的算符的海森伯运动方程. $\widehat{A}(t)$ 的意义理解为，$\widehat{A}(t)$ 对时刻 $t=0$ 的状态 $\psi(0)$ 所取的平均值，等于 $\widehat{A}$ 对时刻 t 的状态 $\psi(t)$ 所取的平均值.

发现方程 (19.14) 式与经典力学相对应的方程明显相似. 在经典力学中是泊松括号，所以，在 (19.14) 式右边的对易子通常称为 $\widehat{H}$ 和 $\widehat{A}$ 的量子泊松括号 (参看本讲最后的方程).

若哈密顿不明显包含时间 t, 由 (19.11) 式得

$$\frac{\mathrm{d}\widehat{H}(t)}{\mathrm{d}t}=\frac{\mathrm{i}}{\hbar}[\widehat{H}(t),\widehat{H}(t)]\equiv 0 \tag{19.14'}$$

即

$$H(t)=\text{常数}=H(0)=H \tag{19.15}$$

然而, 这点仅仅对于哈密顿不明显地依赖时间的条件下, 才是正确的.

(19.14) 式与哈密顿方程的联系

假设哈密顿 $H=H(q_1,q_2,\cdots,p_1,p_2,\cdots)$ 不明显地依赖于时间, 对易关系 $[p_s,q_s]=\dfrac{\hbar}{\mathrm{i}}$ 在简单情况下导出如下方程

$$[\widehat{H},\hat{q}_s]=\frac{\hbar}{\mathrm{i}}\frac{\partial H}{\partial p_s},\quad [\widehat{H},\hat{p}_s]=-\frac{\hbar}{\mathrm{i}}\frac{\partial H}{\partial q_s}$$

同时考虑 (19.14) 式, 我们得到方程 (19.16)

$$\frac{\mathrm{d}q_s}{\mathrm{d}t}=\frac{\mathrm{i}}{\hbar}[\widehat{H},\hat{q}_s]=\frac{\partial H}{\partial p_s}$$

$$\frac{\mathrm{d}p_s}{\mathrm{d}t}=\frac{\mathrm{i}}{\hbar}[\widehat{H},\hat{p}_s]=-\frac{\partial H}{\partial q_s}$$

这就是哈密顿方程, 经典力学相应的方程也是这样的形式.

——— (19−4)

20. 守恒定律和守恒量

在本讲中将假定, 哈密顿 $\widehat{H}$ 不明显地依赖于时间 t. (20.1)

对其他算符 $\widehat{A}, \widehat{B}, \widehat{C}, \cdots$ 也同样作此假定. (20.2)

按照 (19.15) 式, 在所研究的情况下

$$H = 常数$$

这是能量守恒定律. (20.3)

用类似的方法, 由 (19.14) 式得出:

若 $[\widehat{H}, \widehat{A}] = 0$, 则物理量 A 守恒. (20.4)

该式表明, 在这个时刻或以后时刻测量 A 都给出同一结果.

对称变换 经典的动量守恒和动量矩守恒定律是与物理空间的对称性质相关的. 即

动量守恒与坐标系统关于平移的对称性相关.

动量矩守恒与坐标系统关于转动的对称性相关.

相反, 从已知的守恒定律出发, 可得出系统对称性的结论.

由上述事实我们引出关于物理系统的对称变换.

对称变换的例子:

1. 坐标的平移变换 (对称性仅存在于纯内力的情况).

2. 坐标的旋转变换 (对称性仅存在于纯内力的或有心外力作用而绕力心转动的情况).

———————————— (20–1)

3. 绕某定轴 z 的转动 (轴对称也要求这特定的条件).

4. 关于对称平面的反射.

对这里每一个情况, 都引进一算符 $\widehat{T}$ 并能用一等式表达

$$\widehat{T}f(\text{在起始位置}) = f(\text{在对称变换后的位置}) \tag{20.5}$$

例如 两个粒子波函数关于 xy 平面的反射

$$\widehat{T}f(x_1, y_1, z_1; x_2, y_2, z_2) = f(x_1, y_1, -z_1; x_2, y_2, -z_2)$$

定理 对称变换的算符 $\widehat{T}$ 是幺正的

$$\widehat{T}^{\dagger}\widehat{T} = 1 \tag{20.6}$$

无需证明, 因为 $\widehat{T}$ 明显地保持波函数的归一化.

定理 对称变换算符 $\widehat{T}$ 与哈密顿 $\widehat{H}$ 可对易

$$[\widehat{H}, \widehat{T}] = 0 \tag{20.7}$$

证明 当研究算符 $\widehat{H}$ 的一个本征值 E_r 时, 对应于 E_r 的 $\widehat{H}$ (一个或几个) 本征函数定义一个子空间矢量, 我们发现算符 $\widehat{T}$ 仅能作用在该子空间内. 这就表明, 在海森伯表象中, 当 $E_r \neq E_s$ 时, 算符 $\widehat{T}$ 的矩阵元 T_{rs} 等于零, 这正好与本定理的论断等价.

定理 对称变换的厄米共轭算符 $\widehat{T}^{\dagger}$ 与哈密顿 $\widehat{H}$ 可对易

$$[\widehat{H}, \widehat{T}^{\dagger}] = 0 \tag{20.8}$$

因为 $\widehat{T}^{\dagger} = \widehat{T}^{-1}$ 也是对称变换 ($\widehat{T}$ 的逆变换).

———————————— (20–2)

定理 对称变换的幺正矩阵的本征函数是正交的 (它们类似于厄米矩阵的本征函数). 而它们本征值的模等于 1.

证明

$$\widehat{T} = \frac{\widehat{T} + \widehat{T}^{\dagger}}{2} + \mathrm{i}\frac{\widehat{T} - \widehat{T}^{\dagger}}{2\mathrm{i}} = \widehat{A} + \mathrm{i}\widehat{B}$$

矩阵 $\widehat{A}$ 和 $\widehat{B}$ 都是厄米矩阵且彼此可对易. 因此它们具有共同的本征函数, 而且这些函数是正交的. 显然, 这些函数也是算符 $\widehat{T}$ 的本征函数 (定理的第一部分已被证明). 现在我们取这些函数本征矢量作为基, 使矩阵 $\widehat{T}$ 对角化. 从等

式 $\widehat{T}\widehat{T}^\dagger = 1$ 说明, 所讨论的矩阵的对角元素的模等于 1 (也正是定理的第二部分内容). 由此可得:

算符 $\widehat{T}$ 的本征值等于 $\mathrm{e}^{\mathrm{i}\alpha_s}$,
算符 $\widehat{T}^\dagger$ 的本征值等于 $\mathrm{e}^{-\mathrm{i}\alpha_s}$ (α_s 为实数),
算符 $\widehat{A}$ 的本征值等于 $\cos\alpha_s$,
算符 $\widehat{A}^\dagger$ 的本征值等于 $\sin\alpha_s$. (20.9)

所有上述四种本征值都属于同一波函数 $\psi^{(s)}$.

所有上述四个矩阵 (20.9) 彼此可对易, 也与 $\widehat{H}$ 可对易. 因此, 它们不随时间而变化. 我们可选取它们的本征函数 $\psi^{(s)}$, 使之与能量算符 (哈密顿) 的本征函数相合. (20.10)

———(20 – 3)

定义 对应某特定的对称性质所有变换的集合, 称为*对称群*. 例如, 所有绕 x 轴、y 轴、z 轴的转动, 形成旋转群.

对应于所有群变换并具有同样的代数的幺正矩阵集合, 称为*群表象*. (20.11)

对于所有矩阵不能同时变为如下形式的表象, 称为*不可约表象*. (20.12)

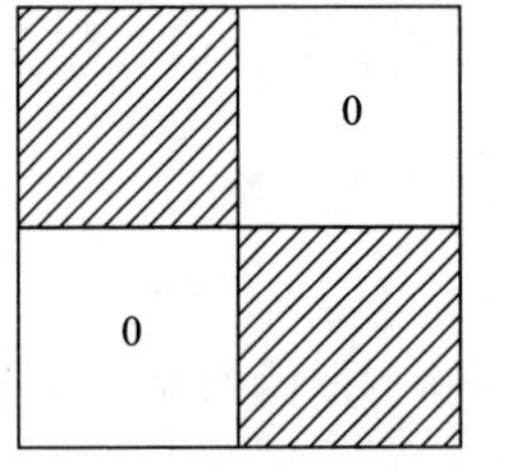

性质 不可约表象唯一地用群的抽象结构来确定. (20.13)

有效的方法是, 选取这样的基矢系

$$\varphi^{(1)}, \varphi^{(2)}, \cdots$$

再分裂为子系 (20.14)

$$\varphi^{(l_1)}, \varphi^{(l_2)}, \varphi^{(l_3)}, \cdots, \varphi^{(l_g)}$$

这些系 (l 系) 中每一个在所有对称群变换作用下, 按照不可约表象 R_l 变为本身.

维格纳定理 假若某 $\widehat{A}$ (例如, 哈密顿 $\widehat{H}$) 与群中所有变换都可对易, 则 $\widehat{A}$ 的矩阵元 $\varphi^{\dagger(i)}\widehat{A}\varphi^{(k)}$ 在选取 (20.14) 的基矢时等于零, 只要矢量 $\varphi^{(i)}$ 和 $\varphi^{(k)}$ 对应于不同的不可约表象. 换句话说

$$\left\langle\varphi^{(li)}|\widehat{A}|\varphi^{(\lambda k)}\right\rangle = a_{l,\lambda}\delta_{ik} \tag{20.15}$$

式中 $a_{l,\lambda}$ 为数, 而 $R_l = R_\lambda$.

(20－4)

应用 1 平移对称和动量守恒定律

封闭系统 (仅有内力作用, 这意味着物理空间的均匀性) 就具有平移对称性, 这可由下述变换来描述

$$\widehat{T}(\boldsymbol{a}) = \widehat{T}(a,b,c) = \text{所有坐标平移 } \boldsymbol{a}$$
$$\boldsymbol{a} \equiv (a,b,c) \tag{20.16}$$

注意 对应于不同的平移矢量 $\boldsymbol{a},\boldsymbol{a}'$ 等的所有算符 $\widehat{T}$ 彼此间可对易, 而且也与哈密顿 $\widehat{H}$ 可对易 (形成所谓阿贝尔群). 因此, 适当地选取这样的表象, 使 $\widehat{H}$ 和所有的 $\widehat{T}$ 都为对角矩阵. 当用 ψ 表示波函数, 则可写为

$$\widehat{T}(\boldsymbol{a})\psi = \mathrm{e}^{\mathrm{i}\alpha(\boldsymbol{a})}\psi \quad [\alpha = \alpha(\boldsymbol{a}) \text{——矢量 } \boldsymbol{a} \text{ 的函数}]$$

根据 $\widehat{T}(\boldsymbol{a})\widehat{T}(\boldsymbol{a}') = \widehat{T}(\boldsymbol{a}+\boldsymbol{a}')$, 归纳为

$$\alpha(\boldsymbol{a}) + \alpha(\boldsymbol{a}') = \alpha(\boldsymbol{a}+\boldsymbol{a}') \tag{20.17}$$

即

$$\alpha = \boldsymbol{k}\cdot\boldsymbol{a} = k_x a + k_y b + k_z c$$

式中 $\boldsymbol{k}$ 对该波函数 ψ 为常矢量, 对另一波函数为另一常矢量. 因此

$$\widehat{T}(\boldsymbol{a}) = \mathrm{e}^{\mathrm{i}\boldsymbol{k}\boldsymbol{a}} \text{ 为平移群的不可约表象.} \tag{20.18}$$

推论 量 $\hbar\boldsymbol{k}$ 是系统的动量. (20.19)

证明 沿 x 轴作微量移动 ($a=\varepsilon$, $b=0$, $c=0$), 则

$$\widehat{T}=\mathrm{e}^{\mathrm{i}k_x\varepsilon}\approx 1+\mathrm{i}k_x\varepsilon.$$

而

$$\widehat{T}\psi(x_1,y_1,z_1;x_2,y_2,z_2;\cdots)\approx(1+\mathrm{i}k_x\varepsilon)\psi=\psi+\mathrm{i}k_x\varepsilon\psi$$

从另一方面

$$\begin{aligned}\widehat{T}\psi(x_1,y_1,z_1;x_2,y_2,z_2;\cdots)&\approx\psi(x_1+\varepsilon,y_1,z_1;x_2+\varepsilon,y_2,z_2;\cdots)\\&\approx\psi+\varepsilon\left(\frac{\partial\psi}{\partial x_1}+\frac{\partial\psi}{\partial x_2}+\cdots\right)\end{aligned}$$

比较这些等式, 我们得到

$$\begin{aligned}k_x\psi&=\frac{1}{\mathrm{i}}\left(\frac{\partial\psi}{\partial x_1}+\frac{\partial\psi}{\partial x_2}+\cdots\right)\\&=\frac{1}{\hbar}(p_x^{(1)}\psi+p_x^{(2)}\psi+\cdots)\end{aligned}$$

由此可见

$$\hbar k_s=\sum_s p_x^{(s)}\quad 或\quad \hbar k=\sum_s p^{(s)}$$

式中 $\sum$ 是对所有质点求和. (20.20)

———————————(20–5)

依赖于 $\boldsymbol{p}$ 的波函数具有如下形式

$$\psi=\mathrm{e}^{\frac{\mathrm{i}}{\hbar}\boldsymbol{p}\cdot\boldsymbol{x}_1}\varphi(\boldsymbol{x}_2-\boldsymbol{x}_1,\boldsymbol{x}_3-\boldsymbol{x}_1,\cdots)$$

式中 $\boldsymbol{p}$ 为矢量, 它的分量是数而不是算符, 这些分量是算符 $\hat{p}_x,\hat{p}_y,\hat{p}_z$ 的本征值. (20.21)

通常利用某种变换 (例如, 伽利略变换或洛伦兹变换) 变为运动参考系, 例如变为质心系 (惯量中心), 在这样的参考系中

$\boldsymbol{p}=0$, 而波函数 ψ 仅依赖于质点的相对坐标[1]. (20.22)

从更普遍的观点来说, 质心系很重要.

应用 2 关于旋转对称与动量矩守恒定律

我们来讨论所实现的情况, 这时系统仅有内力作用 (封闭系统), 或有外力但具有中心对称. 在后者, 转动中心应与有心力的力心相重合.

假设 $\widehat{T}$ 是绕 z 轴转动微角 ω_z 的算符, 这算符给出代换

$$x \to x - \omega_z y$$
$$y \to y + \omega_z x$$
$$z \to z$$

这样

$$\widehat{T}\psi(x_1, y_1, z_1; \cdots) = \psi(x_1 - \omega_z y_1, y_1 + \omega_z x_1, z_1; \cdots)$$

我们组成一厄米算符

$$\widehat{M}_z = \frac{\hbar}{\omega_z} \cdot \frac{\widehat{T} - \widehat{T}^\dagger}{2\mathrm{i}}$$

(20.23)

用类似的方法, 得出厄米算符 $\widehat{M}_x$, $\widehat{M}_y$ 和算符 $\widehat{\boldsymbol{M}}^2$

$$\widehat{\boldsymbol{M}}^2 = \widehat{M}_x^2 + \widehat{M}_y^2 + \widehat{M}_z^2 \tag{20.24}$$

(20–6)

可以看出, 物理量 (可观测的) $M_x, M_y, M_z, \boldsymbol{M}^2$ 是运动常量. 这就是动量矩守恒定律. (20.25)

由算符的定义还可给出如下的对易关系

$$[\widehat{M}_x, \widehat{M}_y] = \frac{\hbar}{\mathrm{i}}\widehat{M}_z, \quad [\widehat{M}_y, \widehat{M}_z] = \frac{\hbar}{\mathrm{i}}\widehat{M}_x, \quad [\widehat{M}_z, \widehat{M}_x] = \frac{\hbar}{\mathrm{i}}\widehat{M}_y$$

即

$$[\widehat{\boldsymbol{M}} \times \widehat{\boldsymbol{M}}] = \frac{\hbar}{\mathrm{i}}\widehat{\boldsymbol{M}}$$

$$[\widehat{M}_x, \widehat{\boldsymbol{M}}^2] = [\widehat{M}_y, \widehat{\boldsymbol{M}}^2] = [\widehat{M}_z, \widehat{\boldsymbol{M}}^2] = 0$$

(20.26)

---

① 当然, 假设参考系是孤立的. ——俄译者注

所获得的关于质点系的对易关系与一个质点的对易关系 (18.1)—(18.3) 具有相同的形式.

可以证明, 反映一系列等式 (18.12)—(18.14), (18.17) 和 (18.18) 的矩阵结构 (20.15) 只能从对易关系导出, 这也正是在一般情况下证明定理 (20.15). 但后者有一重要例外: 在第 18 讲中已证明, 轨道量子数 l 取整数值, 然而在一般情况下, l 的数值也允许取半整数 $\left[\dfrac{(2n+1)}{2}\right]$. 后一情况在自旋的量子理论中特别重要.

例如, 绕某 z 轴旋转 α 角的变换 $\widehat{T}(\alpha)$, 当作用于它自己的本征函数时, 给出

$$\widehat{T}(\alpha)\psi = \mathrm{e}^{\mathrm{i}m\alpha}\psi \tag{20.27}$$

假若 M_z 和 $\boldsymbol{M}^2$ 都为对角矩阵的表象, 则 m 将是整数或半整数.

应用 3　关于反射 (或反演) 对称与宇称守恒定律

对于仅有内力或中心外力作用的物理系统, 可假设存在着关于反射 (反演) 的对称. 在这种情况下, $\widehat{T}$ 变换对应于下列代换

$$x \to -x, \quad x \to -y, \quad z \to -z$$

它代表关于坐标原点的反演 (通常将坐标原点置于中心力的力心).

反演对称暗示着, 右手坐标系与左手坐标系在物理上等价.

——————————(20−7)

由 $\widehat{T}$ 的定义得

$$\widehat{T}\psi(x_1, y_1, z_1; x_2, y_2, z_2; \cdots) = \psi(-x_1, -y_1, -z_1; -x_2, -y_2, -z_2; \cdots) \tag{20.28}$$

由反演变换的性质不难看出 (两次应用变换 $\widehat{T}$ 后)

$$\widehat{T}^2 = 1 \tag{20.29}$$

此外, 坐标反演算符 $\widehat{T}$ 与 (20.25) 的算符可对易, 很自然, 也与哈密顿 $\widehat{H}$ 可对易.

通常取算符 $\widehat{\boldsymbol{M}}^2$, $\widehat{M}_z$ 和 $\widehat{T}$ 的本征函数作为基. (20.30)

(因为它们之间彼此可对易.) 由等式 (20.29) 得出, 反演算符 $\widehat{T}$ 的本征值 [在一般情况下, 由 (20.9) 给出] 为

$$\widehat{T} \text{ 的本征值 } = \pm 1 \tag{20.31}$$

根据这一点, 可确定物理系统状态的分类.

状态

$$\left.\begin{array}{l}\text{偶的——当 } T = +1 \text{ (正宇称)} \\ \text{奇的——当 } T = -1 \text{ (负宇称)}\end{array}\right| \tag{20.32}$$

宇称是系统的性质. 当系统内仅有中心外力作用, 或任意的内力作用时, 系统的宇称是不变的[①].

——————————(20–8)

① 费米讲授本讲稿后,已发现在弱相互作用下宇称不守恒. ——俄译者注

21. 定态的微扰理论，里兹方法

微扰理论的第一步，把哈密顿算符表为

$$\widehat{H}=\widehat{H}_0+\widehat{\mathscr{H}} \tag{21.1}$$

式中 $\widehat{\mathscr{H}}$ 是很小的，不明显依赖于时间，附加于无微扰算符 $\widehat{H}_0$ 的微扰项. 无微扰哈密顿 $\widehat{H}_0$ 的本征函数和本征值由下述方程确定

$$\widehat{H}_0 u_0^{(n)}=E_0^{(n)}u_0^{(n)} \tag{21.2}$$

式中 $u_0^{(n)}$ 是哈密顿 $\widehat{H}_0$ 的本征函数 (正交的). 为便于理解，我们将 (21.1) 式改写为

$$\widehat{H}=\widehat{H}_0+\lambda\widehat{\mathscr{H}} \tag{21.3}$$

认为常数 λ 是很小的. 这种方法便于直观地分出不同级近似的方程，在最后，令 $\lambda\to 1$. 将总哈密顿 $\widehat{H}$ 的本征函数和本征值按 λ 的幂次展成级数

$$u^{(n)}=u_0^{(n)}+\lambda u_1^{(n)}+\lambda^2 u_2^{(n)}+\cdots \tag{21.4}$$

$$E^{(n)}=E_0^{(n)}+\lambda E_1^{(n)}+\lambda^2 E_2^{(n)}+\cdots \tag{21.5}$$

则得总哈密顿 $\widehat{H}$ 的本征函数 $u^{(n)}$ 和本征值 $E^{(n)}$ 的方程式

$$(\widehat{H}_0+\lambda\widehat{\mathscr{H}})u^{(n)}=E^{(n)}u^{(n)} \tag{21.6}$$

可写为

$$\begin{aligned}&(\widehat{H}_0+\lambda\widehat{\mathscr{H}})(u_0^{(n)}+\lambda u_1^{(n)}+\cdots)\\ &=(E_0^{(n)}+\lambda E_1^{(n)}+\cdots)(u_0^{(n)}+\lambda u_1^{(n)}+\cdots)\end{aligned}$$

或

$$\begin{aligned}&\widehat{H}_0u_0^{(n)}+\lambda(\widehat{H}_0u_1^{(n)}+\widehat{\mathscr{H}}u_0^{(n)})+\lambda^2(\widehat{H}_0u_2^{(n)}+\widehat{\mathscr{H}}u_1^{(n)})+\cdots\\=&E_0^{(n)}u_0^{(n)}+\lambda(E_0^{(n)}u_1^{(n)}+E_1^{(n)}u_0^{(n)})+\\&\lambda^2(E_0^{(n)}u_2^{(n)}+E_1^{(n)}u_1^{(n)}+E_2^{(n)}u_0^{(n)})+\cdots\end{aligned}$$

上式中 λ 同幂次的系数应相等, 我们得一方程组为

$$\begin{cases}\widehat{H}_0u_0^{(n)}=E_0^{(n)}u_0^{(n)} & (21.7)\\ \widehat{H}_0u_1^{(n)}-E_0^{(n)}u_1^{(n)}-E_1^{(n)}u_0^{(n)}=-\widehat{\mathscr{H}}u_0^{(n)} & (21.8)\\ \widehat{H}_0u_2^{(n)}-E_0^{(n)}u_2^{(n)}-E_1^{(n)}u_1^{(n)}-E_2^{(n)}u_0^{(n)}=-\widehat{\mathscr{H}}u_1^{(n)} & (21.9)\\ \cdots\cdots\cdots\cdots\end{cases}$$

——————(21－1)

[(21.7) 与 (21.2) 式相同, 这正好自相符合]. 将函数 $u_i^{(n)}$ 按本征函数 $u_0^{(n)}$ 展开级数

$$\left.\begin{aligned}u_1^{(n)}&=\sum_m{}'c_{nm}^{(1)}u_0^{(m)}\\u_2^{(n)}&=\sum_m{}'c_{nm}^{(2)}u_0^{(m)}\\&\cdots\cdots\cdots\cdots\end{aligned}\right|\quad(21.10)$$

求和的撇号表示对所有的 m 求和, 但 $m=n$ 除外.

将上述展开式代入 (21.8) 和 (21.9) 两式, 并利用 (21.2) 或 (21.7) 式, 我们得到

$$\sum_m{}'c_{nm}^{(1)}(E_0^{(m)}-E_0^{(n)})u_0^{(m)}-E_1^{(n)}u_0^{(n)}=-\widehat{\mathscr{H}}u_0^{(n)}\tag{21.11}$$

$$\sum_0{}'c_{nm}^{(2)}(E_0^{(m)}-E_0^{(n)})u_0^{(m)}-E_2^{(n)}u_0^{(n)}=-\widehat{\mathscr{H}}u_1^{(n)}+E_1^{(n)}u_1^{(n)}\tag{21.12}$$

$$\cdots\cdots\cdots\cdots$$

微扰附加项矩阵元素 $\mathscr{H}_{mn}$ 等于

$$\mathscr{H}_{mn} = (u_0^{(m)} \mid \widehat{\mathscr{H}} u_0^{(n)}) \equiv \langle m \mid \widehat{\mathscr{H}} \mid n \rangle$$
$$= \int u_0^{(m)^*} \widehat{\mathscr{H}} u_0^{(n)} \mathrm{d}x = u_0^{\dagger(m)} \widehat{\mathscr{H}} u_0^{(n)} \tag{21.13}$$

我们来求第一级能量修正项 $E_1^{(n)}$. 为此, (21.11) 式左乘 $u_0^{\dagger(n)}$, 利用零级近似函数系的正交性质

$$u_0^{\dagger(n)} u_0^{(m)} = \delta_{nm} \tag{21.14}$$

我们得到

$$E_1^{(n)} = u_0^{\dagger(n)} \widehat{\mathscr{H}} u_0^{(n)} = \mathscr{H}_{nn} \tag{21.15}$$

结论 能量本征值的一级微扰值等于算符 $\widehat{\mathscr{H}}$ 对无微扰态函数的平均值.

对 (21.11) 式左乘 $u_0^{\dagger(m)}$, 我们得展开式系数

$$c_{mn}^{(1)} = \frac{\mathscr{H}_{mn}}{E_0^{(n)} - E_0^{(m)}} \tag{21.16}$$

由此知, 第一级近似的本征函数等于

$$u_0^{(n)} + \sum_m{}' \frac{\mathscr{H}_{mn}}{E_0^{(n)} - E_0^{(m)}} u_0^{(m)} \tag{21.17}$$

用类似的方法, 由 (21.12) 式, 我们获得

$$E_2^{(n)} = \sum_m{}' \frac{\mathscr{H}_{nm}\mathscr{H}_{mn}}{E_0^{(n)} - E_0^{(m)}} = \sum_m{}' \frac{|\mathscr{H}_{nm}|^2}{E_0^{(n)} - E_0^{(m)}} \tag{21.18}$$

$$c_{nm}^{(2)} = \sum_s{}' \frac{\mathscr{H}_{ms}\mathscr{H}_{sn}}{(E_0^{(n)} - E_0^{(s)})(E_0^{(n)} - E_0^{(m)})} - \frac{\mathscr{H}_{mn}\mathscr{H}_{nn}}{(E_0^{(n)} - E_0^{(m)})^2} \tag{21.19}$$

———————————— (21 – 2)

例 1 恒力 $\boldsymbol{F}$ 微扰下的线性振子 微扰哈密顿具有形式

$$\widehat{\mathscr{H}} = -F\hat{x} \tag{21.20}$$

$\widehat{\mathscr{H}}$ 的矩阵元素等于

$$\mathscr{H}_{nm} = -Fx_{nm}$$

根据 (17.23) 的关系式, 我们写出

$$x_{n,n+1} = \sqrt{\frac{\hbar}{2m\omega}}\sqrt{n+1}, \quad x_{n,n-1} = \sqrt{\frac{\hbar}{2m\omega}}\sqrt{n}$$

$$E_0^{(n)} = \hbar\omega\left(n+\frac{1}{2}\right) \tag{21.21}$$

$$\cdots = x_{n,n-3} = x_{n,n-2} = x_{nn} = x_{n,n+2} = x_{n,n+3} = \cdots = 0$$

这样, 在一级微扰理论里, 能量的修正值等于零

$$E_1^{(n)} = \mathscr{H}_{nn} = -Fx_{nn} = 0 \tag{21.22}$$

在二级微扰中

$$\begin{aligned} E_2^{(n)} &= \sum_m{}' \frac{|\mathscr{H}_{nm}|^2}{E_0^{(n)} - E_0^{(m)}} = F^2\left(\frac{|x_{n,n+1}|^2}{-\hbar\omega} + \frac{|x_{n,n-1}|^2}{\hbar\omega}\right) \\ &= \frac{F^2}{\hbar\omega}\left(-\frac{\hbar}{2m\omega}(n+1) + \frac{\hbar}{2m\omega}n\right) = -\frac{F^2}{2m\omega^2} \end{aligned} \tag{21.23}$$

由此可见, 所有态的能量与没有微扰时相比, 减少了 $\dfrac{F^2}{2m\omega^2}$.

对已获得的结果可以直接验证. 为此对总哈密顿作一恒等变换

$$\begin{aligned} H &= \frac{1}{2m}p^2 + \frac{m\omega^2}{2}x^2 - Fx \\ &\equiv \frac{p^2}{2m} + \frac{m\omega^2}{2}\left(x - \frac{F}{m\omega^2}\right) - \frac{F^2}{2m\omega^2} \end{aligned} \tag{21.24}$$

这个哈密顿与无微扰时的差别仅在于平衡位置 (坐标 x) 移动了 $\dfrac{F}{m\omega^2}$, 这不引起能量的变化, 同时也附加了一个常数项 $-\dfrac{F^2}{2m\omega^2}$, 这就是已获得的修正量.

——————————(21-3)

例 2　自旋为零的粒子的塞曼效应　在库仑有心力场中运动的带电无自旋粒子 (参考第 8 讲, 那里也不考虑电子自旋), 可视为无微扰的系统. 为不在

波动方程中考虑与外磁场的相互作用, 我们用通常的代换, $\boldsymbol{p}\to\boldsymbol{p}-\dfrac{e}{c}\boldsymbol{A}$, 这里 $\boldsymbol{A}$ 为电磁矢势 (磁感强度 $\boldsymbol{B}=\nabla\times\boldsymbol{A}$), 因此, 总哈密顿所具有的形式为

$$\begin{aligned} H &= \frac{1}{2M}\left(\boldsymbol{p}-\frac{e}{c}\boldsymbol{A}\right)^2+U(r) \\ &= \frac{1}{2M}p^2-\frac{e}{Mc}(\boldsymbol{p}\cdot\boldsymbol{A})+U(r)+\frac{e^2}{2Mc^2}\boldsymbol{A}^2 \end{aligned} \tag{21.25}$$

(以后我们忽略 $\boldsymbol{A}$ 的平方项).

对易子 $\boldsymbol{p}\cdot\boldsymbol{A}-\boldsymbol{A}\cdot\boldsymbol{p}=\dfrac{\hbar}{\mathrm{i}}(\nabla\cdot\boldsymbol{A})$ 在静态情况下等于零. 假设磁感强度 $\boldsymbol{B}$ 平行 z 轴, 则

$$A_x=-\frac{B}{2}y,\quad A_y=\frac{B}{2}x,\quad A_z=0 \tag{21.26}$$

因此

$$\widehat{H}=\frac{1}{2M}\hat{p}^2+U(r)-\frac{eB}{2Mc}(\hat{x}\hat{p}_y-\hat{y}\hat{p}_x) \tag{21.27}$$

显然

$$\frac{1}{2M}\hat{p}^2+U(r)=\widehat{H}_0,\quad -\frac{eB}{2Mc}(\hat{x}\hat{p}_y-\hat{y}\hat{p}_x)=\widehat{\mathscr{H}}$$

无微扰哈密顿 $\widehat{H}_0$ 的本征函数已经在第 8 讲中求出, 其形式是

$$u_{nlm}(r,\theta,\varphi)=R_{nl}(r)\mathrm{Y}_{lm}(\theta,\varphi) \tag{21.28}$$

在这种情况下, 关于微扰的计算是不费力的, 因为本征函数 (21.28) 同时也是哈密顿 (21.27) 的本征函数. 我们得

$$\left.\begin{aligned} &\widehat{H}_0u_{nlm}=E_{nl}^{(0)}u_{nlm} \\ &\widehat{\mathscr{H}}u_{nlm}=-\frac{eB}{2Mc}(\hat{x}\hat{p}_y-\hat{y}\hat{p}_x)u_{nlm} \\ &\qquad\quad=\frac{eB}{2Mc}M_zu_{nlm}=-\frac{eB}{2Mc}mu_{nlm} \end{aligned}\right| \tag{21.29}$$

这样

$$E_{nlm} = E_{nl}^{(0)} - \frac{eB}{2Mc}m$$

从 (21.29) 看出, 由于外磁场的存在, m 的简并已被消除, 因而氢原子的能级产生了分裂 (这种分裂如图 12 所示). 提醒一下, 这里尚未考虑电子的自旋.

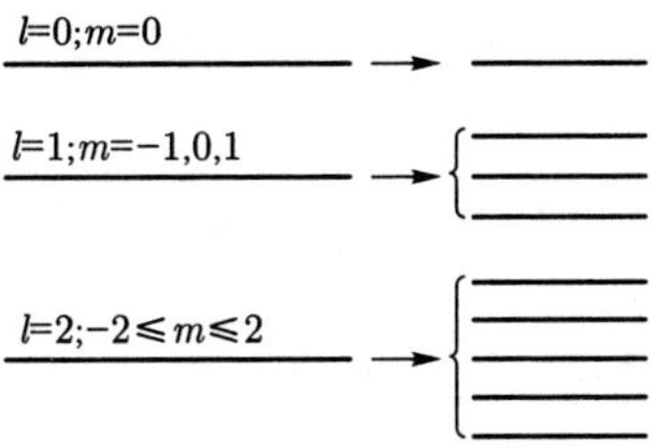

图 12　不考虑电子自旋时,各种轨道量子数 l 的塞曼效应

讨论题目

1. 选择规则 $m \begin{smallmatrix}\nearrow m\pm 1\\ \searrow m\end{smallmatrix}$ 和对应原理.

2. 在微扰理论求和式中所含的无微扰本征函数的极限形式下, 运动常量的作用.

————————————(21－4)

玻尔磁子　我们把哈密顿的微扰项写成轨道磁矩与外磁场的相互作用能的形式, 即用下式代替 $\mathscr{H}$

$$\mathscr{H} = -\boldsymbol{B}\cdot\boldsymbol{\mu}$$

$$\boldsymbol{\mu} = \frac{e\hbar}{2mc}\left(\frac{1}{\hbar}\boldsymbol{M}\right) \tag{21.30}$$

式中 $\boldsymbol{\mu}$ 为轨道磁矩, 而 $\dfrac{\boldsymbol{M}}{\hbar}$ 是以作用量 $\hbar$ 为单位的轨道动量矩.

解释　与每一单位 $\hbar$ 的轨道动量矩对应的单位磁矩是

$$\mu_0 = \frac{e\hbar}{2mc} = 9.2732\times 10^{21}\ \mathrm{cm}^{5/2}\cdot\mathrm{g}^{1/2}\cdot\mathrm{s}^{-1} \tag{21.31}$$

磁矩的“量子” μ_0 称为玻尔磁子.

讨论题目

1. 从电子沿连续轨道运动的经典概念出发, 证明 (21.31) 式.

2. 根据电流密度概念证明 (21.31) 式. 由连续性方程 (2.7) 和定义 (2.9) 给出的电流密度 $\boldsymbol{j}$ 是

$$\boldsymbol{j}=\frac{\hbar e}{2\mathrm{i}mc}(\psi^*\nabla\psi-\psi\nabla\psi^*) \tag{21.32}$$

此外, 考虑到

$$\left.\begin{aligned}\mu_z=\int\frac{1}{2}(\boldsymbol{x}\times\boldsymbol{j})_z\mathrm{d}^3x\\ \psi=F(r,\theta)\mathrm{e}^{\mathrm{i}m\varphi},\quad \psi=F(r,\theta)\mathrm{e}^{-\mathrm{i}m\varphi}\\ \int|\psi|^2\mathrm{d}^3x=1\end{aligned}\right| \tag{21.33}$$

由此我们不难得到

$$\mu_z=\frac{e\hbar}{2m_ec}m \tag{21.34}$$

——(21–5)

里兹方法 当对应方程 (21.2) 的波函数 ψ 逼近于准确的波函数 $\psi^{(n)}$ 时, 带有一级无限小的可能误差. 在定态微扰理论中, 表达式

$$\overline{H}=(\psi|\widehat{H}|\psi)=\psi^\dagger\widehat{H}\psi=\int\psi^*\widehat{H}\psi\mathrm{d}x \tag{21.35}$$

上式给出精确到二级无限小能量值 $E^{(n)}$. 这点就是里兹变分近似法的基础.

实际过程概述 选取试探波函数 ψ, 计算 $\psi^\dagger\widehat{H}\psi$ 值. 对能量 E 的近似程度比起波函数的程度, 更为好些. (21.36)

我们更确切些地叙述.

定理 在 $\psi^\dagger\psi=1$ 的条件下, 由 $\delta(\psi^\dagger\widehat{H}\psi)=0$ 的极小值变分问题, 可导出薛定谔方程. (21.37)

证明 进行变分, 我们得

$$\delta\psi^{\dagger}\widehat{H}\psi+\psi^{\dagger}\widehat{H}\delta\psi-\lambda\psi^{\dagger}\delta\psi-\lambda\delta\psi^{\dagger}\psi=0$$

或

$$\delta\psi^{\dagger}(\widehat{H}\psi-\lambda\psi)+(\widehat{H}\psi-\lambda\psi)^{\dagger}\delta\psi=0 \tag{21.38}$$

由此得到方程式

$$\widehat{H}\psi-\lambda\psi=0$$

即为 $E=\lambda$ 的薛定谔方程.

这里对于条件极值问题来说, 系数 λ 起拉格朗日不定乘子的作用.

结论 解 (21.37) 的极值 (最小值) 问题, 我们得到最小值即为能量本征值的最小值; 极值外的值一般来说对应于其他能量本征值.

定理的实际应用 (里兹方法). 我们选取合适的试探函数 $\psi^{(0)}\approx f(x,\alpha,\beta,\cdots)$, 式中 α, β, $\cdots$ 属于变分参数. 计算

$$E(\alpha,\beta,\cdots)=\frac{\displaystyle\int f^{*}(x,\alpha,\beta,\cdots)\widehat{H}f(x,\alpha,\beta\cdots)\mathrm{d}x}{\displaystyle\int f^{*}(x,\alpha,\beta,\cdots)f(x,\alpha,\beta,\cdots)\mathrm{d}x} \tag{21.39}$$

(21 – 6)

我们找出这些参数值, 使

$$E(\alpha,\beta,\cdots)=\text{最小值 (极值)} \tag{21.40}$$

当试探函数很好地逼近于低能级的准确本征函数, 则最小值 E 将很接近于该低能级.

举例 应用里兹方法, 研究线性谐振子问题. 哈密顿为

$$\widehat{H}=\frac{1}{2}\hat{p}^{2}+\frac{1}{2}\hat{x}^{2} \tag{21.41}$$

(这里采取的单位: $\hbar=1$, $m=1$, $\omega=1$).

我们取 $f(x)$ 为试探函数, 它的图形是高为 1 底为 2α 的 “三角形”, 如图 13 所示. 这里仅有一个变分参数 α. 不难求得

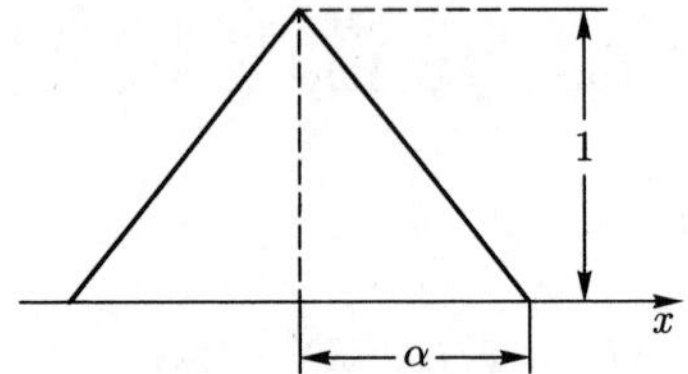

图 13 试探函数 $f(x)$ 的图形

$$E(\alpha)=\frac{\dfrac{1}{2}\displaystyle\int_{-\alpha}^{\alpha}x^2f^2(x)\mathrm{d}x-\dfrac{1}{2}\displaystyle\int_{-\alpha}^{\alpha}f(x)f''(x)\mathrm{d}x}{\displaystyle\int_{-\alpha}^{\alpha}f^2(x)\mathrm{d}x}$$

$$=\frac{\dfrac{\alpha^3}{30}+\dfrac{1}{\alpha}}{\dfrac{2}{3}\alpha}=\frac{1}{20}\alpha^2+\frac{3}{2\alpha^2} \tag{21.42}$$

"能量" $E(\alpha)$ 最小值对应于参数

$$\alpha=\sqrt[4]{30}=2.34$$

由此得

$$E(2.34)=0.548 \tag{21.43}$$

这个值与精确的最小本征值 (它等于 0.500000) 比较, 其误差不大于 10% (作为一级近似是足够好的).

讨论题目

1. 证明下述论断, 由 (21.39) 式给出的量 $E(\alpha,\beta,\cdots)$ 满足不等式

$$E(\alpha,\beta,\cdots)\geqslant E_0 \tag{21.44}$$

式中 E_0 为被研究系统的能量最小本征值.

提示: 函数 f 应按 $\widehat{H}$ 的本征函数展开成级数.

2. 讨论已被证明的论断的实际应用.

(21–7)

22. 简并情况和准简并情况, 氢原子的斯塔克效应

当 $E_0^{(n)} - E_0^{(m)} = 0$ (简并), 或很小 (准简并) 时, 第 21 讲叙述的微扰理论方案就失掉意义 [参看 (21.16) 和 (21.18) 式]. 在这种情况下, 必须采用另一途径.

写出系统无微扰的本征函数:

假设

函数 $u_0^{(1)}, u_0^{(2)}, \cdots, u_0^{(g)}$ 对应于系统的简并或准简并状态	函数 $u_0^{(g+1)}, u_0^{(g+2)}, \cdots,$ 对应于系统其他的 (非简并) 状态	(22.1)

令所求问题的近似解 (一级近似) 为

$$u = \sum_{s=1}^{g} c_s u_0^{(s)} + \sum_{\alpha=g+1}^{\infty} c_\alpha u_0^{(\alpha)} \tag{22.2}$$

式中 c_α 为一级微量, c_s 设想为较大的值.

所求的函数应该近似地对应着哈密顿 $\widehat{H}$, 而 $\widehat{H}$ 像以前一样, 可写为

$$\widehat{H} = \widehat{H}_0 + \widehat{\mathscr{H}}$$

因此, 薛定谔方程为 $\widehat{H}u = Eu$, 且

$$E = E_0 + \varepsilon$$

式中 ε 为系统能量本征值的一级修正量. 将函数 (22.2) 代入薛定谔方程, 我们得到一级近似

$$\sum_{s=1}^{g} c_s(\widehat{H} - E)u_0^{(s)} + \sum_{\alpha=g+1}^{\infty} c_\alpha(\widehat{H}_0 - E_0)u_0^{(\alpha)} = 0 \tag{22.3a}$$

但因为按定义, $u_0^{(\alpha)}$ 是算符 $\widehat{H}_0$ 的本征函数, 方程 (22.3a) 又写为

$$\sum_{s=1}^{g} c_s(\widehat{H}-E)u_0^{(s)}+\sum_{\alpha=g+1}^{\infty} c_\alpha(E_0^{(\alpha)}-E_0)u_0^{(\alpha)}=0 \tag{22.3b}$$

我们对这个方程左乘 $u_0^{\dagger(l)}$, $l=1,2,\cdots,g$, 鉴于零级近似函数的正交性, 我们得到

$$\sum_{s=1}^{g} c_s(H_{ls}-E\delta_{ls})=0^{①},\quad l=1,2,\cdots,g$$

这是 g 级的久期问题. 它的可解条件是系数行列式为零, 即

$$\begin{vmatrix} H_{11}-E & H_{12} & \cdots & H_{1g} \\ H_{21} & H_{22}-E & \cdots & H_{2g} \\ \vdots & \vdots & & \vdots \\ H_{g1} & H_{g2} & \cdots & H_{gg}-E \end{vmatrix}=0 \tag{22.4}$$

可解条件确定了对应于无微扰时 g 个简并或准简并状态能量为 E 的 g 次代数方程式.

(22–1)

我们找到

$$c_\alpha=\left(\sum_{s=1}^{g} c_s E_{\alpha s}\right)\Bigg/(E_0^{(\alpha)}-E_0) \tag{22.5}$$

而分母 $(E_0^{(\alpha)}-E_0)$ 是较大的!

这些系数给出一级微扰理论中波函数的修正项.

需要指出, 在求解 (22.4) 过程中简化久期方程时, 应注意守恒定律的作用.

例　斯塔克效应　我们研究在强度为 F 的外电场作用下, $n=2$ 的氢原子能级的移动 (斯塔克效应).

---

① 式中 δ_{ls} 是译者添上的.——译者注

设电场方向沿 z 轴, 微扰哈密顿 (电子与外场的相互作用能) 等于

$$\widehat{\mathscr{H}} = +eFz \tag{22.6}$$

式中 F 为电场强度.

微扰哈密顿 (22.6) 是 z 的奇函数, 因此, 根据 (21.13) 式用无微扰函数计算对角元素 $\mathscr{H}_{nn}$ 给出的结果为零. 由此得, 斯塔克效应在氢原子基态的一级近似中不存在. 因为 $n=1$ 没有简并 (参看以前讲的公式), 所以就研究下一能级 $(n=2)$.

主量子数 $n=2$ 的无微扰态是四重简并, 能级为

$$2s_0, \quad 2p_1, \quad 2p_0, \quad 2p_{-1} \tag{22.7}$$

相互重合 (参阅第 8 讲图 7).

鉴于坐标 z 与 M_z 可对易, 所以

$$[\widehat{\mathscr{H}}, \widehat{M}_z] = 0 \tag{22.8}$$

故微扰仅仅影响与磁量子 m 相同的状态, 即 $2s_0$ 和 $2p_0$ 的混合态, 而其他两能级 $2p_1$ 和 $2p_{-1}$ 则如同简并不存在一样, 仍保持无简并时的能量值.

在一级近似中, $2p_1$ 能级的能量修正值 [参看 (21.15) 式] 写为

$$\langle 2p_1|eFz|2p_1\rangle = eF\int z|\psi_{2p_1}|^2\mathrm{d}^3x = 0 \tag{22.9}$$

(因为 z 为奇函数, 而 $|\psi_2 p_1|^2$ 为偶函数) 对于 $2p_{-1}$ 能级也得类似的结果. 因此, 能级 $2p_1$ 和 $2p_{-1}$ 在一级近似中表现出

——————————(22–2)

没有微扰. 能级 $2s$ 和 $2p_0$ 的波函数为

$$\psi_{2s} = \frac{1}{\sqrt{32\pi\alpha^3}}\left(2-\frac{r}{a}\right)\mathrm{e}^{-\frac{r}{2a}} \tag{22.10}$$

$$\psi_{2p_0} = \frac{1}{\sqrt{32\pi\alpha^3}}\frac{r}{a}\mathrm{e}^{-\frac{r}{2a}}\cos\theta \tag{22.11}$$

矩阵元 $\langle 2s|z|2s\rangle$ 和 $\langle 2p_0|z|2p_0\rangle$, 如同矩阵元 (22.9) 一样, 等于零[①].

① 参看 (22.6) 式后一段的叙述. ——俄译者注

我们计算下面的矩阵元

$$
\begin{aligned}
\langle 2s|z|2p_0\rangle &= \frac{1}{32\pi a^3}\int_0^\infty\int_0^\pi\left(2-\frac{r}{a}\right)\mathrm{e}^{-\frac{r}{a}}\frac{r}{a}\cdot r\cos^2\theta 2\pi r^2\mathrm{d}r\sin\theta\mathrm{d}\theta \\
&= \frac{1}{16a^3}\int_0^\infty\left(2-\frac{r}{a}\right)\mathrm{e}^{-\frac{r}{a}}r^3\frac{r}{a}\mathrm{d}r\cdot\int_0^\pi\cos^2\theta\sin\theta\mathrm{d}\theta \\
&= \frac{1}{16a^3}(-72a^4)\cdot\frac{2}{3} = -3a
\end{aligned}
\tag{22.12}
$$

式中 $a=\dfrac{\hbar^2}{me^2}$ 代表玻尔半径 [(8.19) 式].

对应微扰哈密顿的矩阵

$$
eF\begin{pmatrix} 0 & 3a \\ -3a & 0 \end{pmatrix} \text{具有本征值 } \pm 3eFa_0 \tag{22.13}
$$

由此得出能级 (一级近似) 和相应的波函数 (零级近似):

能级 (一级近似)	本征函数 (零级近似)
$-\dfrac{me^4}{2\hbar^2}\cdot\dfrac{1}{4}$	ψ_{2p_1}
$-\dfrac{me^4}{2\hbar^2}\cdot\dfrac{1}{4}$	$\psi_{2p_{-1}}$
$-\dfrac{me^4}{2\hbar^2}\cdot\dfrac{1}{4}+3eFa$	$\dfrac{1}{\sqrt{2}}(\psi_{2s}+\psi_{2p_0})$
$-\dfrac{me^4}{2\hbar^2}\cdot\dfrac{1}{4}-3eFa$	$\dfrac{1}{\sqrt{2}}(\psi_{2s}-\psi_{2p_0})$

(22.14)

(22−3)

23. 非定态的微扰理论，玻恩近似

设系统的哈密顿是

$$\widehat{H}=\widehat{H}_0+\widehat{\mathscr{H}}$$

式中 $\widehat{H}_0$ 为不依赖于时间的无微扰哈密顿，$\widehat{\mathscr{H}}$ 为可包含时间的微扰哈密顿. (23.1)

定态 (无微扰) 的薛定谔方程

$$\mathrm{i}\hbar\dot{\psi}_0=\widehat{H}_0\psi_0 \tag{23.2}$$

其解为

$$\psi_0=\sum_n a_n^{(0)}u_0^{(n)}\mathrm{e}^{-\frac{\mathrm{i}}{\hbar}E_0^{(n)}t} \tag{23.3}$$

式中 $a_n^{(0)}$ 是常数，而 $u_0^{(n)}(\boldsymbol{r})$ 是下述方程的本征函数

$$\widehat{H}_0u_0^{(n)}=E_0^{(n)}u_0^{(n)} \tag{23.4}$$

要寻求系统的哈密顿为 $\widehat{H}$ [(23.1) 式] 的薛定谔方程的解，我们不可能精确地求解. 为了找出近似解，得利用非定态的微扰理论.

我们代进薛定谔微扰方程

$$\mathrm{i}\hbar\dot{\psi}=(\widehat{H}_0+\widehat{\mathscr{H}})\psi \tag{23.5}$$

其解为

$$\psi=\sum_n a_n(t)u_0^{(n)}\mathrm{e}^{-\frac{\mathrm{i}}{\hbar}E_0^{(n)}t} \tag{23.6}$$

式中 $a_n(t)$ 为待确定的展开系数. 将 (23.6) 式代入 (23.5) 式后，再以 $u_0^{\dagger(s)}$ 左乘已获得的等式，并利用 $u_0^{(n)}$ 与 $u_0^{\dagger(s)}$ 的正交性和方程 (23.4)，我们得

$$\dot{a}_s=-\frac{\mathrm{i}}{\hbar}\sum_n a_n\left\langle s\right|\widehat{\mathscr{H}}\left|n\right\rangle\mathrm{e}^{-\frac{\mathrm{i}}{\hbar}(E_0^{(s)}-E_0^{(n)})t} \tag{23.7}$$

式中

$$\langle s|\widehat{\mathscr{H}}|n\rangle = u_0^{+(s)}\widehat{\mathscr{H}}u_0^{(n)} = \int u_0^{*(s)}\widehat{\mathscr{H}}u_0^{(n)}\mathrm{d}x = \mathscr{H}_{sn} \tag{23.8}$$

关于 a_s 的方程组 (23.7) 是精确的而不是近似的, 事实上, 它精确地等价于薛定谔方程 (23.5). 然而, 解这组方程需利用替代法近似求解. 用无微扰解的系数 $a_n(0)$ 代入 (23.7) 式的右边, 作为 $a_n(t)$ 的一级近似. 经过对时间积分后, $a_s(t)$ 的近似表达式为

$$a_s(t) \approx a_s(0) - \frac{\mathrm{i}}{\hbar}\sum_n a_n(0)\int_0^t \mathscr{H}_{sn}(t)\mathrm{e}^{\frac{\mathrm{i}}{\hbar}(E_0^{(s)}-E_0^{(n)})t}\mathrm{d}t \tag{23.9}$$

————————————(23－1)

重要的特例 设 $t=0$ 系统处于 n 态, 则 $a_n(0)=1$, 而其他系数等于零. 由此得

$$当\ s\neq n,\quad a_s(t) = -\frac{\mathrm{i}}{\hbar}\int_0^t \mathscr{H}_{sn}(t)\mathrm{e}^{\frac{\mathrm{i}}{\hbar}(E_0^{(s)}-E_0^{(n)})t}\mathrm{d}t \tag{23.10}$$

矩阵元 $\mathscr{H}_{sn}(t)$ 确定从态 n 到态 s 的跃迁.

从态 n 到所有其他态的跃迁. 假设 $\mathscr{H}_{sn}$ 不依赖于时间, (23.10) 式积分得

$$a_s(t) = -\mathscr{H}_{sn}\frac{\mathrm{e}^{\frac{\mathrm{i}}{\hbar}(E_0^{(s)}-E_0^{(n)})t}-1}{E_0^{(s)}-E_0^{(n)}}$$

在微扰作用时间 t 内, 由态 n 到另一态 s 的跃迁概率 (见图 14) 等于 (23.11)

$$|a_s(t)|^2 = 4\overline{|\mathscr{H}_{sn}|^2}\frac{\sin^2\dfrac{t}{2\hbar}(E_0^{(s)}-E_0^{(n)})}{(E_0^{(s)}-E_0^{(n)})^2}$$

由此得到一般过渡到所有其他态的跃迁概率

$$\begin{aligned} P(t) = \sum_s |a_s(t)|^2 &= 4\overline{|\mathscr{H}_{sn}|^2}\sum_n\frac{\sin^2\dfrac{t}{2\hbar}(E_0^{(s)}-E_0^{(n)})}{(E_0^{(s)}-E_0^{(n)})^2} \\ &= 4\overline{|\mathscr{H}_{sn}|^2}\rho(E_n)\int\frac{\sin^2\dfrac{t}{2\hbar}(E^{(s)}-E^{(n)})\mathrm{d}(E^{(s)}-E^{(n)})}{(E^{(s)}-E^{(n)})^2} \end{aligned} \tag{23.12}$$

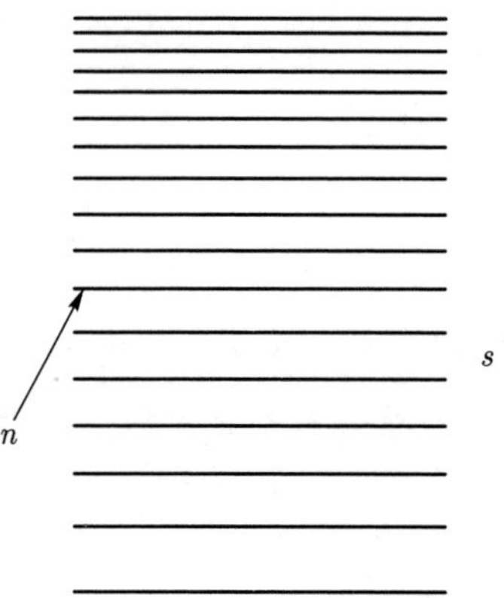

图 14　从能级 n 到其他能级的跃迁

$$= t\frac{2\pi}{\hbar}\overline{|\mathscr{H}_{sn}|^2}\rho(E_n)$$

利用积分公式 $\int_{-\infty}^{\infty}\frac{\sin^2\alpha x}{x^2}\mathrm{d}x = \pi\alpha$, 式中的积分给出 $\frac{\pi t}{2\hbar}$.

$\rho(E_n) =$ 在 E_n 附近单位能量间隔态 s 的数目

$$\begin{bmatrix}\text{单位时间}\\ \text{跃迁概率}\end{bmatrix} = \frac{2\pi}{\hbar}\overline{|\mathscr{H}_{sn}|^2}\rho(E_n) \tag{23.13}$$

讨论题目

末态分布与时间 t 的关系, 以及该分布特征与测不准原理的联系.

——————(23 – 2)

例　玻恩近似

我们研究带电粒子在势场 $U(\boldsymbol{x})$ 中的散射. 该势场可理解为哈密顿的微扰. 它不依赖于时间 (能量守恒). 入射粒子的动量用 $\boldsymbol{p}$ 表示, 而散射后的动量用 $\boldsymbol{p}'$ 表示, 如图 15. 这样, 问题的条件为

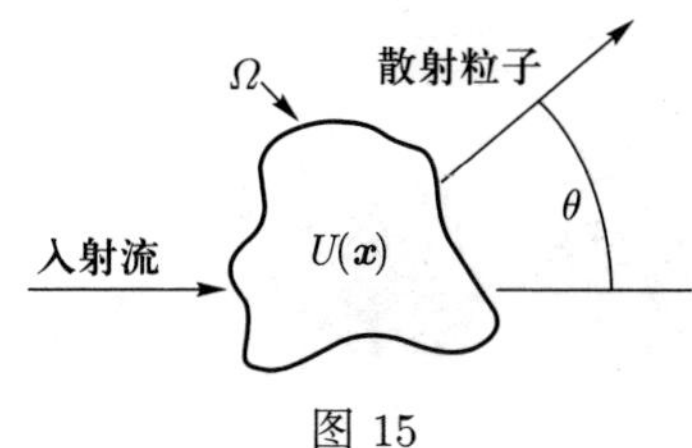

图 15

$$\left.\begin{array}{l}\text{在势场 } U(\boldsymbol{x}) \text{ 中散射,}\\ \text{相互作用区 (“盒”) 的体积 } \Omega,\\ \text{能量守恒 } |\boldsymbol{p}| = |\boldsymbol{p}'|,\\ U(\boldsymbol{x}) \equiv \mathscr{H} \text{ (微扰).}\end{array}\right| \tag{23.14}$$

初态和末态可理解为入射波和散射波 (波函数在“盒” Ω 中已归一化). 由于能量守恒, 波函数的时间部分是相同的. 我们写出它们的空间部分和跃迁 $\boldsymbol{p} \to \boldsymbol{p}'$ 的矩阵元 (从初态到末态)

$$\left.\begin{array}{l}\text{初态 (入射波) } \dfrac{1}{\sqrt{\Omega}}\mathrm{e}^{\frac{\mathrm{i}}{\hbar}\boldsymbol{p}\cdot\boldsymbol{x}},\\ \text{末态 (散射波) } \dfrac{1}{\sqrt{\Omega}}\mathrm{e}^{\frac{\mathrm{i}}{\hbar}\boldsymbol{p}'\cdot\boldsymbol{x}},\\ \text{(在 } \Omega \text{ 中归一化.)}\\ \boldsymbol{p} \to \boldsymbol{p}' \text{ 的跃迁矩阵元}\\ \qquad \langle \boldsymbol{p}|\,\mathscr{H}\,|\boldsymbol{p}'\rangle = \dfrac{1}{\Omega}\displaystyle\int_{\Omega} U(\boldsymbol{x})\mathrm{e}^{\frac{\mathrm{i}}{\hbar}(\boldsymbol{p}-\boldsymbol{p}')\cdot\boldsymbol{x}}\mathrm{d}^3x = \dfrac{1}{\Omega}U_{\boldsymbol{p}-\boldsymbol{p}'}\end{array}\right| \tag{23.15}$$

由此可见, 矩阵元等于势能 U 以 $\boldsymbol{p}-\boldsymbol{p}'$ 为参数的傅里叶变换. 在立体角 $\mathrm{d}\omega$ 内单位能量间隔的末态数为

$$\rho\mathrm{d}\omega = \frac{\Omega\mathrm{d}\omega}{(2\pi\hbar)^3}\cdot\frac{p^2\mathrm{d}p}{v\mathrm{d}p} = \frac{\Omega p^2}{8\pi^3\hbar^3 v}\mathrm{d}\omega \tag{23.16}$$

式中 v 为粒子初速, $v\mathrm{d}p = \mathrm{d}E$ (这在相对论中也是正确的).

在立体角 $\mathrm{d}\omega$ 内跃迁的速度 (单位时间内散射在 $\mathrm{d}\omega$ 内的概率) 等于

$$\mathrm{d}\omega\frac{v}{\Omega}\frac{\mathrm{d}\sigma}{\mathrm{d}\omega} = \frac{2\pi}{\hbar}\left|\frac{1}{\Omega}U_{\boldsymbol{p}-\boldsymbol{p}'}\right|^2\frac{\Omega p^2}{8\pi^3\hbar^3 v}\mathrm{d}\omega$$

由此得

$$\frac{\mathrm{d}\sigma}{\mathrm{d}\omega} = \frac{1}{4\pi^2\hbar^4}\frac{p^2}{v^2}|U_{\boldsymbol{p}-\boldsymbol{p}'}|^2 \tag{23.17}$$

(23.17) 式给出有效微分截面 $\mathrm{d}\sigma$.

在非相对论情况下, $m = \frac{p}{v}$ (= 常数), 则

$$\frac{\mathrm{d}\sigma}{\mathrm{d}\omega} = \frac{m^2}{4\pi^2\hbar^4}|U_{\boldsymbol{p}-\boldsymbol{p}'}|^2 \tag{23.18}$$

———————————(23 – 3)

已获结果的应用范围. 我们讨论一下玻恩近似的适用范围. 在直角势阱 (图 16) 的情况下, 条件表达为

$$\frac{1}{\hbar}L(p - \sqrt{p^2 - 2mU}) \ll 1 \tag{23.19}$$

式中 L 为势阱宽度, 而 U 为它的深度 (散射势的模).

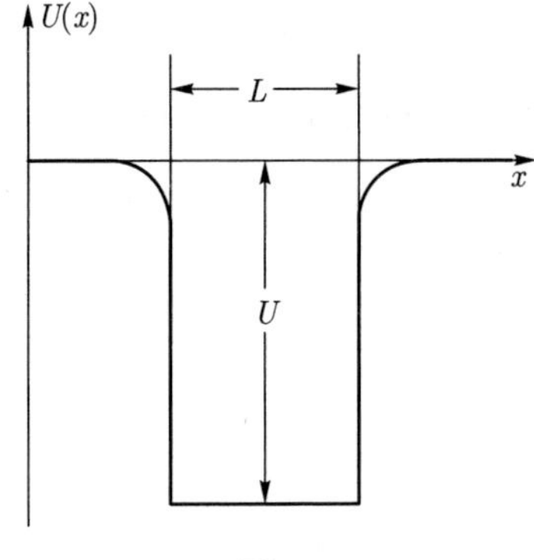

图 16

这对应于弱微扰 (括号内代表粒子在阱内与阱外的动量差).

在库仑有心力场中的散射 电荷 ze 在散射电荷 Ze 场中的势能等于

$$U = \frac{Zze^2}{r}$$

因此, 矩阵元 $U_{\boldsymbol{p}-\boldsymbol{p}'}$ 的傅里叶变换 [参看 (23.15)] 为

$$\begin{aligned} U_{\boldsymbol{p}-\boldsymbol{p}'} &= zZe^2\int\frac{\mathrm{e}^{\frac{\mathrm{i}}{\hbar}(\boldsymbol{p}-\boldsymbol{p}')\cdot\boldsymbol{x}}}{r}\mathrm{d}^3x \\ &= \frac{4\pi Zze^2}{\frac{1}{\hbar^2}|\boldsymbol{p}-\boldsymbol{p}'|^2} = \frac{4\pi zZe^2\hbar^2}{4p^2\sin^2\frac{\theta}{2}} \end{aligned} \tag{23.20}$$

式中 $|\boldsymbol{p}|=|\boldsymbol{p}'|=p$, 积分时利用了 $\nabla^2\left(\frac{1}{r}\right)=-4\pi\delta(\boldsymbol{x})$ 的关系.

我们得到散射截面为

$$\frac{\mathrm{d}\sigma}{\mathrm{d}\omega}=\frac{z^2Z^2}{4}\left(\frac{me^2}{p^2}\right)^2\Bigg/\sin^4\frac{\theta}{2} \tag{23.21}$$

这就是著名的卢瑟福经典公式.

讨论题目

1. 在势阱和核力场中的散射.
2. 各向同性散射的长波极限.
3. 向前散射的短波极限.
4. 静止质量的作用 (在中微子的情况).
5. (23.11) 所示情况, 系统的指数衰变定律.

———————— (23–4)

24. 辐射的发射和吸收

这里我们将探讨偶极辐射, 一级微扰理论就出现在这种情况 (偶极辐射). 这里认为 s 矩阵正比于哈密顿 (参阅第 19 讲). 我们假定作用在原子上的微扰是电磁波, 其哈密顿

$$\mathscr{H} = ezB\cos\omega t \tag{24.1}$$

这里 B 为微扰场强的振幅. 设 $t=0$ 时刻, 原子处于 $E^{(n)}$ 态, 在微扰作用下, 它跃迁到较高能级 $E^{(m)}$ (图 17). 根据 (23.10) 式, 有

$$a_m(t) = -\frac{\mathrm{i}}{\hbar}eBz_{mn}\int_0^t \cos\omega t\ \mathrm{e}^{\mathrm{i}\omega_{mn}t}\mathrm{d}t \tag{24.2}$$

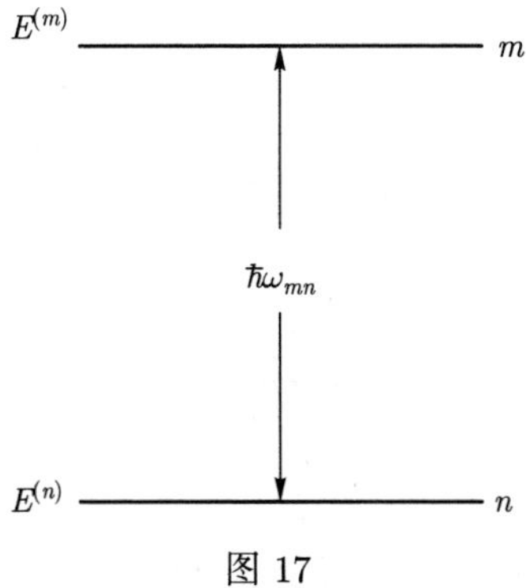

图 17

这里 ω_{mn} 称为能级 m 和 n 之间的玻尔跃迁频率. 它是正值, 即

$$\omega_{mn} = \frac{E^{(m)} - E^{(n)}}{\hbar} > 0$$

注意到

$$\cos\omega t = \frac{1}{2}(\mathrm{e}^{\mathrm{i}\omega t} + \mathrm{e}^{-\mathrm{i}\omega t})$$

当微扰波的频率接近跃迁频率 $\omega \approx \omega_{mn}$ 时, 该式中只有第二项是重要的. 在这种情况下, (24.2) 式可写为

$$\begin{aligned} a_m(t) &\approx -\frac{\mathrm{i}eB}{2\hbar} z_{mn} \int_0^t \mathrm{e}^{\mathrm{i}(\omega_{mn}-\omega)t} \mathrm{d}t \\ &= \frac{eB}{2\hbar} z_{mn} \frac{\mathrm{e}^{-\mathrm{i}(\omega-\omega_{mn})t}-1}{\omega-\omega_{mn}} \end{aligned}$$

在时刻 t 原子出现在能级 $E^{(m)}$ 上的概率等于

$$|a_m(t)|^2 = \frac{e^2B^2}{\hbar^2} |z_{mn}|^2 \frac{\sin^2[(\omega-\omega_{mn})t/2]}{(\omega-\omega_{mn})^2} \tag{24.3}$$

这里显示着一个有趣的情况: 当 $\omega \to \omega_{mn}$, 跃迁概率达到最大值, 这就是常说的强迫共振跃迁.

电磁波强度等于 $\dfrac{eB^2}{8\pi}$. 在研究光吸收时, 若入射波在共振频率 ω_{mn} 附近是连续谱, 可写成

$$\frac{cB^2}{8\pi} = \frac{\mathrm{d}I}{\mathrm{d}\omega} \mathrm{d}\omega \tag{24.4}$$

将它代入 (24.3) 式, 利用积分公式 $\displaystyle\int_{-\infty}^{\infty} \frac{\sin^2 \alpha x}{x^2} \mathrm{d}x = \pi\alpha$, 对 ω 进行积分, 我们得

$$|a_m|^2 = t \frac{4\pi^2 e^2}{c\hbar^2} |z_{mn}|^2 \frac{\mathrm{d}I}{\mathrm{d}\omega}$$

(ω 为角频率, 而不是立体角!) 因此

$$[\text{入射波的吸收率}] = \frac{4\pi^2 e^2}{c\hbar^2} |z_{mn}|^2 \frac{\mathrm{d}I}{\mathrm{d}\omega} \tag{24.5}$$

在各向同性的辐射情况, 引入能量的体密度 $U(\omega)\mathrm{d}\omega$, 则 (24.5) 式写为

$$\text{吸收率} = \frac{4\pi^2 e^2}{3\hbar^2} |\boldsymbol{x}_{mn}|^2 U(\omega_{mn}) \tag{24.6}$$

(因子 $\dfrac{1}{3}$ 来源于对所有可能的偏振方向取平均).

——————————(24−1)

发射与吸收间的关系可用量子电动力学方法导出, 然而为简单计, 我们利用爱因斯坦 $\mathscr{A}$, $\mathscr{B}$, $\mathscr{C}$ 系数法. 从态 n 到态 m 的强迫跃迁速率

$$n \to m\ \text{跃迁速率} = \mathscr{B}U(\omega)\mathscr{N}(n)$$

这里 $\mathscr{N}(n)$ 代表在态 n (或态 m) 的原子数, 可以很自然地假定, 从态 m 到态 n 逆的跃迁速率等于

$$[\mathscr{A} + \mathscr{C}U(\omega)]\mathscr{N}(m)$$

式中 $\mathscr{A}$ 为自发跃迁系数, 而 $\mathscr{C}$ 为 $m \to n$ 强迫跃迁系数 (图 18).

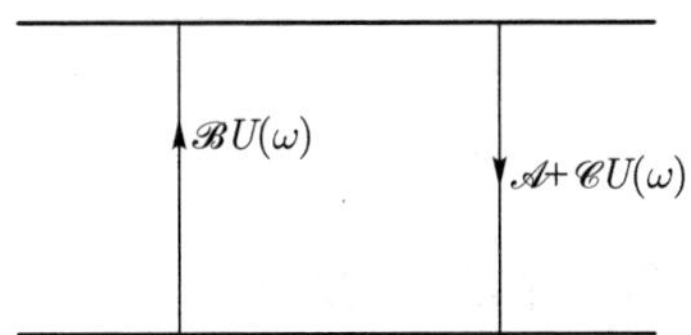

图 18　强迫跃迁和自发跃迁

我们建立系数 $\mathscr{A}$, $\mathscr{B}$ 和 $\mathscr{C}$ 之间的联系, 态 n 和态 m 的原子数相应地等于 $\mathscr{N}(n)$ 和 $\mathscr{N}(m)$. 由 (24.6) 式得

$$\mathscr{B} = \frac{4\pi^2 e^2}{3\hbar^2}|\boldsymbol{x}_{mn}|^2 \tag{24.7}$$

当处于热力学平衡时, 原子系统遵守玻尔兹曼分布, 即

$$\frac{\mathscr{N}(m)}{\mathscr{N}(n)} = \mathrm{e}^{-\frac{E^{(m)}-E^{(n)}}{kT}} = \mathrm{e}^{-\frac{\hbar\omega_{mn}}{kT}} \tag{24.8}$$

(k 为玻尔兹曼常量).

按照平衡本身的意义, $n \to m$ 跃迁速率应等于逆跃迁 $m \to n$ 的速率, 因此

$$\frac{\mathscr{A}}{\mathscr{B}U(\omega)} + \frac{\mathscr{C}}{\mathscr{B}} = \frac{\mathscr{N}(n)}{\mathscr{N}(m)} = \mathrm{e}^{\frac{\hbar\omega_{mn}}{kT}} \tag{24.9}$$

根据普朗克公式

$$U(\omega) = \frac{\hbar\omega^3/\pi^2 c^3}{\mathrm{e}^{\frac{\hbar\omega}{kT}} - 1} \tag{24.10}$$

将 (24.10) 式代入 (24.9) 式, 我们得

$$\frac{\pi^2c^3}{\hbar\omega^3}\cdot\frac{\mathscr{A}}{\mathscr{B}}\left(\mathrm{e}^{\frac{\hbar\omega}{kT}}-1\right)+\frac{\mathscr{C}}{\mathscr{B}}=\mathrm{e}^{\frac{\hbar\omega}{kT}}$$

这个等式应该在任何温度下满足, 故有

$$\frac{\pi^2c^3}{\hbar\omega^3}\frac{\mathscr{A}}{\mathscr{B}}=1,\quad \frac{\mathscr{C}}{\mathscr{B}}=1$$

由此得到爱因斯坦关系

$$\mathscr{A}=\frac{\hbar\omega^3}{\pi^2c^3}\mathscr{B},\quad \mathscr{C}=\mathscr{B} \tag{24.11}$$

利用 $\mathscr{B}$ 系数的值 (24.7) 式, 对于自发跃迁则为

$$\frac{1}{\tau}=\mathscr{A}=\frac{4}{3}\frac{e^2\omega^3}{\hbar c^3}|\boldsymbol{x}_{mn}|^2 \tag{24.12}$$

式中 τ 为激发态 m 对自发跃迁的平均寿命.

——————(24−2)

借助下述的代换, 可把 (24.12) 式的结果推广到多粒子系统

$$e\boldsymbol{x}\to\sum_i e_i\boldsymbol{x}_i \tag{24.13}$$

(对所有粒子求和), 这样

$$\frac{1}{\tau}=\frac{4}{3}\frac{\omega^3}{\hbar c^3}\left|\sum e_i\langle m|\boldsymbol{x}_i|n\rangle\right|^2 \tag{24.14}$$

因此, 自发发射的能流正比于径矢量矩阵元的平方 (对于一个电子), 或电偶极矩 (24.13) 的平方 (对于带电粒子系统)①.

讨论题目

1. (24.12) 式的应用范围 (原子大小 $\ll\lambda$, 即发射波长).

2. 四极矩的发射 (微扰理论的进一步近似)②.

中心力情况, 选择规则 回顾第 7 讲的结果, 我们写出某些球函数的等式

① 后一解释较为合理, 因而也可适用于在量子力学认为是 "弥散" 的单个电子情况. ——俄译者注

② 可参考: 例如 W. Heitler, The Quantum Theory of Radiation (1954). ——俄译者注

$$
\left.\begin{aligned}
\sqrt{\frac{4\pi}{3}}\mathrm{Y}_{1,0}\mathrm{Y}_{l,m} &= \sqrt{\frac{(l+1)^2-m^2}{(2l+1)(2l+3)}}\mathrm{Y}_{l+1,m}+ \\
&\quad \sqrt{\frac{l^2-m^2}{(2l+1)(2l-1)}}\mathrm{Y}_{l-1,m} \\
\sqrt{\frac{8\pi}{3}}\mathrm{Y}_{1,\mp1}\mathrm{Y}_{l,m\pm1} &= \sqrt{\frac{(l\mp m)(l+1\mp m)}{(2l+1)(2l+3)}}\mathrm{Y}_{l+1,m}- \\
&\quad \sqrt{\frac{(l\pm m)(l+1\pm m)}{(2l+1)(2l-1)}}\mathrm{Y}_{l-1,m}
\end{aligned}\right| \tag{24.15}
$$

$$
\left.\begin{aligned}
\sqrt{\frac{8\pi}{3}}\mathrm{Y}_{1,1} &= -\sin\theta \mathrm{e}^{\mathrm{i}\varphi} \\
\sqrt{\frac{4\pi}{3}}\mathrm{Y}_{1,0} &= \cos\theta \\
\sqrt{\frac{8\pi}{3}}\mathrm{Y}_{1,-1} &= \sin\theta \mathrm{e}^{-\mathrm{i}\varphi}
\end{aligned}\right| \tag{24.16}
$$

由这些等式推得, 在中心对称场中, 坐标的矩阵元只有在

$$
l' = l \pm 1, \quad m' = m \pm 1 \quad 或 \quad m \tag{24.17}
$$

—————— (24–3)

时才不等于零. 这些条件称为选择规则[①]. 它们确定某些发射或吸收行为的可能性, 同时也给出不满足 (24.17) 条件时的所谓“禁戒跃迁”. 从 (24.17) 的规则出发, 写出如下矩阵元的表达式

$$
\left.\begin{aligned}
&\langle n', l+1, m+1|x+\mathrm{i}y|n, l, m\rangle \\
&= -I\sqrt{\frac{(l+2+m)(l+1+m)}{(2l+1)(2l+3)}} \\
&\langle n', l+1, m+1|x-\mathrm{i}y|n, l, m\rangle = 0
\end{aligned}\right|
$$

① 磁量子数的选择规则, 已在第 21 讲讨论过. —— 俄译者注

$$\left.\begin{aligned}&\langle n',l+1,m|z|n,l,m\rangle = I\sqrt{\frac{(l+1)^2-m^2}{(2l+1)(2l+3)}}\\&\langle n',l+1,m-1|x+\mathrm{i}y|n,l,m\rangle = 0\\&\langle n',l+1,m-1|x-\mathrm{i}y|n,l,m\rangle\\=&I\sqrt{\frac{(l+1-m)(l+2-m)}{(2l+1)(2l+3)}}\end{aligned}\right| \tag{24.18}$$

式中

$$I = \int_0^\infty R_{nl}(r)R_{n',l+1}(r)r^3\mathrm{d}r \tag{24.19}$$

由 (24.18) 式可得

$$\begin{aligned}&|\langle n',l+1,m+1|x|n,l,m\rangle|^2+\\&|\langle n',l+1,m|x|n,l,m\rangle|^2+\\&|\langle n',l+1,m-1|x|n,l,m\rangle|^2 = \frac{l+1}{2l+1}I^2\end{aligned} \tag{24.20}$$

因此, 从状态 (n,l,m) 到状态 $\left(n',l+1,m'=\begin{cases}m\\m\pm1\end{cases}\right)$ 的跃迁率等于

$$[\underset{(n,l,m)\to(n',l+1,m')}{\text{跃迁率}}] = \frac{4}{3}\frac{e^2\omega^3}{\hbar c^3}\frac{l+1}{2l+1}I^2 \tag{24.21}$$

注意到, 无论关系式 (24.20) 还是跃迁率 (24.21) 都与磁量子数 m 无关, 故在谱线上表现同样的亮度.

与此类似, 从状态 (n,l,m) 到状态 $\left(n',l-1,m'=\begin{cases}m\\m\pm1\end{cases}\right)$ 的跃迁率等于

$$[\underset{(n,l,m)\to(n',l-1,m')}{\text{跃迁率}}] = \frac{4}{3}\frac{e^2\omega^3}{\hbar c^3}\frac{l}{2l-1}I^2 \tag{24.22}$$

举例 氢原子 2p 态的寿命 按照选择规则, 仅能自发跃迁到 1s 态, 而

$$R_{1s}=\frac{2}{a^{3/2}}\mathrm{e}^{-\frac{r}{a}},\quad R_{2p}=\frac{1}{\sqrt{24a^3}}\frac{r}{a}\mathrm{e}^{-\frac{r}{2a}}$$

$$I=\int R_{1s}R_{2p}r^3\mathrm{d}r=\frac{192\sqrt{2}}{243}a$$

$$\begin{aligned}\text{跃迁率}\ (2p\to 1s)&=\frac{294912}{177147}\cdot\frac{e^2\omega^2a^2}{\hbar c^3}\\&=\frac{1152}{6561}\left(\frac{e^2}{\hbar c}\right)^3\frac{me^4}{2\hbar^3}=1.41\times 10^9\ \mathrm{s}^{-1}\end{aligned}$$

式中 $\dfrac{e^2}{\hbar c}=\dfrac{1}{137}$ 为精细结构常数, 或电磁相互作用常数. $\dfrac{me^4}{2\hbar^3}=2.067\times 10^{16}\ \mathrm{s}^{-1}$. $\omega=\left(\dfrac{3}{4}\right)\left(\dfrac{me^4}{2\hbar^3}\right)$ 为玻尔第一能级的能量. $a=\dfrac{\hbar^2}{me^2}$ 为玻尔半径.

讨论题目[①]

1. 容许的和禁戒的跃迁.
2. 亚稳态.
3. 一般的选择规则.
4. 线性振子的辐射.
5. 求和规则和有效的电子数.
6. 发射光的偏振.

——————(24–5)

① 研究这些问题时, 阅读如下的量子力学教程是会有启发或帮助的. 如 L. I. Schiff, Quantum Mechanics; Д. И. Блохиндев, Основы Квантовой Механики; A. Sommerfeld, Atombau und Spektrallinien vol.2.——俄译者注

25. 泡利自旋理论

自旋概念

物理学上, 自旋代表粒子的本征动量矩, 如同静止质量一样, 它也是粒子的固有属性. 自旋可视为矢量 (比较精确地说, 是赝矢量), 因此

自旋——这是一种内禀自由度

我们首先研究电子的自旋.它在某定轴上的投影仅有两个值: $+\dfrac{1}{2}$ 和 $-\dfrac{1}{2}$. 当考虑到仅具有两个本征值的自旋时, 电子波函数可用二分量"矢量"函数表为 $\psi = \begin{Bmatrix} \psi_1 \\ \psi_2 \end{Bmatrix}$. 因此

自旋——仅具有两个值的变量

自旋算符 作用于新变量的矩阵算符的一般形式是

$$\widehat{A} = \begin{pmatrix} a_{11} & a_{12} \\ a_{21} & a_{22} \end{pmatrix} \tag{25.1}$$

我们寻求三个算符 $\widehat{\sigma}_x$, $\widehat{\sigma}_y$, $\widehat{\sigma}_z$ ——它们相应于自旋在各坐标轴上投影的物理量. 我们规定这些算符的本征函数, 使它们的本征值为 ± 1. 由此, 给出条件

$$\widehat{\sigma}_x^2 = \widehat{\sigma}_y^2 = \widehat{\sigma}_z^2 = 1 = \begin{pmatrix} 1 & 0 \\ 0 & 1 \end{pmatrix} \tag{25.2}$$

此外

$$(\alpha\widehat{\sigma}_x + \beta\widehat{\sigma}_y + \gamma\widehat{\sigma}_z)^2 = 1 \tag{25.3}$$

式中 α, β, γ 为自旋矢量的方向余弦. 由 (25.3) 式可导出自旋分量算符的反对易规则

$$\widehat{\sigma}_x\widehat{\sigma}_y+\widehat{\sigma}_y\widehat{\sigma}_x=0,\quad \widehat{\sigma}_y\widehat{\sigma}_z+\widehat{\sigma}_z\widehat{\sigma}_y=0,\quad \widehat{\sigma}_z\widehat{\sigma}_x+\widehat{\sigma}_x\widehat{\sigma}_z=0 \tag{25.4}$$

我们选取适当的基, 使矩阵 $\widehat{\sigma}_z$ 对角化

$$\widehat{\sigma}_z=\begin{pmatrix}1&0\\0&-1\end{pmatrix} \tag{25.5}$$

矩阵 $\widehat{\sigma}_x$ 的一般形式由它的厄米性质求得

$$\widehat{\sigma}_x=\begin{pmatrix}a&b\\b^*&c\end{pmatrix}$$

再由 $\widehat{\sigma}_x\widehat{\sigma}_z+\widehat{\sigma}_z\widehat{\sigma}_x=0$ 给出

$$\begin{pmatrix}a&b\\b^*&c\end{pmatrix}\cdot\begin{pmatrix}1&0\\0&-1\end{pmatrix}+\begin{pmatrix}1&0\\0&-1\end{pmatrix}\cdot\begin{pmatrix}a&b\\b^*&c\end{pmatrix}=\begin{pmatrix}2a&0\\0&-2c\end{pmatrix}=0$$

即 $a=c=0$, 故 $\widehat{\sigma}_x=\begin{pmatrix}0&b\\b^*&0\end{pmatrix}$.

从另一方面, 有

$$\widehat{\sigma}_x^2=\begin{pmatrix}|b|^2&0\\0&|b|^2\end{pmatrix}=\begin{pmatrix}1&0\\0&1\end{pmatrix}$$

即 $|b|^2=1$.

因此, $\widehat{\sigma}_x$ 矩阵应具如下形式

$$\widehat{\sigma}_x=\begin{pmatrix}0&\mathrm{e}^{\mathrm{i}\alpha}\\\mathrm{e}^{-\mathrm{i}\alpha}&0\end{pmatrix}$$

我们选取基矢量的相角使得 $\alpha=0$, 故最后为

$$\widehat{\sigma}_x=\begin{pmatrix}0&1\\1&0\end{pmatrix} \tag{25.6}$$

采取如 $\widehat{\sigma}_x$ 的同样方法, 求得 $\widehat{\sigma}_y$ 矩阵为

$$\widehat{\sigma}_y = \begin{pmatrix} 0 & e^{i\beta} \\ e^{-i\beta} & 0 \end{pmatrix}$$

但还应满足 $\widehat{\sigma}_x\widehat{\sigma}_y + \widehat{\sigma}_y\widehat{\sigma}_x = 0$ 的条件, 故有

$$e^{i\beta} + e^{-i\beta} = 0 \quad 或 \quad e^{\pm i\beta} = \pm i$$

——————————(25–1)

因此

$$\widehat{\sigma}_y = \begin{pmatrix} 0 & i \\ -i & 0 \end{pmatrix} \quad 或 \quad \begin{pmatrix} 0 & -i \\ i & 0 \end{pmatrix}$$

我们试图删除 $\widehat{\sigma}_y$ 矩阵的第一方案. 设

$$\widehat{\sigma}_z = \begin{pmatrix} 1 & 0 \\ 0 & -1 \end{pmatrix}, \quad \widehat{\sigma}_x = \begin{pmatrix} 0 & 1 \\ 1 & 0 \end{pmatrix}, \quad \widehat{\sigma}_y = \begin{pmatrix} 0 & i \\ -i & 0 \end{pmatrix}$$

我们现在进行 $\widehat{\sigma} \to -\widehat{\sigma}$ 变换, 这并不改变矩阵的一般性质

$$\widehat{\sigma}_z = \begin{pmatrix} -1 & 0 \\ 0 & 1 \end{pmatrix}, \quad \widehat{\sigma}_y = \begin{pmatrix} 0 & -i \\ i & 0 \end{pmatrix}, \quad \widehat{\sigma}_x = \begin{pmatrix} 0 & -1 \\ -1 & 0 \end{pmatrix}$$

那么幺正变换 $\widehat{T} = \widehat{\sigma}_y$ 给出泡利自旋算符的标准形式 (第二方案)

$$\widehat{\sigma}_x = \begin{pmatrix} 0 & 1 \\ 1 & 0 \end{pmatrix}, \quad \widehat{\sigma}_y = \begin{pmatrix} 0 & -i \\ i & 0 \end{pmatrix}, \quad \widehat{\sigma}_z = \begin{pmatrix} 1 & 0 \\ 0 & -1 \end{pmatrix} \tag{25.7}$$

因为二者都是幺正变换, 整个变换也是幺正变换, 这正好证明 $\widehat{\sigma}_y$ 矩阵的两种选择是等价的. 今后将利用自旋算符的标准形式 (第二方案).

泡利算符的性质 由 (25.7) 式直接得

$$\widehat{\sigma}_x^2 = \widehat{\sigma}_y^2 = \widehat{\sigma}_z^2 = 1, \quad \widehat{\sigma}^2 = \widehat{\sigma}_x^2 + \widehat{\sigma}_y^2 + \widehat{\sigma}_z^2 = 3 \tag{25.8}$$

$$\widehat{\sigma}_x\widehat{\sigma}_y + \widehat{\sigma}_y\widehat{\sigma}_x = \widehat{\sigma}_y\widehat{\sigma}_z + \widehat{\sigma}_z\widehat{\sigma}_y = \widehat{\sigma}_z\widehat{\sigma}_x + \widehat{\sigma}_x\widehat{\sigma}_z = 0 \tag{25.9}$$

$$\widehat{\sigma}_x\widehat{\sigma}_y = \mathrm{i}\widehat{\sigma}_z, \quad \widehat{\sigma}_y\widehat{\sigma}_z = \mathrm{i}\widehat{\sigma}_x, \quad \widehat{\sigma}_z\widehat{\sigma}_x = \mathrm{i}\widehat{\sigma}_y \tag{25.10}$$

$$[\widehat{\sigma}_x, \widehat{\sigma}_y] = 2\mathrm{i}\widehat{\sigma}_z, \quad [\widehat{\sigma}_y, \widehat{\sigma}_z] = 2\mathrm{i}\widehat{\sigma}_x, \quad [\widehat{\sigma}_z, \widehat{\sigma}_x] = 2\mathrm{i}\widehat{\sigma}_y \tag{25.11}$$

或写为一般形式

$$[\widehat{\boldsymbol{\sigma}} \times \widehat{\boldsymbol{\sigma}}] = 2\mathrm{i}\widehat{\boldsymbol{\sigma}} \tag{25.12}$$

所有这些性质可很方便地表达为一个容易记忆的公式:

$\sigma_j\sigma_k = \mathrm{i}\varepsilon_{jkl}\sigma_l + \delta_{jk}$, 式中 ε_{jkl} 为 Levi–Civita 符号.

自旋矢量 研究矢量

$$\boldsymbol{S} = \frac{\hbar}{2}\boldsymbol{\sigma}. \tag{25.13}$$

由 (25.12) 式, 算符 $\widehat{\boldsymbol{S}}$ 具有如下关系

$$[\widehat{\boldsymbol{S}} \times \widehat{\boldsymbol{S}}] = \mathrm{i}\hbar\widehat{\boldsymbol{S}} \tag{25.14}$$

它具有与关系式 (18.5) 和 (20.26) 相同的形式. 因此, 物理量 $\boldsymbol{S} = \dfrac{\hbar}{2}\boldsymbol{\sigma}$ 可解释为电子的本征动量矩. 显

——————————(25–2)

然, $\widehat{S}_x$, $\widehat{S}_y$, $\widehat{S}_z$ 的本征值等于 $\pm\dfrac{\hbar}{2}$. 此外

$$\begin{aligned}\widehat{\boldsymbol{S}}^2 = \widehat{S}_x^2 + \widehat{S}_y^2 + \widehat{S}_z^2 = \frac{\hbar^2}{4}\widehat{\boldsymbol{\sigma}}^2 = \frac{3}{4}\hbar^2 \\ = \hbar^2\frac{1}{2}\left(\frac{1}{2}+1\right)\end{aligned} \tag{25.15}$$

后者明显地可理解为 $\widehat{\boldsymbol{M}}^2$ 的本征值 [参看 (18.11)].

结论 电子的自旋动量矩 $= \dfrac{\hbar}{2}$.

磁矩 从实验的塞曼效应可得出, 自旋对应于一定的磁矩

$$\boldsymbol{\mu} = \mu_0\boldsymbol{\sigma}\left(\mu_0 = \frac{e\hbar}{2mc}\text{为玻尔磁子}\right) \tag{25.16}$$

由狄拉克相对论电子理论也得出同样结论. 在 1948 年施温格考虑辐射修正后, 所得到的更精确的理论指出①

$$\mu_0 = \frac{e\hbar}{2mc}\left(1+\frac{1}{2\pi}\frac{e^2}{\hbar c}\right) = \frac{e\hbar}{2mc}\times 1.00116 \tag{25.17}$$

与实验值更好地符合.

当电子在外磁场 $B(B\|z)$ 中运动时, 哈密顿量 [(21.27) 式] 中要增加一项

$$-B\mu_0\sigma_z = -B\frac{e\hbar}{2mc}\sigma_z \tag{25.18}$$

应注意特征比值

$$\frac{\text{磁矩}}{\text{动量矩}/\hbar} = \begin{cases}\mu_0\text{——对于轨道运动}\\ 2\mu_0\text{——对于自旋}\end{cases} \tag{25.19}$$

讨论题目

1. 孤立的自旋磁矩矢量在恒定磁场或变磁场中运动.
2. 自旋矢量的“方向”的意义.

——————————(25-3)

① 参阅: 例如 A. A. 索科洛夫, 量子电动力学 (中文版) p.448 和 p.531.——译者注

26. 有心力场中的电子

在中心对称静电场中, 电荷 e 的势能为

$$U = -eV(r) \tag{26.1}$$

首先, 我们从经典意义上研究在中心对称核场中运动的电子的自旋——轨道相互作用 (图 19).

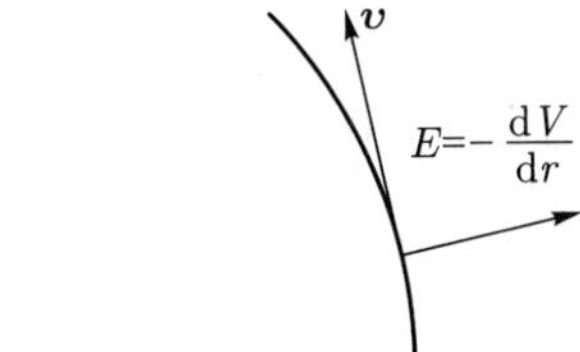

图 19　电子在中心静电场中运动

电子以速度 $\boldsymbol{v}$ 在库仑场中运动时, 感受到有效磁场的作用, 磁场强度近似地等于 $\boldsymbol{H} = -\frac{1}{c}\boldsymbol{v} \times \boldsymbol{E}$. 库仑场强可表为电势的负梯度形式, 由于势场的中心对称, 可写成 $\boldsymbol{E} = -\frac{\mathrm{d}V}{\mathrm{d}r}\frac{\boldsymbol{x}}{r}$.

这样, 对电子的有效磁场强度为

$$\left.\begin{aligned}
\boldsymbol{H} &\approx -\frac{1}{c}\boldsymbol{v} \times \boldsymbol{E}, \quad \boldsymbol{E} = -\frac{\mathrm{d}V}{\mathrm{d}r}\frac{\boldsymbol{x}}{r} \\
\boldsymbol{H} &\approx -\frac{1}{c}\boldsymbol{v} \times \boldsymbol{E} = -\frac{1}{c}\frac{1}{r}\frac{\mathrm{d}V}{\mathrm{d}r}\boldsymbol{x} \times \boldsymbol{v} \\
&= -\frac{1}{mc}\frac{1}{r}V'(r)\boldsymbol{M} = -\frac{\hbar}{mc}\frac{V'(r)}{r}\boldsymbol{L}
\end{aligned}\right| \tag{26.2}$$

式中 “′” 表示对径坐标求导.

$$\left.\begin{aligned}
\boldsymbol{M} &= \text{轨道动量矩} = \hbar\boldsymbol{L} \\
\mu_0\boldsymbol{\sigma} &= \text{本征 (自旋) 磁矩} = \frac{e\hbar}{2mc}\boldsymbol{\sigma}
\end{aligned}\right| \tag{26.3}$$

电子的本征 (自旋) 磁矩与有效磁场的相互作用能等于

$$-\frac{V'(r)}{r}\frac{\hbar\mu_0}{mc}(\boldsymbol{L}\cdot\boldsymbol{\sigma})=-\frac{e\hbar^2V'(r)}{2m^2c^2r}(\boldsymbol{L}\cdot\boldsymbol{\sigma}) \tag{26.4}$$

(“−”号表示电子电荷为负值).

托马斯修正是一个相对论项, 它使相互作用能 (26.4) 减小一半. 这个结论为狄拉克相对论量子理论完全证实.

我们以后采取下面的自旋轨道相互作用能的表达式

$$-\frac{\hbar\mu_0}{2mc}\frac{V'(r)}{r}(\boldsymbol{L}\cdot\boldsymbol{\sigma})=-\frac{e\hbar^2}{4m^2c^2}\frac{V'(r)}{r}(\boldsymbol{L}\cdot\boldsymbol{\sigma}) \tag{26.5}$$

电子在中心对称电场中运动时的总哈密顿可写为

$$\widehat{H}=\frac{1}{2m}\hat{p}^2-eV(r)-\frac{e\hbar^2}{4m^2c^2}\cdot\frac{V'(r)}{r}(\widehat{\boldsymbol{L}}\cdot\widehat{\boldsymbol{\sigma}}) \tag{26.6}$$

——————————(26 – 1)

假定

$$\boldsymbol{S}=\frac{\boldsymbol{\sigma}}{2} \tag{26.7}$$

式中 $\boldsymbol{S}$ 为电子的本征 (自旋) 动量矩 (以 $\hbar$ 为单位), 则 (26.6) 式可写为

$$\left.\begin{aligned}\widehat{H}&=\frac{1}{2m}\hat{p}^2-eV(r)-\frac{e\hbar^2V'(r)}{2m^2c^2r}(\widehat{\boldsymbol{L}}\cdot\widehat{\boldsymbol{S}})\\&\equiv\widehat{H}_1+\widehat{H}_2(\widehat{\boldsymbol{L}}\cdot\widehat{\boldsymbol{S}})\\\widehat{H}_1&=\frac{1}{2m}\hat{p}^2-eV(r)\\\widehat{H}_2&=-\frac{e\hbar^2}{2m^2c^2}\cdot\frac{V'(r)}{r}\end{aligned}\right| \tag{26.8}$$

总矩算符 我们定义

$$\widehat{\boldsymbol{J}}=\widehat{\boldsymbol{L}}+\widehat{\boldsymbol{S}}\equiv\text{总矩算符 (以 }\hbar\text{ 为单位)} \tag{26.9}$$

这些算符的对易性质:

$$\left.\begin{array}{ll}[\widehat{\boldsymbol{L}},\widehat{\boldsymbol{L}}]=\mathrm{i}\widehat{\boldsymbol{L}}\text{ 或} & [\widehat{\boldsymbol{S}},\widehat{\boldsymbol{S}}]=\mathrm{i}\widehat{\boldsymbol{S}}\text{ 或}\\ [\widehat{L}_x,\widehat{L}_y]=\mathrm{i}\widehat{L}_z\text{ 以及其循环置换} & [\widehat{S}_x,\widehat{S}_y]=\mathrm{i}\widehat{S}_z\text{ 以及其循环置换}\\ [\widehat{L}_x,\widehat{\boldsymbol{L}}^2]=0,\text{ 对于 }\widehat{L}_y\text{ 和 }\widehat{L}_z & [\widehat{S}_x,\widehat{\boldsymbol{S}}^2]=0,\text{ 对于 }\widehat{S}_y\text{ 和 }\widehat{S}_z\\ \text{类似.} & \text{类似.}\end{array}\right| \tag{26.10}$$

$$[\widehat{L}_x,\widehat{S}_x]=[\widehat{L}_x,\widehat{S}_y]=\cdots=0 \tag{26.11}$$

$$\widehat{\boldsymbol{S}}^2=\widehat{S}_x^2+\widehat{S}_y^2+\widehat{S}_z^2=\frac{3}{4} \tag{26.12}$$

从 (26.9)—(26.11) 的关系式给出

$$\widehat{\boldsymbol{J}}\times\widehat{\boldsymbol{J}}=\mathrm{i}\widehat{\boldsymbol{J}}\quad\text{或}\quad[\widehat{J}_x,\widehat{J}_y]=\mathrm{i}\widehat{J}_z\quad\text{及其循环置换} \tag{26.13}$$

由此很显然, 算符 $\widehat{\boldsymbol{J}}$ 具有动量矩矢量的性质. 由关系式 (26.13) 得

$$[\widehat{J}_x,\widehat{\boldsymbol{J}}^2]=[\widehat{J}_y,\widehat{\boldsymbol{J}}^2]=[\widehat{J}_z,\widehat{\boldsymbol{J}}^2]=0 \tag{26.14}$$

$$\left.\begin{array}{l}\widehat{\boldsymbol{L}},\ \widehat{\boldsymbol{S}},\ \widehat{\boldsymbol{J}}\text{ 的所有分量, 以及算符}\\ \widehat{\boldsymbol{L}}^2,\ \widehat{\boldsymbol{S}}^2\left(=\dfrac{3}{4}\right),\ \widehat{\boldsymbol{J}}^2\text{ 与 }\widehat{H}_1\text{ 和 }\widehat{H}_2\text{ 是可对易的.}\end{array}\right| \tag{26.15}$$

很明显, 因为所有的量与无微扰哈密顿 $\widehat{H}_1$ 是对易的, 充分地证明它们与 $\widehat{H}_2$ 对易, 这也可证明它们与总哈密顿 $\widehat{H}$ 的对易性. 因为如此, 我们可证明, 例如 $\widehat{\boldsymbol{J}}$ 的分量与 $\widehat{H}_2$ 的对易性

$$[(\widehat{\boldsymbol{L}}\cdot\widehat{\boldsymbol{S}}),\widehat{J}_x]=0 \tag{26.16a}$$

证明

$$\begin{aligned}[(\widehat{\boldsymbol{L}}\cdot\widehat{\boldsymbol{S}}),\widehat{J}_x]&=[(\widehat{L}_x\widehat{S}_x+\widehat{L}_y\widehat{S}_y+\widehat{L}_z\widehat{S}_z),(\widehat{L}_x+\widehat{S}_x)]\\&=[\widehat{L}_y,\widehat{L}_x]\widehat{S}_y+[\widehat{L}_z,\widehat{L}_x]\widehat{S}_z+\widehat{L}_y[\widehat{S}_y,\widehat{S}_x]+\widehat{L}_z[\widehat{S}_z,\widehat{S}_x]\\&=-\mathrm{i}\widehat{L}_z\widehat{S}_y+\mathrm{i}\widehat{L}_y\widehat{S}_z-\mathrm{i}\widehat{L}_y\widehat{S}_z+\mathrm{i}\widehat{L}_z\widehat{S}_y=0\end{aligned}$$

按照 (26.15), 有

$$[(\widehat{\boldsymbol{L}}\cdot\widehat{\boldsymbol{S}}),\widehat{\boldsymbol{J}}^2]=[(\widehat{\boldsymbol{L}}\cdot\widehat{\boldsymbol{S}}),\widehat{\boldsymbol{L}}^2]=[(\widehat{\boldsymbol{L}}\cdot\widehat{\boldsymbol{S}}),\widehat{\boldsymbol{S}}^2]=0 \tag{26.16b}$$

所以

$$[\widehat{H},\widehat{\boldsymbol{J}}^2]=[\widehat{H},\widehat{\boldsymbol{L}}^2]=[\widehat{H},\widehat{\boldsymbol{S}}^2]=0 \tag{26.17}$$

$$[\widehat{H},(\widehat{\boldsymbol{L}}\cdot\widehat{\boldsymbol{S}})]=0 \tag{26.18}$$

$$[\widehat{H},\widehat{J}_x]=[\widehat{H},\widehat{J}_y]=[\widehat{H},\widehat{J}_z]=0 \tag{26.19}$$

而

$$\widehat{\boldsymbol{J}}^2=\widehat{\boldsymbol{L}}^2+\widehat{\boldsymbol{S}}^2+2(\widehat{\boldsymbol{L}}\cdot\widehat{\boldsymbol{S}}) \tag{26.20}$$

由此

$$[\widehat{\boldsymbol{J}}^2,\widehat{\boldsymbol{L}}^2]=[\widehat{\boldsymbol{J}}^2,\widehat{\boldsymbol{S}}^2]=0 \tag{26.21}$$

$$[\widehat{J}_z,\widehat{\boldsymbol{L}}^2]=[\widehat{J}_z,\widehat{\boldsymbol{S}}^2]=[\widehat{J}_z,\widehat{\boldsymbol{J}}^2]=0 \tag{26.22}$$

原子状态 我们可使下列彼此可对易的物理量预先对角化, 来表征原子的状态

$$\left.\begin{array}{l}\widehat{H}_1,\quad \widehat{H}_2,\quad \widehat{\boldsymbol{L}}^2=l(l+1),\quad \widehat{\boldsymbol{S}}^2=\dfrac{3}{4}\\ \widehat{L}_z=m_l,\quad \widehat{S}_z=m_s,\quad \widehat{J}_z=m_l+m_s=m\end{array}\right| \tag{26.23}$$

这里指出对角元素 (本征值)

$$m_l=l,l-1,\cdots,-l+1,-l$$

$$m_s=\pm\frac{1}{2}$$

$$-l-\frac{1}{2}\leqslant m\leqslant l+\frac{1}{2}$$

一般来说, 总哈密顿 $\widehat{H}$ 在这种情况下不是对角形式, 因为 $(\widehat{\boldsymbol{L}}\cdot\widehat{\boldsymbol{S}})$ 与 $\widehat{L}_z$ 和 $\widehat{S}_z$ 非对易. 然而 $(\widehat{\boldsymbol{L}}\cdot\widehat{\boldsymbol{S}})$ 与 $\widehat{J}_z$ 是对易的

$$[(\widehat{\boldsymbol{L}}\cdot\widehat{\boldsymbol{S}}),\widehat{J}_z]=0$$

因此, $(\widehat{\boldsymbol{L}}\cdot\widehat{\boldsymbol{S}})$ 把具有相同的磁量子数 $J_z=m$, 而 $\widehat{L}_z$, $\widehat{S}_z$ 却不相同的态联合起来.

——————————(26−3)

存在着两种这样的态:

本征值分别为

$$L_z=m-\frac{1}{2},\quad S_z=\frac{1}{2},\quad \text{状态}\left|m-\frac{1}{2},\frac{1}{2}\right\rangle$$

$$L_z=m+\frac{1}{2},\quad S_z=-\frac{1}{2},\quad \text{状态}\left|m+\frac{1}{2},-\frac{1}{2}\right\rangle$$

本征函数分别为 (26.24)

$$\left|m-\frac{1}{2},\frac{1}{2}\right\rangle=\psi_{m-\frac{1}{2},\frac{1}{2}}=f(r)\mathrm{Y}_{1,m-\frac{1}{2}}\begin{pmatrix}1\\0\end{pmatrix}$$

$$\left|m+\frac{1}{2},-\frac{1}{2}\right\rangle=\psi_{m+\frac{1}{2},-\frac{1}{2}}=f(r)\mathrm{Y}_{l,m+\frac{1}{2}}\begin{pmatrix}0\\1\end{pmatrix}$$

由公式 (18.17) 和 (18.18) 并由第 25 讲得

$$\widehat{S}_x+\mathrm{i}\widehat{S}_y=\begin{pmatrix}0&1\\0&0\end{pmatrix},\quad \widehat{S}_x-\mathrm{i}\widehat{S}_y=\begin{pmatrix}0&0\\1&0\end{pmatrix},\quad \widehat{S}_z=\begin{pmatrix}1&0\\0&-1\end{pmatrix}\tag{26.25}$$

此外

$$(\widehat{\boldsymbol{L}}\cdot\widehat{\boldsymbol{S}})=\frac{1}{2}(\widehat{L}_x+\mathrm{i}\widehat{L}_y)(\widehat{S}_x-\mathrm{i}\widehat{S}_y)+\frac{1}{2}(\widehat{L}_x-\mathrm{i}\widehat{L}_y)(\widehat{S}_x+\mathrm{i}\widehat{S}_y)+\widehat{L}_z\widehat{S}_z\tag{26.26}$$

由

$$\left.\begin{aligned}(\widehat{L}_x+\mathrm{i}\widehat{L}_y)\mathrm{Y}_{l,m-\frac{1}{2}}&=\sqrt{\left(l+\frac{1}{2}\right)^2-m^2}\mathrm{Y}_{l,m+\frac{1}{2}}\\(\widehat{L}_x-\mathrm{i}\widehat{L}_y)\mathrm{Y}_{l,m+\frac{1}{2}}&=\sqrt{\left(l+\frac{1}{2}\right)^2-m^2}\mathrm{Y}_{l,m-\frac{1}{2}}\end{aligned}\right|\tag{26.27}$$

这里 $\left(m\pm\frac{1}{2}\right)$ 是整数; 以及

$$\left.\begin{aligned}&(\widehat{S}_x+\mathrm{i}\widehat{S}_y)\begin{pmatrix}1\\0\end{pmatrix}=0,\quad(\widehat{S}_x+\mathrm{i}\widehat{S}_y)\begin{pmatrix}0\\1\end{pmatrix}=\begin{pmatrix}1\\0\end{pmatrix}\\&(\widehat{S}_x-\mathrm{i}\widehat{S}_y)\begin{pmatrix}0\\1\end{pmatrix}=0,\quad(\widehat{S}_x-\mathrm{i}\widehat{S}_y)\begin{pmatrix}1\\0\end{pmatrix}=\begin{pmatrix}0\\1\end{pmatrix}\end{aligned}\right|\tag{26.28}$$

我们得到

$$\left.\begin{aligned}(\widehat{\boldsymbol{L}}\cdot\widehat{\boldsymbol{S}})\left|m-\frac{1}{2},\frac{1}{2}\right\rangle=&\frac{1}{2}\left(m-\frac{1}{2}\right)\left|m-\frac{1}{2},\frac{1}{2}\right\rangle+\\&\frac{1}{2}\sqrt{\left(l+\frac{1}{2}\right)^2-m^2}\left|m+\frac{1}{2},-\frac{1}{2}\right\rangle\\(\widehat{\boldsymbol{L}}\cdot\widehat{\boldsymbol{S}})\left|m+\frac{1}{2},-\frac{1}{2}\right\rangle=&\frac{1}{2}\sqrt{\left(l+\frac{1}{2}\right)^2-m^2}\left|m-\frac{1}{2},\frac{1}{2}\right\rangle-\\&\frac{1}{2}\left(m+\frac{1}{2}\right)\left|m+\frac{1}{2},-\frac{1}{2}\right\rangle\end{aligned}\right|\tag{26.29}$$

因此, 在被选取的表象中, 矩阵 $(\widehat{\boldsymbol{L}}\cdot\widehat{\boldsymbol{S}})$ 的形式为

$$(\widehat{\boldsymbol{L}}\cdot\widehat{\boldsymbol{S}})=\begin{pmatrix}\frac{1}{2}\left(m-\frac{1}{2}\right)&\frac{1}{2}\sqrt{\left(l+\frac{1}{2}\right)^2-m^2}\\\frac{1}{2}\sqrt{\left(l+\frac{1}{2}\right)^2-m^2}&-\frac{1}{2}\left(m+\frac{1}{2}\right)\end{pmatrix}\tag{26.30}$$

————————(26–4)

由此推得算符 $(\widehat{\boldsymbol{L}}\cdot\widehat{\boldsymbol{S}})$ 的本征值和相应的 (已归一化的) 本征函数:

(a) 对于 $(\widehat{\boldsymbol{L}}\cdot\widehat{\boldsymbol{S}})=\frac{l}{2}$

$$\psi_{\mathrm{a}}=+\sqrt{\frac{1}{2}+\frac{m}{2l+1}}\left|m-\frac{1}{2},\frac{1}{2}\right\rangle+\sqrt{\frac{1}{2}-\frac{m}{2l+1}}\left|m+\frac{1}{2},-\frac{1}{2}\right\rangle\tag{26.31}$$

(b) 对于$(\widehat{\boldsymbol{L}}\cdot\widehat{\boldsymbol{S}})=-\frac{1}{2}(l+1)$

$$\psi_{\mathrm{b}}=-\sqrt{\frac{1}{2}-\frac{m}{2l+1}}\left|m-\frac{1}{2},\frac{1}{2}\right\rangle+\sqrt{\frac{1}{2}+\frac{m}{2l+1}}\left|m+\frac{1}{2},-\frac{1}{2}\right\rangle \tag{26.32}$$

由表示式 (26.20)—(26.32), 我们求得算符 $\widehat{\boldsymbol{J}}^2$ 的本征值:

(a) 当 $(\widehat{\boldsymbol{L}}\cdot\widehat{\boldsymbol{S}})=\frac{l}{2}$

$$\boldsymbol{J}^2=l(l+1)+\frac{3}{4}+l=\left(l+\frac{1}{2}\right)(l+\frac{1}{2}+1)$$

自旋 $\boldsymbol{S}$ 或者平行于 $\boldsymbol{L}$, 或者由矢量模型求出

$$J=l+\frac{1}{2},\quad \boldsymbol{J}^2=J(J+1) \tag{26.33}$$

在这种情况下, 本征函数已由 (26.31) 式给出.

(b) 当 $(\widehat{\boldsymbol{L}}\cdot\widehat{\boldsymbol{S}})=-\frac{1}{2}(l+1)$

$$\boldsymbol{J}^2=l(l+1)+\frac{3}{4}-l-1=\left(l+\frac{1}{2}\right)\left(l-\frac{1}{2}\right)$$

自旋 $\boldsymbol{S}$ 反平行于 $\boldsymbol{L}$

$$J=l-\frac{1}{2},\quad \boldsymbol{J}^2=J(J+1)=l^2-\frac{1}{4} \tag{26.34}$$

相应的本征函数已由 (26.32) 式给出.

能级的二分裂 哈密顿 (26.8) 第一式的最后一项

$$-\frac{e\hbar^2}{2m^2c^2}\cdot\frac{V'(r)}{r}(\widehat{\boldsymbol{L}}\cdot\widehat{\boldsymbol{S}}) \tag{26.35}$$

可视为引起能级移动的微扰. 微扰理论给这个能量的移动值为

$$\delta E=\frac{e\hbar^2}{2m^2c^2}\left(\int V'(r)R_l^2(r)r\mathrm{d}r\right)\times\begin{cases}\frac{l}{2}, & \text{当 } J=l+\frac{1}{2}\\ -\frac{1}{2}(l+1), & \text{当 } J=l-\frac{1}{2}\end{cases} \tag{26.36}$$

式中 $V'(r)$ 通常是正值, 用 $R_l(r)$ 表示波函数的径向部分.

—————————— (26-5)

双重线　碱金属原子光谱是这种光谱的典型例子 (图 20).

s
l=0
J
p
l=1
J
d
l=2
J
n=3
1/2
3/2
1/2
5/2
3/2
n=2
1/2
3/2
1/2
n=1
钠的D线
λ1=5890 Å
λ2=5896 Å

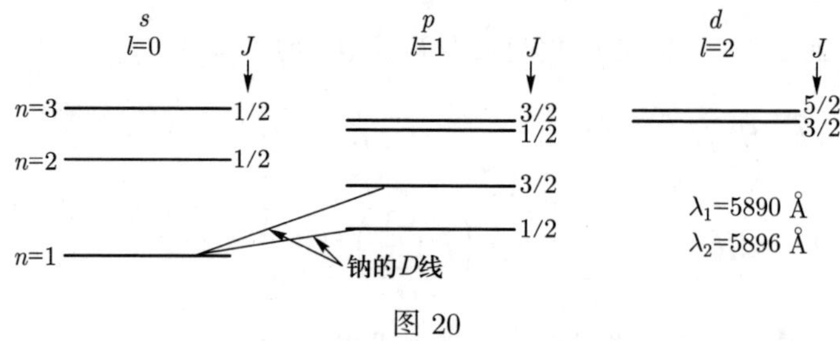

图 20

$n=2$ 的氢原子能级. 在第 8 讲中没有考虑自旋, 我们得出

$$E=-\frac{me^4}{2\hbar^2\times 2^2},\quad \text{对于 } 2s \text{ 和 } 2p \text{ 能级}$$

由此, 只得到一条谱线 (简并).

由于自旋的不同取向而引起分裂 $\delta_1 E$ (图 21). 假设 (26.36) 式中的势取为 $V=\frac{e}{r}$, 而函数 (8.20) 作为波函数的径向部分, 有

$$R_{2p}=\frac{r\mathrm{e}^{-r/2a}}{\sqrt{24a^5}}$$

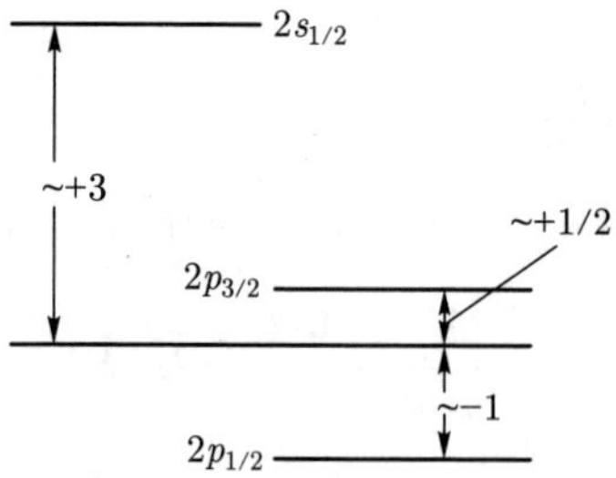

2s1/2
~+3
~+1/2
2p3/2
~−1
2p1/2

图 21　在不同自旋取向下的能级分裂 (非相对论性理论)

则由于自旋–轨道相互作用而引起能量本征值的变化等于

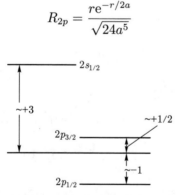

$$\left.\begin{aligned}&\delta_1 E(2s)=0\\&\delta_1 E(2p)=\frac{e^2\hbar^2}{48m^2c^2}\cdot\frac{1}{a^3}\times\begin{cases}\dfrac{1}{2}, & \text{当 } J=\dfrac{3}{2}\\ -1, & \text{当 } J=\dfrac{1}{2}\end{cases}\end{aligned}\right|\quad(26.37)^{①}$$

考虑相对论而引起的微扰. (26.37) 式是非相对论的结果. 我们寻找相对论对能级的修正. 因为动能等于

$$E_k=\sqrt{m^2c^4+c^2p^2}-mc^2=\frac{p^2}{2m}-\frac{p^4}{8m^3c^2}+\cdots \tag{26.38}$$

则微扰哈密顿应取

$$\mathscr{H}=-\frac{1}{8m^3c^2}p^4=-\frac{\hbar^4}{8m^3c^2}(\nabla^2)^2 \tag{26.39}$$

在这过程中, 完全忽略电子自旋的存在.

由一级微扰理论, 得

$$\begin{aligned}\delta_2 E(2s)&=-\frac{5}{128}\frac{me^8}{\hbar^4c^2},\\ \delta_2 E(2p)&=-\frac{7}{384}\frac{me^8}{\hbar^4c^2}\end{aligned} \tag{26.40}$$

——————————(26 – 6)

这两种已讨论的效应共同引起的修正为

$$\begin{aligned}\delta_1 E(2s)+\delta_2 E(2s)&=-\frac{5}{128}\cdot\frac{e^8m}{\hbar^4c^2}\\ \delta_1 E\left(2p_{1/2}\right)+\delta_2 E(2p_{1/2})&=\left(-\frac{1}{48}-\frac{7}{384}\right)\frac{e^8m}{\hbar^4c^2}\\ &=-\frac{5}{128}\cdot\frac{e^8m}{\hbar^4c^2}\\ \delta_1 E(2p_{3/2})+\delta_2 E(2p_{3/2})&=\left(\frac{1}{96}-\frac{7}{384}\right)\frac{e^8m}{\hbar^4c^2}\\ &=-\frac{1}{128}\cdot\frac{e^8m}{\hbar^4c^2}\end{aligned}$$

① 较为普遍的公式, 参考 Schiff 的《量子力学》, 英文版 (1955) p.290 第 39.5 式, 该书中译本 (1982) p.505 第 48.5 式. ——译者注

[普遍公式参阅 Schiff 书 (1955) p.337].

我们注意到, 第一、二个修正量相同, 即相对应的能级不发生分裂! 对能级 $2s$, $2p_{1/2}$, $2p_{3/2}$ 的普遍图形如图 22 所示. 先有微扰 δ_1, 而后微扰 $\delta_1+\delta_2$ 都存在.

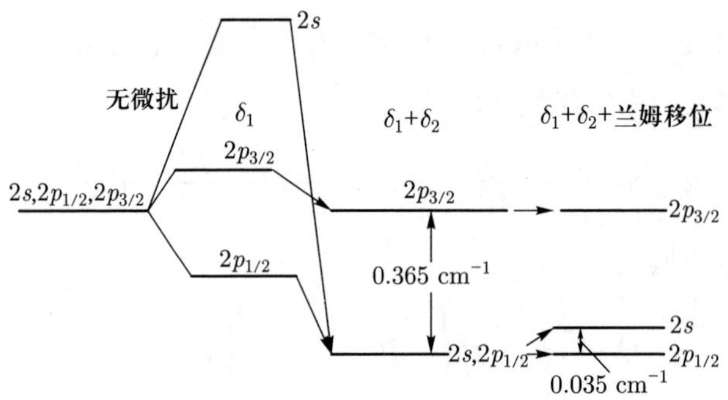

图 22 考虑到自旋–轨道相互作用; 自旋–轨道相互作用和相对论性修正; 自旋–轨道相互作用, 相对论性修正和兰姆移位时原子能级分裂简图

在同一图中 (图 22), 最后给出由于“兰姆移位”而使 $2s$ 和 $2p_{1/2}$ 能级的简并消除.

兰姆移位使氢原子 $2s$ 和 $2p_{1/2}$ 能级有相对移动. 这个效应首先由兰姆和卢瑟福在 1947 年作了测量, 同年贝特 (Bethe) 已预言到并在理论上作了计算. 根据贝特的思想, 兰姆移位是由于电子与辐射场的相互作用而引起电子能量的变化. 理论与实验得到的结果彼此很好地符合. 对氢原子, 兰姆移位的数值大约是 1057.8 MHz.

对于 ns 能级, 兰姆移位的贝特公式是[①]

$$\frac{8}{3\pi n^3}\cdot\frac{me^4}{2\hbar^2}\left(\frac{e^2}{\hbar c}\right)^3\ln\frac{mc^2}{|E_n-E_s|}+\text{更高级修正项} \tag{26-7}$$

① 该式可参阅 Bates, Quantum Theory Ⅱ (1962) p.162. ——译者注

27. 反常塞曼效应

在弱磁场作用下, 某些原子谱线发生分裂, 称为反常塞曼效应. 因而, 反常塞曼效应比起正常塞曼效应更常见, 因为实现后者需要较强的磁场. 这些效应的定名是历史形成的. 正常塞曼效应在理论发展早期阶段就已成功地获得阐明. 实际上, 正常塞曼效应是反常塞曼效应的特例.

引进沿 z 轴的外磁场后, 使前一讲的问题复杂化. 原子的电子与外磁场相互作用能等于

$$B\mu_0(\widehat{L}_z + 2\widehat{S}_z) \tag{27.1}$$

而无微扰的哈密顿为

$$\widehat{H}_1 = \frac{1}{2m}p^2 - eV(r) \tag{27.2}$$

微扰的哈密顿写为

$$\mathscr{H} = -\frac{e\hbar^2}{2m^2c^2} \cdot \frac{V'(r)}{r}(\widehat{\boldsymbol{L}} \cdot \widehat{\boldsymbol{S}}) + B\mu_0(\widehat{L}_z + 2\widehat{S}_z) \tag{27.3}$$

我们注意到, 所有的量 $\widehat{\boldsymbol{L}}^2$, $\widehat{\boldsymbol{S}}^2 = \dfrac{3}{4}$, $m = \widehat{L}_z + \widehat{S}_z$ 与 $\mathscr{H}$ 都可对易. (27.4)

不存在微扰时, 具有 $2l$ 重简并.

无微扰时的本征函数为

$\psi_{lm}(r,\theta,\varphi) = R_l(r)\mathrm{Y}_{lm}(\theta,\varphi)\times$ 自旋 $\{\uparrow$ 或 $\downarrow\}$ (27.5)

(自旋波函数仅用自旋方向来表征且归一化为 1).

(26.36) 式中的系数表示为

$$k = -\frac{e\hbar^2}{2m^2c^2}\int[-V'(r)]R_l^2(r)r\mathrm{d}r \tag{27.6}$$

按照 (26.24)[也可参看 (26.30)], 我们写出混合态的微扰哈密顿矩阵为

$$\frac{k}{2}\begin{pmatrix} m-\frac{1}{2} & \sqrt{\left(l+\frac{1}{2}\right)^2-m^2} \\ \sqrt{\left(l+\frac{1}{2}\right)^2-m^2} & -m-\frac{1}{2} \end{pmatrix}+$$

$$B\mu_0\begin{pmatrix} m+\frac{1}{2} & 0 \\ 0 & m-\frac{1}{2} \end{pmatrix} \tag{27.7}$$

———————— (27-1)

微扰能的本征值是下述方程的根

$$x^2+\left(\frac{k}{2}-2B\mu_0 m\right)x+\left(m^2-\frac{1}{4}\right)B^2\mu_0^2-B\mu_0 km-\frac{k^2}{4}l(l+1)=0 \tag{27.8}$$

即等于

$$\delta E=-\frac{k}{4}+B\mu_0 m\pm\frac{1}{2}\sqrt{k^2\left(l+\frac{1}{2}\right)^2+2B\mu_0 km+B^2\mu_0^2} \tag{27.9}$$

已得到的 δE 公式仅当 $|m|\leqslant l-\frac{1}{2}$ 时是正确的. 若 $m=\pm\left(l+\frac{1}{2}\right)$, 微扰能为

$$\delta E=\frac{kl}{2}\pm B\mu_0(l+1)$$

在弱磁场情况下, $B\mu_0\ll k$, 能级移动等于

$$\delta E=\begin{cases} \frac{k}{2}l+B\mu_0 m\frac{2l+2}{2l+1}, & |m|=l+\frac{1}{2} \\ -\frac{k}{2}(l+1)+B\mu_0 m\frac{2l}{2l+1}, & -l+\frac{1}{2}\leqslant m<l-\frac{1}{2} \end{cases} \tag{27.10}$$

[与 (26.36) 式比较, 来选取 (27.9) 式的正负号].

这种情况对应着所有能级的分裂, 故有反常塞曼效应的名称.

当磁场强度较大时, $B\mu_0 \gg k$, 简并可部分恢复, 即

$$\delta E = \begin{cases} B\mu_0\left(m+\dfrac{1}{2}\right) \\ B\mu_0\left(m-\dfrac{1}{2}\right) \end{cases} \tag{27.11}$$

这就是正常塞曼效应.

在图 23, 描绘出能级 $J=\dfrac{3}{2}$ 和 $J=\dfrac{1}{2}$ 在磁场 $B=0, B$ 很弱, 以及 B 很强时的分裂.

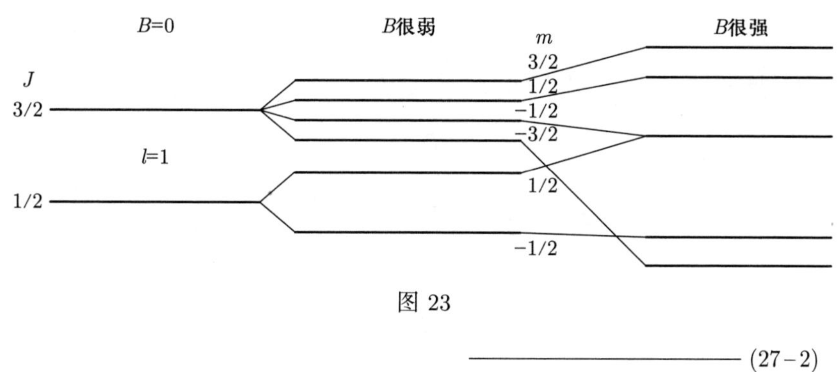

图 23

——————————— (27−2)

28. 动量矩矢量的合成

在第 26 讲中已引进

$$\begin{aligned}&\widehat{\boldsymbol{L}}\text{——轨道矩 }\boldsymbol{L}\text{ 的算符},\\&\widehat{\boldsymbol{S}}\text{——自旋或本征矩 }\boldsymbol{S}\text{ 的算符},\\&\widehat{\boldsymbol{J}}=\widehat{\boldsymbol{L}}+\widehat{\boldsymbol{S}}\text{——总矩 }\boldsymbol{J}\text{ 的算符}.\end{aligned}\tag{28.1}$$

前已证明, 它们具有如下的对易关系:

$$[\widehat{\boldsymbol{L}},\widehat{\boldsymbol{S}}]=0\tag{28.2}$$

$$[\widehat{\boldsymbol{L}}\times\widehat{\boldsymbol{L}}]=\mathrm{i}\widehat{\boldsymbol{L}},\quad[\widehat{\boldsymbol{S}}\times\widehat{\boldsymbol{S}}]=\mathrm{i}\widehat{\boldsymbol{S}}\quad(\hbar=1)\tag{28.3}$$

因此, 不难证明

$$[\widehat{\boldsymbol{J}}\times\widehat{\boldsymbol{J}}]=\mathrm{i}\widehat{\boldsymbol{J}}\tag{28.4}$$

这样, 能构成两组算符, 每组算符内部彼此可对易:

$$\text{组 1}\quad\widehat{\boldsymbol{L}},\ \widehat{\boldsymbol{S}},\ \widehat{L}_z,\ \widehat{S}_z\tag{28.5}$$

$$\text{组 2}\quad\widehat{\boldsymbol{L}}^2,\ \widehat{\boldsymbol{S}}^2,\ \widehat{\boldsymbol{J}}^2,\ \widehat{J}_z\tag{28.6}$$

显然, 这有助于物理系统状态的分类 (参看第 20 讲).

选取第一组, 利用使该组算符都对角化的表象, 其本征值为

$$\begin{gathered}\boldsymbol{L}^2=l(l+1),\quad\boldsymbol{S}^2=s(s+1)\\L_z=\lambda,\quad S_z=\mu\\\text{这里}\\\lambda=-l,\ -l+1,\ \cdots,\ l-1,\ l\\\mu=-s,\ -s+1,\ \cdots,\ s-1,\ s\end{gathered}\tag{28.7}$$

且 l 和 s 值取整数或半整数. 若 $\boldsymbol{L}$ 为合成轨道矩, 则 l 应为整数. 若 $\boldsymbol{S}$ 为合成自旋, 则 s 在偶数个电子情况下为整数, 奇数个电子情况下为半整数. 在 (28.5) 和 (28.7) 这一类中本征函数系所具的形式为

$|L_z = \lambda, S_z = \mu\rangle$ 或表示为 $|\lambda, \mu\rangle$ 合成后的本征函数的数目 (希尔伯特空间"本征矢量") 等于 $(2l+1)\times(2s+1)$ (28.8)

现在我们研究从这种表象转换到由第二组算符 (28.6) 所决定的另一表象.

(28−1)

在这种情况下, 第二组算符对角化, 而它们的本征值等于

$$\boldsymbol{L}^2 = l(l+1), \quad \boldsymbol{S}^2 = s(s+1)$$
$$\boldsymbol{J}^2 = j(j+1), \quad J_z = L_z + S_z = m \tag{28.9}$$

而 j 为整数或半整数

$$m = -j,\ -j+1,\ \cdots,\ j-1,\ j$$

第二组的本征系写为

$$|\boldsymbol{J}^2 = j(j+1),\ J_z = m\rangle \quad 或 \quad |j, m\rangle \tag{28.10}$$

问题 当 l 和 s 已知, j 能取怎样的数值?

回答

矢量模型规则

$$j = l+s,\ l+s-1,\ \cdots,\ |l-s| \tag{28.11}$$

简要的证明

$$m=\lambda+\mu, \quad \lambda \leqslant l, \quad \mu \leqslant s, \quad m \leqslant l+s, \quad 所以, \quad j_{\max}=l+s. \tag{28.12}$$

为寻找 $j_{\min}$, 考虑到 $\lambda \geqslant -l$, $\mu \geqslant -s$, 那么在 m 最大正值中的最小者将等于 $|l-s|$ [见 (28.12)], 也就是说 $j_{\min} = |l-s|$. 剩下的实现 (28.11) 中所指出的所有可能的值. 这是可以办到的.

设有函数

$$|\lambda = l, \mu = s\rangle = |j = l+s,\ m = l+s\rangle \tag{28.13}$$

有下述算符

$$\left.\begin{aligned}&\widehat{J}_- = \widehat{J}_x - \mathrm{i}\widehat{J}_y = \widehat{L}_x - \mathrm{i}\widehat{L}_y + \widehat{S}_x - \mathrm{i}\widehat{S}_y\\ &\text{多次作用后, 依次得到相继的函数列}\\ &|j = l+s,\ m = l+s\rangle\\ &|j = l+s,\ m = l+s-1\rangle\\ &\cdots\cdots\cdots\cdots\\ &|j = l+s,\ m = -(l+s)\rangle\end{aligned}\right| \tag{28.14}$$

在已获得的函数列中, 有 $2(l+s)+1$ 个 (28.10) 型的本征函数, 而且磁量子 $m = l+s-1$ 可对应两个函数

$$\left.\begin{aligned}&|\lambda = l-1,\ \mu = s\rangle\\ &\text{或}\\ &|\lambda = l,\ \mu = s-1\rangle\end{aligned}\right| \tag{28.15}$$

这就是说, 函数列 (28.14) 中每个函数已包含着一个像函数 (28.15) 的线性组合. 同样, 我们可以找到另一些线性组合, 当用 $\widehat{J}_-$ 多次作用于 $|j = l+s-1, m = j\rangle$ 后, 得

$$\left.\begin{aligned}&|j = l+s-1, m = j\rangle\\ &|j = l+s-1, m = j-1\rangle\\ &\cdots\cdots\cdots\cdots\\ &|j = l+s-1, m = -j\rangle\end{aligned}\right| \tag{28.16}$$

共有 $2(l+s)-1$ 个 (28.10) 型的本征函数. 其余以此类推①.

———————— (28–2)

克莱布希–戈尔登系数 前面叙述的方法表明

$$\text{当 } \lambda + \mu \neq m \text{ 时, } \langle \lambda, \mu | j, m\rangle = 0 \tag{28.17}$$

此外, 借助于上述过程可求得 $\langle \lambda, m-\lambda | j, m\rangle$ 的数值, 即指出一个表象的函数

① 从群论的观点来研究, 可参阅约什《物理学中的群论基础》§6. 4. ——译者注

按另一个表象函数展开的系数 (分类比较). 这样的展开系数称为矢量耦合系数, 或称克莱布希–戈尔登系数. 该系数的一般公式是复杂的. 几个重要特例, 如 $s=\dfrac{1}{2}$ 和 $s=1$ [参看 (26.31) 和 (26.32)], 其系数列表如下 [见 (28.18) 及 (28.19)]:

$$s=\frac{1}{2}$$

	$l_z=m-\frac{1}{2}, s_z=\frac{1}{2}$	$l_z=m+\frac{1}{2}, s_z=-\frac{1}{2}$
$j=l+\frac{1}{2}$	$\sqrt{\frac{1}{2}+\frac{m}{2l+1}}$	$\sqrt{\frac{1}{2}-\frac{m}{2l+1}}$
$j=l-\frac{1}{2}$	$-\sqrt{\frac{1}{2}-\frac{m}{2l+1}}$	$\sqrt{\frac{1}{2}+\frac{m}{2l+1}}$

(28.18)

———— (28–3)

$$s=1$$

	$l_z=m-1$ $s_z=1$	$l_z=m-1$ $s_z=0$	$l_z=m+1$ $s_z=-1$
$j=l+1$	$\sqrt{\frac{(l+m)(l+m+1)}{(2l+1)(2l+2)}}$	$\sqrt{\frac{(l-m+1)(l+m+1)}{(2l+1)(l+1)}}$	$\sqrt{\frac{(l-m)(l-m+1)}{(2l+1)(2l+2)}}$
$j=l$	$-\sqrt{\frac{(l+m)(l-m+1)}{2l(l+1)}}$	$\sqrt{\frac{m}{l(l+1)}}$	$\sqrt{\frac{(l-m)(l+m+1)}{2l(l+1)}}$
$j=l-1$	$\sqrt{\frac{(l-m)(l-m+1)}{2l(2l+1)}}$	$-\sqrt{\frac{(l-m)(l+m)}{l(2l+1)}}$	$\sqrt{\frac{(l+m+1)(l+m)}{2l(2l+1)}}$

(28.19)

其他的类似公式, 可在 Condon 和 Shortley 著的 *The Theory of Atomic Spectra* 一书中找到.

标量 $(\widehat{\boldsymbol{L}}\cdot\widehat{\boldsymbol{S}})$ 值等于

$$(\widehat{\boldsymbol{L}}\cdot\widehat{\boldsymbol{S}})=\frac{1}{2}\{j(j+1)-l(l+1)-s(s+1)\} \tag{28.20}$$

它由下面的关系推得

$$\widehat{\boldsymbol{L}}+\widehat{\boldsymbol{S}}=\widehat{\boldsymbol{J}}$$

$$\widehat{\boldsymbol{J}}^2=\widehat{\boldsymbol{L}}^2+\widehat{\boldsymbol{S}}^2+2(\widehat{\boldsymbol{L}}\cdot\widehat{\boldsymbol{S}})$$

注意到, 结果 (28.20) 与 m 无关! 这种情况可用下面更为普遍的方式表达.

定理 若本征函数按

$$|n,\ j,\ m\rangle \tag{28.21}$$

分类, 而 $\widehat{A}$ 为某一相对转动不变的算符 (这意味着 $[\widehat{A},\widehat{\boldsymbol{J}}]=0$), 则

(28–4)

$$\langle n',j',m'|\widehat{A}|n,j,m\rangle=\delta_{jj'}\delta_{mm'}f(n,n',j) \tag{28.22}$$

该定理与维格纳定理 (20.15) 紧密相关①.

关于矢量算符 $\widehat{\boldsymbol{A}}$ 矩阵元的定理　除了满足条件

$$j'=j+1,j,j-1,\quad m'=m+1,m,m-1$$

之外, 就有

$$\langle n',j',m'|\widehat{\boldsymbol{A}}|n,j,m\rangle=0 \tag{28.23}$$

此外还有

$$\langle n',0,0|\widehat{\boldsymbol{A}}|n,0,0\rangle=0$$

根据这些定理, 导出下面规律.

光跃迁的选择规则:

$$\text{容许跃迁}\quad j\begin{cases}\nearrow j+1\\ \rightarrow j\\ \searrow j-1\end{cases},\quad m\begin{cases}\nearrow m+1\\ \rightarrow m\\ \searrow m-1\end{cases} \tag{28.24}$$

而 $j=0\rightarrow j=0$ 的跃迁是不容许的.

① 俄译本 "··· 与维格纳定理 (28.15)···" 有误. 应为 "··· 定理 (20.15)···". ——译者注

关于宇称选择规则:

对于容许跃迁, 宇称是变化的 $(+) \rightleftarrows (-)$. (28.25)

[这种情况与电偶极矩 (是径矢量而不是赝矢量) 相联系.]

讨论题目

电四极矩、磁偶极矩以及其他跃迁的选择规则[①].

矢量分量的矩阵元素表示为函数 $f(n, n', j, j')$ 乘上一个不但与 $j, j'; m, m'$ 有关而且与选取该矢量的分量有关的因子. (28.26)

(28–5)

我们指出: 某矢量 $\widehat{\boldsymbol{A}} = (\widehat{X},\ \widehat{Y},\ \widehat{Z})$ 分量的不等于零的矩阵元素仅仅是

$$\begin{aligned}&\langle m+1|\widehat{X}+\mathrm{i}\widehat{Y}|m\rangle\\&\langle m|\widehat{Z}|m\rangle\\&\langle m-1|\widehat{X}-\mathrm{i}\widehat{Y}|m\rangle\end{aligned}$$

在不同的情况下, 它们用下述的形式依赖于量子数.

$j \to j+1$ 的跃迁:

$$\begin{aligned}&\langle m+1|\widehat{X}+\mathrm{i}\widehat{Y}|m\rangle \sim -\sqrt{(j+m+1)(j+m+2)}\\&\langle m|\widehat{Z}|m\rangle \sim \sqrt{(j-m+1)(j+m+1)}\\&\langle m-1|\widehat{X}-\mathrm{i}\widehat{Y}|m\rangle \sim \sqrt{(j-m+1)(j-m+2)}\end{aligned} \tag{28.27}$$

$j \to j$ 的跃迁:

$$\begin{aligned}&\langle m+1|\widehat{X}+\mathrm{i}\widehat{Y}|m\rangle \sim \sqrt{(j+m+1)(j-m)}\\&\langle m|\widehat{Z}|m\rangle \sim m\\&\langle m-1|\widehat{X}-\mathrm{i}\widehat{Y}|m\rangle \sim \sqrt{(j-m+1)(j+m)}\end{aligned} \tag{28.28}$$

$j \to j-1$ 的跃迁:

① 参阅 A. Sommerfeld, Atomic Structure and Spectrum II. ——俄译者注

$$\left.\begin{aligned}&\langle m+1|\widehat{X}+\mathrm{i}\widehat{Y}|m\rangle\sim-\sqrt{(j-m-1)(j-m)}\\&\langle m|\widehat{Z}|m\rangle\sim-\sqrt{j^2-m^2}\\&\langle m-1|\widehat{X}-\mathrm{i}\widehat{Y}|m\rangle\sim\sqrt{(j+m)(j+m-1)}\end{aligned}\right|\tag{28.29}$$

注意! 不应忘记, 在所有公式 (28.27)—(28.29) 中的比例系数是不相同的 (用符号 "~" 表示). 我们发现, 所列出的三种情况 (28.27)—(28.29) 的绝对值平方和

$$\sum_{m'}\langle m'|\widehat{X}|m\rangle|^2+|\langle m'|\widehat{Y}|m\rangle|^2+|\langle m'|\widehat{Z}|m\rangle|^2\tag{28.30}$$

与磁量子数 m 无关. 由此可知, 相应的跃迁概率 (电偶极矩可作为矢量 $\widehat{\boldsymbol{A}}$) 不依赖于 m 的大小, 而对应于自发跃迁的激发态寿命对于不同的 m 都是一样的[①].

———————— (28–6)

① 可参阅 V. Heine, Group Theoy in Quantum Mechanics. ——俄译者注

29. 原子的多重线

所谓多重线是指由于电子的自旋的存在, 简并解除而形成的谱线精细结构. 忽略自旋磁矩与轨道相互作用的理论引起许多能级的多重简并. 当考虑上述的相互作用后, 这种简并度往往降低, 而且相应的能量修正值很小, 这与其称为关于谱线的精细结构概念, 还不如叫谱线的微弱分裂.

首先, 我们写出

$$\widehat{H}=\widehat{H}_1+\widehat{H}_2(\widehat{\boldsymbol{L}}\cdot\widehat{\boldsymbol{S}}) \tag{29.1a}$$

这里 $\widehat{H}_1$ 为不考虑自旋的 (相对论的或非相对论的) 哈密顿, 而 $\widehat{H}_2(\widehat{\boldsymbol{L}}\cdot\widehat{\boldsymbol{S}})$ 为自旋与轨道相互作用的哈密顿. 假如就最普遍的情况而言, 那么无须预先了解 (29.1a) 式因子 $\widehat{H}_2$ 的形式.

因为 $\widehat{H}_1$ 和 $\widehat{H}_2$ 与算符 $\widehat{\boldsymbol{L}}$ 和 $\widehat{\boldsymbol{S}}$ 可以对易, 所以总哈密顿 $\widehat{H}$ 与 $\widehat{\boldsymbol{L}}^2,\widehat{\boldsymbol{S}}^2,\widehat{\boldsymbol{J}}^2$ 和 $\widehat{J}_z$ 也可对易. (29.1b)

对于算符 $(\widehat{\boldsymbol{L}}\cdot\widehat{\boldsymbol{S}})$, (28. 20) 式仍正确

$$(\widehat{\boldsymbol{L}}\cdot\widehat{\boldsymbol{S}})=\frac{1}{2}\{J(J+1)-L(L+1)-S(S+1)\} \tag{29.2}$$

改为在光谱中采用的符号

$\widehat{\boldsymbol{L}},\widehat{\boldsymbol{S}},\widehat{\boldsymbol{J}}$——矢量算符,
L,S,J——相应算符的本征值, 为整数或半整数. (29.3)

当 L 和 S 已定时, J 的数值只能取 $|L-S|\leqslant J\leqslant|L+S|$, 且按整数变化. (29.4)

对于 n,L,S 已给定的一能级组, 哈密顿可写为

$$\widehat{H}=\widehat{H}_1+\frac{1}{2}\widehat{H}_2\{J(J+1)-L(L+1)-S(S+1)\} \tag{29.5}$$

我们选取 $\widehat{H}_1$ (以及 $\widehat{\boldsymbol{L}}^2$, $\widehat{\boldsymbol{S}}^2$, $\widehat{\boldsymbol{J}}^2$) 的矩阵为对角化的表象. 假设 $\widehat{H}_2$ 很小, 则可利用微扰理论. 对于一群孤立能级的情况, 算符 $\widehat{H}_1$ 和 $\widehat{H}_2$ 的行为类似于纯数; 取其平均值代替 $\widehat{H}_2$, 并取其对角元素代替 $\widehat{H}_1$.

在多重线中, 总矩 J 的每一个值对应着一个完全确定的能级. 由 (29.4) 式表明, 当 $S < L$ 时, J 具有 $2S+1$ 个值; 当 $S > L$ 时, J 具有 $2L+1$ 个值. 虽然如此, 多重线常称为 $(2S+1)$ 重线. 就是说, "$S=0$ 称为单重线, $S=\dfrac{1}{2}$ 称为双重线, $S=1$ 称为三重线" 等. 多重线区分为正常和反常两种:

(29 – 1)

$$\left.\begin{array}{l}\text{当 } \widehat{H}_2 > 0, \text{ 正常多重线}\\ \text{当 } \widehat{H}_2 < 0, \text{ 反常多重线}\end{array}\right| \tag{29.6}$$

轨道量子数 L 每一个值用相当的字母 S, P, D, $\cdots$ 来表示, 从而用一个字母附上指标就能表明状态. 字母本身指出轨道量子数, 左上指标指出 $(2S+1)$ 的数值, 右下指标表明总矩量子数 J. 以正常 $D-$ 三重线 (图 24) 为例:

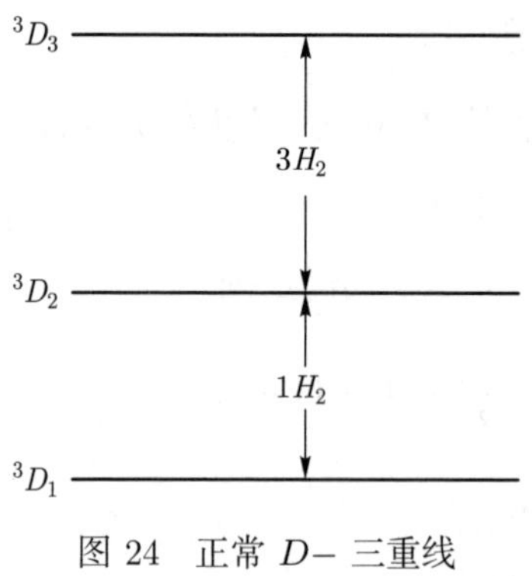

图 24 正常 $D-$ 三重线

$^3D_1$ 对应于 $S=1$, $L=2$, $J=1$. 一般形式是 $^{(2S+1)}L_J$.

注意

间隔规则 多重线中对应 J 与 $J+1$ 的两个能级之间的距离正比于 $(J+1)$.

每一多重线能级具有 $(2J+1)$ 重简并. 这种简并借助外磁场 $\boldsymbol{B}(\boldsymbol{B}\|z)$ 而

解除, 并增补一能量微扰项

$$\widehat{H}_3 = B\mu_0(L_z + 2S_z) = B\mu_0(J_z + S_z) = B\mu_0(m + S_z) \tag{29.7}$$

假若

$$\widehat{H}_3 \ll \widehat{H}_2 \tag{29.8}$$

则可用一级微扰理论来研究, 我们注意到有一对易关系

$$[\widehat{H}_3, \, \widehat{\boldsymbol{J}}\,] = 0$$

因而不会发生 $(2J + 1)$ 重简并能级的函数组合. 在这种情形时

$$\begin{aligned} \delta_3 E &= \langle J, m|\widehat{H}_3|J, m\rangle \\ &= B\mu_0(m + \langle J, m|\widehat{S}_z|J, m\rangle) \end{aligned} \tag{29.9}$$

——————————— (29 - 2)

由 (28.28) 中第二式得

$$\langle J, m|\widehat{S}_z|J, m\rangle = \frac{\langle J, J, |\widehat{S}_z|J, J|\rangle}{J} m \tag{29.10}$$

且

$$\langle J, J|\widehat{S}_z|J, J\rangle = \frac{S(S+1) + J(J+1) - L(L+1)}{2(J+1)} \tag{29.11}$$

简要的证明 从 $\widehat{\boldsymbol{L}} = \widehat{\boldsymbol{J}} - \widehat{\boldsymbol{S}}$ 定义出发, 得

$$2(\boldsymbol{J} \cdot \boldsymbol{S}) = J(J+1) + S(S+1) - L(L+1)$$

或

$$2(\boldsymbol{J} \cdot \boldsymbol{S}) = 2J_z S_z + S_- J_+ + S_+ J_- = 2(J_z + 1)S_z + S_- J_+ + J_- S_+$$

这里利用了如下的关系

$$\widehat{J}_\pm = \widehat{J}_x \pm \mathrm{i}\widehat{J}_y, \quad \widehat{S}_\pm = \widehat{S}_x \pm \mathrm{i}\widehat{S}_y, \quad \widehat{S}_x\widehat{S}_y - \widehat{S}_y\widehat{S}_x = \mathrm{i}\widehat{S}_z$$

并且, 由于 $\widehat{J}_+|J,J\rangle = 0$ 和 $\langle J,J|\widehat{J}_- = 0$, 我们得

$$\langle J,J|2\,\widehat{\boldsymbol{J}}\cdot\widehat{\boldsymbol{S}}\,|J,J\rangle = 2(J+1)\langle J,J|\widehat{S}_z|J,J\rangle$$

由此可见, 表达式 (29.11) 是正确的.

能量 (29.9) 式现在表示为

$$\delta_3 E = B\mu_0 g m \tag{29.12}$$

式中系数

$$\begin{aligned} g &= 1 + \frac{J(J+1)+S(S+1)-L(L+1)}{2J(J+1)} \\ &= \frac{3}{2} + \frac{S(S+1)-L(L+1)}{2J(J+1)} \end{aligned} \tag{29.13}$$

称为朗德因子.

建议对于 $S = \dfrac{1}{2}$ 的情况, 将获得的结果与 (27.10) 式作比较.

讨论题目

极限情况 $B\mu_0 \gg H_2$ 和帕邢–巴克效应[①]. (29.14)

(29–3)

选择规则和偏振 由公式 (28.27)—(28.29) 出发, 得到

$$\left.\begin{array}{l} J \nearrow J+1 \\ J \rightarrow J \\ J \searrow J-1 \end{array}\right\}\text{跃迁是容许的}$$

$$J=0 \rightarrow J=0,\text{跃迁是禁戒的} \tag{29.15}$$

下列这些跃迁是容许的, 当

$m \rightarrow m$, 线偏振辐射, 平行于场

$m \rightarrow m+1$, 圆偏振辐射 ↺, 圆平面垂直于场

$m \rightarrow m-1$, 圆偏振辐射 ↻, 圆平面垂直于场

在后两种情形, 偏振方向彼此平行且垂直于主磁矩. (29.16)

① 参阅: 例如 E. Condon and G. Shortey, Theory of Atomic Spectra. ——俄译者注

根据宇称规则, 下述状态之间的跃迁是容许的

$$\left.\begin{array}{c}\text{偶} \to \text{奇} \\ \text{奇} \to \text{偶}\end{array}\right| \quad (29.17)$$

较弱的选择规则是

$$S \to S, \quad L \begin{array}{l}\nearrow L+1 \\ \to L \\ \searrow L-1\end{array} \quad (29.18)$$

(该规则对轻元素才显得重要).

讨论题目[①]

1. 关于原子结构的一般数据, 屏蔽.
2. 泡利原理 (作为经验规则).
3. 原子壳层 (原子电子壳层表见表 1).
4. 碱金属, 碱土金属, 和其他金属的原子光谱, 谱线系, 离子光谱 (图 25).
5. 原子壳中的电子和 “空穴”.
6. 多重线的超精细结构.

——————————(29-4)

① 这些题目, 可参阅典型的量子力学教程如 L. I. Schiff, Д. И. Блохинцев; 专著如 A. Sommerfeld, Atomic Structure and Spectrum; 个别问题可在 H. Semat, Introduction to Atomic physics 中找到. ——俄译者注

表 1 原子电子壳层表

L	$n=1$ K	$n=2$ L		$n=3$ M			$n=4$ N				$n=5$ O					$n=6$ P						$n=7$ Q						
	0	0	1	0	1	2	0	1	2	3	0	1	2	3	4	0	1	2	3	4	5	0	1	2	3	4	5	6
1H	1																											
2He	2																											
3Li	2	1																										
4Be	2	2																										
5B	2	2	1																									
10Ne	2	2	6																									
11Na	2	2	6	1																								
12Mg	2	2	6	2																								
13Al	2	2	6	2	1																							
18Ar	2	2	6	2	6																							
19K	2	2	6	2	6		1																					
20Ca	2	2	6	2	6		2																					
29Cu	2	2	6	2	6	10	1																					
30Zn	2	2	6	2	6	10	2																					
31Ga	2	2	6	2	6	10	2	1																				
36Kr	2	2	6	2	6	10	2	6																				
37Rb	2	2	6	2	6	10	2	6			1																	
38Sr	2	2	6	2	6	10	2	6			2																	
47Ag	2	2	6	2	6	10	2	6	10		1																	
48Cd	2	2	6	2	6	10	2	6	10		2																	
49In	2	2	6	2	6	10	2	6	10		2	1																
54Xe	2	2	6	2	6	10	2	6	10		2	6																
55Cs	2	2	6	2	6	10	2	6	10		2	6				1												
56Ba	2	2	6	2	6	10	2	6	10		2	6				2												
79Au	2	2	6	2	6	10	2	6	10	14	2	6	10			1												
80Hg	2	2	6	2	6	10	2	6	10	14	2	6	10			2												
81Tl	2	2	6	2	6	10	2	6	10	14	2	6	10			2	1											
86Rn	2	2	6	2	6	10	2	6	10	14	2	6	10			2	6											
87Fr	2	2	6	2	6	10	2	6	10	14	2	6	10			2	6					1						
88Ra	2	2	6	2	6	10	2	6	10	14	2	6	10			2	6					2						
92U	2	2	6	2	6	10	2	6	10	14	2	6	10	3		2	6	1				2						
100Fm	2	2	6	2	6	10	2	6	10	14	2	6	10	11		2	6	1				2						

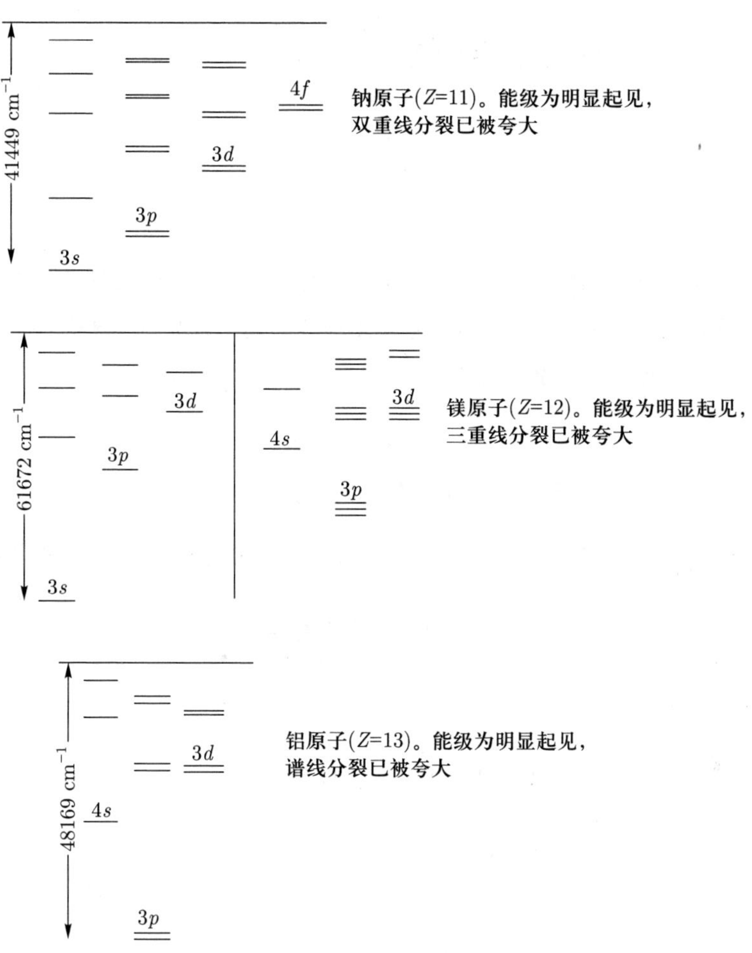

图 25　Na、Al、Mg 的原子能级

30. 全同粒子系统

从两个全同粒子的系统开始是较适宜的. 根据全同粒子概念本身得知, 交换粒子的位置后, 波函数应满足同一薛定谔方程 (这种情况也不会改变能量的本征值).

$$\left.\begin{aligned}\widehat{H}\psi(x_1,x_2)&=E\psi(x_1,x_2)\\ \widehat{H}\psi(x_2,x_1)&=E\psi(x_2,x_1)\end{aligned}\right| \tag{30.1}$$

由于哈密顿是厄米算符, 对于能量 (已给定为 E) 无简并的情况, 归结为

$$\psi(x_1,x_2)=k\psi(x_2,x_1) \tag{30.2}$$

然而

$$\psi_1(x_1,x_2)=k\psi(x_2,x_1)=k^2\psi(x_1,x_2)$$

由此得

$$k^2=1,\quad k=\pm 1 \tag{30.3}$$

因此, 具有两种可能性:

$$\left.\begin{aligned}&k=1,\psi(x_1,x_2)=\psi(x_2,x_1)\text{——对称波函数},\\ &k=-1,\psi(x_1,x_2)=-\psi(x_2,x_1)\text{——反对称波函数}.\end{aligned}\right| \tag{30.4}$$

当本征值 E 是简并的, 等式 (30.2) 就不能满足. 然而在这种情况下, 基函数 $\psi(x_1,x_2)$ 和 $\psi(x_2,x_1)$ 要代之以它们的线性组合:

$$\left.\begin{aligned}&\text{或}\quad \psi(x_1,x_2)+\psi(x_2,x_1)\\ &\qquad\text{—— (关于全同粒子的坐标) 对称组合},\\ &\text{或}\quad \psi(x_1,x_2)-\psi(x_2,x_1)\\ &\qquad\text{—— (关于全同粒子的坐标) 反对称组合}.\end{aligned}\right| \tag{30.5}$$

在同一能量 E 时, 两个新函数仍然为哈密顿的本征函数, 且图像与我们已研究过的一样, 然后新函数具有一个优点, 会自动地彼此正交. 最后, 新函数不难归一化.

一般结论

由两个全同粒子组成的系统的波函数恒选得使相对于粒子位置交换或者是对称的, 或者是反对称的. (30.6)

——————(30-1)

定理 假设波函数在初始时刻, $\psi(x_1, x_2, 0)$ 是对称的 (或反对称的), 则在任意时刻 t 该函数 $\psi(x_1, x_2, t)$ 保持着自己的对称性质不变. (30.7)

证明

哈密顿对于全同粒子的交换是对称的, 所以, 函数 $H\psi$ 具有与 $\psi(x_1, x_2, 0)$ 同样的对称性质.

$$\widehat{H}\left\{\begin{matrix}\text{对称函数}\\\text{反对称函数}\end{matrix}\right\}=\left\{\begin{matrix}\text{对称函数}\\\text{反对称函数}\end{matrix}\right\} \tag{30.8}$$

因此, 很显然, 当函数 ψ 是对称的 (或反对称的), 则波函数对时间的导数

$$\frac{\partial\psi}{\partial t}=\frac{1}{\mathrm{i}\hbar}\widehat{H}\psi$$

在该时刻也是对称的 (反对称的). 因此, 在后一时刻 $t+\mathrm{d}t$ 波函数仍保持自己的对称性质, 因为它的变化为时刻 t 的导数所决定. 按照归纳法, 可把这个证明推广到有限时间间隔, 显然结果仍是正确的.

存在两种不同类型的基本粒子.

假设 一类粒子 (电子、质子、中子、中微子等) 用反对称波函数描写, 而另一类粒子 (光子、π 介子等) 用对称波函数描写.

因此
$\psi(x_1, x_2, \cdots, x_i, \cdots, x_k, \cdots, x_n)=\pm\psi(x_1, x_2, \cdots, x_k, \cdots, x_i, \cdots, x_n)$
对于光子、π 介子等, 波函数取 "+" 号, 而对于电子、质子、中子等, 波函数取 "−" 号. (30.9)

主要事实 泡利证明,用反对称波函数描写的粒子具有半整数的自旋,用对称波函数描写的粒子具有整数的自旋. (30.10)

对这条规律尚未发现过例外情况.

我们现在研究由其他粒子 (如电子、质子、中子) 构成的复合粒子 (如原子).

这样的复合粒子具有宇称 $(-1)^N$, 而 N 为包括在该复合粒子内的反对称粒子数. (30.11)

——————————— (30–2)

对称的和反对称的 "粒子" 的例子:

氢原子
α 粒子
d (氘核) } 对称的

氘原子
氚核
氮原子(^{14}N) } 反对称的

由 m 个独立粒子 (粒子间无相互作用) 组成的系统 这样系统的哈密顿是各个粒子的哈密顿之和

$$\widehat{H} = \widehat{H}_1 + \widehat{H}_2 + \cdots + \widehat{H}_m$$

式中 $\widehat{H}_1$ 仅作用于粒子 1 的波函数, $\widehat{H}_2$ 仅作用于粒子 2 的波函数, $\cdots$.

而

$$\widehat{H}_i = \frac{1}{2m_i}\hat{p}_i{}^2 + V_i(\boldsymbol{x}_i) \quad (i = 1, 2, \cdots, m)$$

(30.12)

我们开始时暂不假定组成系统的粒子是全同的. 显然这个系统的本征函数可表达为

$$\psi(\boldsymbol{x}_1, \boldsymbol{x}_2, \cdots, \boldsymbol{x}_m) = \psi_1(\boldsymbol{x}_1)\psi_2(\boldsymbol{x}_2)\cdots\psi_m(\boldsymbol{x}_m)$$

而且 $E = E_1 + E_2 + \cdots + E_m$. (30.13)

各个粒子的能量本征值由下述方程求得

$$\widehat{H}_i\psi_i(x_i) = E_i\psi_i(x_i)$$

结论 独立粒子系统的本征函数是各个粒子本征函数的乘积, 相应的能量本征值是各个粒子能量本征值之和.

现在我们假定, 组成系统的粒子是全同的.

由全同粒子组成同一系统的所有状态波函数应该具有同样的对称性质; 相反, 代表不同对称性质的状态叠加的状态波函数既不是对称的, 也不是反对称的. 我们开始假定, 组成系统的粒子是彼此独立, 但不是全同的, 故这种系统的波函数在一般情况下不具有确定的对称性质.

由此得知, 形式为 (30.13) 的本征函数一般来说是不适用的, 因为

形式为 $\psi_{n_1}(x_1)\psi_{n_2}(x_2)\cdots\psi_{n_m}(x_m)$, 在一般情况下, 既不对称也不反对称. (30.14)

(30-3)

函数 (30.14) 是下述方程的解

$$\widehat{H}\psi = E\psi, \quad \text{而} \quad E = \sum_{i=1}^{m} E_i \tag{30.15}$$

具有同样能量 E 的其他简并解, 可借助于 (30.14) 中下指标 $n_1, n_2, \cdots, n_m$ 的交换得到 (所有指标 $n_1, n_2, \cdots, n_m$ 的交换相应地用 $P_{n_1}, P_{n_2}, \cdots, P_{n_m}$ 来表示), 对称解由下述方法构成

$$\psi_{\text{对称}} = \sum_{(P)} \psi_{P_{n_1}}(x_1)\psi_{P_{n_2}}(x_2)\cdots\psi_{P_{n_m}}(x_m) \tag{30.16}$$

式中求和是对所有可能的交换而取的, 归一化将在下面讨论 [参阅 (30.21) 式].

反对称解的构成方法是

$$\psi_{\text{反对称}} = \sum_{(P)} (-1)^P \psi_{P_{n_1}}(x_1)\psi_{P_{n_2}}(x_2)\cdots\psi_{P_{n_m}}(x_m) \tag{30.17}$$

或者写为

$$\psi_{\text{反对称}} = \begin{vmatrix} \psi_{n_1}(x_1) & \psi_{n_1}(x_2) & \cdots & \psi_{n_1}(x_m) \\ \psi_{n_2}(x_1) & \psi_{n_2}(x_2) & \cdots & \psi_{n_2}(x_m) \\ \vdots & \vdots & & \vdots \\ \psi_{n_m}(x_1) & \psi_{n_m}(x_2) & \cdots & \psi_{n_m}(x_m) \end{vmatrix} \tag{30.18}$$

(这是行列式, 不是矩阵)①. 归一化因子见下面的公式 (30.22).

波函数 (30.16) 或 (30.17) 的选择对应着粒子的类型.

泡利原理 对于反对称粒子的情况, 假若有由指标 $n_1, n_2, \cdots, n_m$ 表示的两个或多个粒子状态完全相同, 则解 (30.18) 必然等于零. 因此, 对于这些粒子 (电子、质子、中子等), 系统不存在两个全同粒子的状态完全相同的态. (30.19)

——— (30-4)

占有数. 全同粒子位于各个态 $1, 2, \cdots, s, \cdots$ 的粒子数 $N_1, N_2, \cdots, N_s, \cdots$, 且 $N_1 + N_2 + \cdots + N_s + \cdots = m$ (粒子总数), 称为占有数. (30.20)

现在我们对波函数作某些补充说明.

a. 对称波函数的粒子 本征波函数 (30.16) 为占有数 (30.20) 所确定, 因此, 已知占有数就完全确定了系统的状态. 我们把波函数 (30.16) 改写为带有归一化因子的表达式

$$\psi_{\text{对称}} = \sqrt{\frac{N_1!N_2!\cdots N_s!\cdots}{m!}} \sum_{(P)} \psi_{P_{n_1}}(x_1)\psi_{P_{n_2}}(x_2)\cdots\psi_{P_{n_m}}(x_m) \tag{30.21}$$

b. 反对称波函数的粒子 本征波函数 (30.17) 或 (30.18) 也完全为占有

① 该行列式也称为斯莱特行列式.——俄译者注

数 (30.20) 所确定. 然而这些占有数的所有可能的值是 0 或 1. 我们把波函数 (30.18) 改写为带有归一化因子的表达式

$$\psi_{\text{反对称}} = \frac{1}{\sqrt{m!}}\begin{vmatrix} \psi_{n_1}(x_1) & \psi_{n_1}(x_2) & \cdots & \psi_{n_1}(x_m) \\ \psi_{n_2}(x_1) & \psi_{n_2}(x_2) & \cdots & \psi_{n_2}(x_m) \\ \vdots & \vdots & & \vdots \\ \psi_{n_m}(x_1) & \psi_{n_m}(x_2) & \cdots & \psi_{n_m}(x_m) \end{vmatrix} \tag{30.22}$$

量子统计形式为组成量子力学系统的粒子性质所决定. 被占有数 (30.20) 所确定的状态的统计权重等于

$$\left.\begin{array}{ll} \text{玻尔兹曼统计} & \dfrac{N!}{N_1!N_2!\cdots N_s!\cdots} \\ \text{玻色－爱因斯坦统计} & 1 \\ \text{费米－狄拉克统计} & \begin{cases} 1,\text{若没有一个占有数超过 } 1 \\ 0,\text{若某些占有数超过 } 1 \end{cases} \end{array}\right| \tag{30.23}$$

建议讨论这样一个问题, 与玻尔兹曼统计比较, 玻色－爱因斯坦统计促使粒子聚集在同一态, 而费米－狄拉克统计则阻止粒子在同一态.

———————— (30－5)

31. 双电子系统 (氦原子)

我们用 α 和 β 表示电子自旋波函数

$$\alpha = \begin{pmatrix} 1 \\ 0 \end{pmatrix} \text{——自旋}\uparrow, \quad \beta = \begin{pmatrix} 0 \\ 1 \end{pmatrix} \text{——自旋}\downarrow \tag{31.1}$$

[矩阵 α 描述方向“向上”(在 z 轴的正方向) 的自旋矢量, 而矩阵 β 表示自旋方向“向下”(在 z 轴负方向)].

z 轴方向通常定义在外磁场方向, 或者粒子的动量方向.

双电子系统的自旋波函数由两个单电子自旋波函数乘积来构成, 例如

$$\alpha(\xi_1)\beta(\xi_2) = \alpha\beta \tag{31.2}$$

这样, 由四个自旋波函数

$$\alpha\alpha, \quad \alpha\beta, \quad \beta\alpha, \quad \beta\beta \tag{31.3}$$

组成所有可能的双电子的自旋波函数的基.

变换到另一基　系统的总自旋等于

$$\widehat{\boldsymbol{S}} = \widehat{\boldsymbol{S}}_1 + \widehat{\boldsymbol{S}}_2 \tag{31.4}$$

我们使矩阵 $\widehat{\boldsymbol{S}}^2$ 和 $\widehat{S}_z$ 为对角化形式

$$\boldsymbol{S}^2 = \mathrm{diag} \quad \text{和} \quad S_z = \mathrm{diag} \tag{31.5}$$

利用第 28 讲的方法 (或直接地), 我们获得双电子系统各种自旋状态的特征为

函数基	S^2	$\|S\|$	S_z	自旋	自旋对称
$\alpha\alpha$	2	1	1	平行	对称
$\frac{1}{\sqrt{2}}(\alpha\beta+\beta\alpha)$	2	1	0	平行	对称
$\beta\beta$	2	1	-1	平行	对称
$\frac{1}{\sqrt{2}}(\alpha\beta-\beta\alpha)$	0	0	0	反平行	反对称

(31.6)

由此看出, 当

$$\text{自旋}\begin{cases}\text{平行}\\ \text{反下行}\end{cases}, \quad \text{自旋函数}\begin{cases}\text{对称的}\\ \text{反对称的}\end{cases} \tag{31.7}$$

从另一方面, 双电子系统总的波函数 (包括轨道和自旋两部分) 应该是反对称的. 所以, 双电子系统的波函数具有如下的可能形式

$$\left.\begin{aligned}&\alpha\alpha u(\boldsymbol{x}_1,\boldsymbol{x}_2), \quad \frac{\alpha\beta+\beta\alpha}{\sqrt{2}}u(\boldsymbol{x}_1,\boldsymbol{x}_2),\\ &\beta\beta u(\boldsymbol{x}_1,\boldsymbol{x}_2), \quad \frac{\alpha\beta-\beta\alpha}{\sqrt{2}}v(\boldsymbol{x}_1,\boldsymbol{x}_2)\end{aligned}\right| \tag{31.8}$$

这里 $u(\boldsymbol{x}_1,\boldsymbol{x}_2)$ 为反对称的, 而 $v(\boldsymbol{x}_1,\boldsymbol{x}_2)$ 为对称的轨道函数.

——————————(31-1)

情况 I　两个独立的电子系统　这样系统的哈密顿可写为

$$\widehat{H}_0=\widehat{H}_1+\widehat{H}_2 \tag{31.9}$$

若自旋轨道相互作用可以忽略, 则单个电子的波函数由下面方程求出

$$\widehat{H}_1\psi_n(\boldsymbol{x}_1)=E_n\psi_n(\boldsymbol{x}_1) \tag{31.10}$$

注意　这里在一个电子问题中有两个简并解

$$\alpha\psi_n(\boldsymbol{x}_1), \quad \beta\psi_n(\boldsymbol{x}_2)$$

因此, 由两个电子组成的系统具有能量本征值 E_n+E_m, 对应如下的 (简并的) 总波函数

$$
\begin{aligned}
&(1)\ \alpha\alpha\cdot\frac{\psi_n(x_1)\psi_m(x_2)-\psi_m(x_1)\psi_n(x_2)}{\sqrt{2}}\\
&(2)\ \frac{\alpha\beta+\beta\alpha}{\sqrt{2}}\cdot\frac{\psi_n(x_1)\psi_m(x_2)-\psi_m(x_1)\psi_n(x_2)}{\sqrt{2}}\\
&(3)\ \beta\beta\cdot\frac{\psi_n(x_1)\psi_m(x_2)-\psi_m(x_1)\psi_n(x_2)}{\sqrt{2}}\\
&(4)\ \frac{\alpha\beta-\beta\alpha}{\sqrt{2}}\cdot\frac{\psi_n(x_1)\psi_m(x_2)+\psi_m(x_1)\psi_n(x_2)}{\sqrt{2}}
\end{aligned}
\tag{31.11}
$$

函数 (1) —(3) 对应着自旋 $S=1$, 因此轨道部分是反对称的而自旋部分是对称的. 函数 (4) 对应着 $S=0$, 因此轨道部分是对称的而自旋部分是反对称的.

情况Ⅱ 电子间有库仑相互作用 相应部分的哈密顿

$$
H_{\mathrm{c}}=\frac{e^2}{|\boldsymbol{x}_1-\boldsymbol{x}_2|}=\frac{e^2}{r_{12}} \tag{31.12}
$$

可视为微扰 (即两电子间相互作用很弱), 在第一级微扰理论, 附加能量等于

$$
\delta E_{\mathrm{c}}=\overline{H}_{\mathrm{c}}=\iint\sum_{\text{自旋}}\mathrm{d}^3x_1\mathrm{d}^3x_2|\text{波函数}|^2\frac{e^2}{r_{12}} \tag{31.13}
$$

自旋状态 $S=1$ (三重态) 和 $S=0$ (单态) 对应着不同

——————————(31－2)

的能量值 δE_{c}. 在这种情况下, 哈密顿矩阵非对角项不存在. 可认为函数 ψ_1 和 ψ_2 是实函数. 我们求得

$$
\begin{aligned}
\delta E_{\mathrm{c}}=&\iint\frac{e^2}{r_{12}}|\psi_1(x_1)|^2|\psi_2(x_2)|^2\mathrm{d}\boldsymbol{x}_1\mathrm{d}\boldsymbol{x}_2\mp\\
&\iint\frac{e^2}{r_{12}}\psi_1(x_1)\psi_2(x_1)\psi_1(x_2)\psi_2(x_2)\mathrm{d}\boldsymbol{x}_1\mathrm{d}\boldsymbol{x}_2
\end{aligned}
\tag{31.14}
$$

“–” 号对应系统的三重态, 而 “+” 号对应单态. 右边第一个积分解释为两个电子静电相互作用能. 第二个积分是量子力学独有的, 称为交换能.

与 (31.14) 式相关的讨论题目

1. 交换积分可视为很强的自旋–自旋耦合作用.

2. 与铁磁理论的关系.

3. 自旋–轨道耦合作用和三重能级的分裂.

氦光谱 (谱项数据单位为 cm^{-1})

仲氦 (单态)	$1s^2$ $2s1s$ $3s1s$	${}^1S_0=198305$ ${}^1S_0=32033$ ${}^1S_0=19446$	$2p1s$ $3d1s$	${}^1P_0=27179$ ${}^1D_0=12206$
正氦 (三重态)	$2s1s$ $3s1s$	${}^3S_1=38445$ ${}^3S_1=15074$	$2p1s$ $2p1s$ $2p1s$	${}^3P_0=29223.87$ ${}^3P_1=29223.799$ ${}^3P_2=29223.878$

(说明)

若计算时利用里兹方法 (参阅第 21 讲), 取试探函数 $\exp\left[\dfrac{-\alpha(r_1+r_2)}{\alpha}\right]$, 则变分参数将等于 $\alpha=\dfrac{27}{16}$. 此时基态能级对应的值为 $\left[2\times\left(\dfrac{27^2}{16^2}\right)-4\right]R=$ 186000 cm^{-1}, R 为里德伯常量.

————————————(31–3)

32. 氢分子

分子光谱概述[①] 分子光谱的特点是, 单个谱线结合成带, 带结合成组. 这些特点与分子的能量有紧密联系. 整个分子的转动有转动能; 分子中原子在它平衡位置附近的振动有振动能; 还有分子中的壳层电子能量. 总能量等于这三种能量之和.

氢分子的电子能级 我们认为氢分子两原子核 a 和 b 彼此静止且相距为 $r_{ab}=r$. 我们用 r_{a1} 和 r_{b1} 表示第一个电子相对核 a 和核 b 的径矢量, r_{a2} 和 r_{b2} 为第二个电子相对核 a 和核 b 的径矢量, 而 r_{12} 为第二个电子相对第一个电子的径矢量 (图 26). 则系统的哈密顿为

$$\widehat{H}=\frac{\hat{p}_1{}^2+\hat{p}_2{}^2}{2m}+\frac{e^2}{r}+\frac{e^2}{r_{12}}-\frac{e^2}{r_{a1}}-\frac{e^2}{r_{a2}}-\frac{e^2}{r_{b1}}-\frac{e^2}{r_{b2}} \tag{32.1}$$

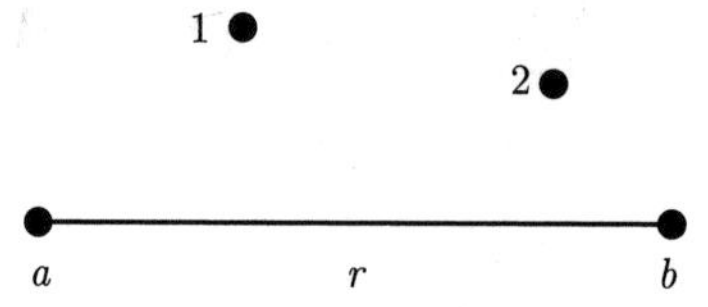

图 26 氢分子中核和电子的“位置”

海特勒–伦敦方法

海特勒和伦敦从能量最小的想法出发, 提出阐明氢分子中共价键的思想. 根据能量最小原则, 用无微扰的波函数的组合可正确地叙述氢分子的性质. 量子力学的计算改善后, 显示巨大成功.

我们研究两个零级近似的波函数 (两个氢原子无相互作用)

$$\psi=a(1)b(2)\pm a(2)b(1) \tag{32.2}$$

① 这一小段是译者在俄译本基础上添加的. ——译者注

式中 "+" 号对应着 $S=0$ (单态), "−" 号对应着 $S=1$ (三重态); $a(1)$ 和 $b(1)$ 是第一个电子在核 a 和核 b 附近运动的氢原子波函数, 而 $a(2)$ 和 $b(2)$ 为第二个电子的类似波函数.

首先, 我们将波函数 (32.2) 进行归一化

$$\begin{aligned}\int \psi^2 \mathrm{d}\boldsymbol{x}_1 \mathrm{d}\boldsymbol{x}_2 = &\left(\int a^2(1)\mathrm{d}\boldsymbol{x}_1\right)\left(\int b^2(2)\mathrm{d}\boldsymbol{x}_2\right) + \\ &\left(\int a^2(2)\mathrm{d}\boldsymbol{x}_2\right)\left(\int b^2(1)\mathrm{d}\boldsymbol{x}_1\right) \pm \\ &2\int a(1)b(1)\mathrm{d}\boldsymbol{x}_1 \int a(2)b(2)\mathrm{d}\boldsymbol{x}_2 \equiv 2(1+\beta^2) \end{aligned} \tag{32.3}$$

式中

$$\beta = \int a(1)b(1)\mathrm{d}\boldsymbol{x}_1 \tag{32.4}$$

所以, 归一化的波函数 (32.2) 为

$$\psi_{\pm} = \frac{a(1)b(2) \pm a(2)b(1)}{\sqrt{2(1\pm\beta^2)}} \tag{32.5}$$

—————————— (32 − 1)

与通常的微扰理论一样, 由此我们求得一级近似的系统的能量

$$E_{\pm} = \iint \psi_{\pm}^* \widehat{H} \psi_{\pm} \mathrm{d}\boldsymbol{x}_1 \mathrm{d}\boldsymbol{x}_2 \tag{32.6}$$

为了更简单地表达该能量, 我们应用下述方程

$$\left(\frac{1}{2m}{p_1}^2 - \frac{e^2}{r_{a1}}\right) a(1) = -Ra(1) \tag{32.7}$$

式中 R 为里德伯常数*, 它等于 13.6 eV. 我们获得

$$\widehat{H} a(1)b(2) = \left(-2R + \frac{e^2}{r} + \frac{e^2}{r_{12}} - \frac{e^2}{r_{a2}} - \frac{e^2}{r_{b1}}\right) a(1)b(2) \tag{32.8}$$

能量 (32.6) 的最后表达式为

$$E_{\pm} = -2R + \frac{e^2}{r} + \frac{1}{1\pm\beta^2}\iint \left(\frac{e^2}{r_{12}} - \frac{e^2}{r_{a2}} - \frac{e^2}{r_{b1}}\right) a^2(1)b^2(2)\mathrm{d}\boldsymbol{x}_1\mathrm{d}\boldsymbol{x}_2 \pm$$

---

* 英文原稿中 "常数" 一词处为 "energy". ——编者注

$$\frac{1}{1\pm\beta^2}\iint\left(\frac{e^2}{r_{12}}-\frac{e^2}{r_{a2}}-\frac{e^2}{r_{b1}}\right)a(1)b(1)a(2)b(2)\mathrm{d}\boldsymbol{x}_1\mathrm{d}\boldsymbol{x}_2 \tag{32.9}$$

讨论 这里我们取第一项 $(-2R)$ 为零点能 (两个已被分离的原子的系统总能量), 项 $\dfrac{e^2}{r}$ 可理解为核势能, 在 (32.9) 式中第一个双重积分 (略去微量 β) 可视为两个电子云 $ea^2(1)$ 和 $eb^2(2)$ 间的静电相互作用能和它们与核间的静电作用能 (第二个核与第一个电子和第一个核与第二个电子). 第二个双重积分是交换积分, 其值为负, 它随两核间距离的变化关系如图 27 所示.

——————————(32 - 2)

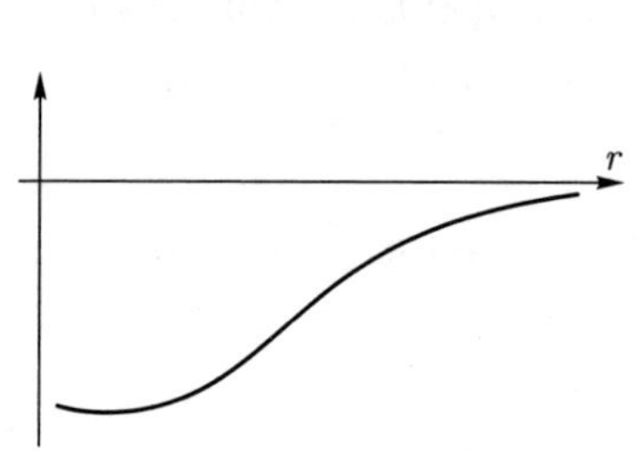

图 27 交换积分是 r 函数图形

这些项的和值给出能量 E_- 和 E_+ (依赖于交换积分前的符号), 原则上是按不同方式依赖于 r 的, 如图 28 所示.

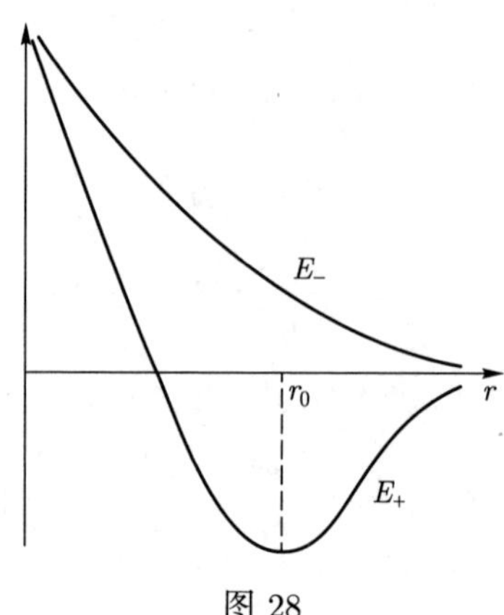

图 28

显然, 由能量为 E_- 的第一近似表征的状态是不能结合成氢分子的. 可是, 对应能量为 E_+ 的状态是稳定的 (两原子真正结合为一分子). 且由图 28 给出 H_2 分子中两个氢核间的平衡距离 r_0 的直观概念. 因为, 在 H_2 分子的基态中两个电子的自旋只能相反 ($S=0$).

王氏 (Wang) 方法 上面概略叙述的用海特勒–伦敦方法定性地导出的结果还不甚满意. 氢分子基态的较为成功的计算是根据王氏方法进行的. 利用类似里兹的试探函数

$$\psi(x_1,x_2)=\mathrm{e}^{-\frac{z}{a}(r_{a1}+r_{b2})}+\mathrm{e}^{-\frac{z}{a}(r_{b1}+r_{a2})} \tag{32.10}$$

式中 a 为玻尔半径, z 为里兹的可变参数.

我们来研究平均能量最小值

$$\overline{H}=\frac{\displaystyle\int\psi(x_1,x_2)\widehat{H}\psi(x_1,x_2)\mathrm{d}x_1\mathrm{d}x_2}{\displaystyle\int|\psi(x_1,x_2)|^2\mathrm{d}x_1\mathrm{d}x_2} \tag{32.11}$$

像通常一样, 对于每个 r 值我们找出相应的参数值 z. 计算的结果与实验数据进行比较如下

	按王氏方法计算	实验值
结合能	$0.278R$	$0.326R$
转动惯量	0.459×10^{-40}	0.467×10^{-40}
频率/cm^{-1}	4900	4360

(32.12)

———————— (32–3)

转动能级与核自旋的作用 当确定转动能级时, 核自旋起显著作用. 纯粹转动的哈密顿近似式为 [参阅 (2.14)]

$$-\frac{\hbar^2}{2A}\Lambda \tag{32.13}$$

式中 A 为转动惯量. 对于转动能级, 导出如下结果

$$\left.\begin{aligned}&E_l=\frac{\hbar^2}{2A}l(l+1)\\&\psi_l=\mathrm{Y}_{lm}(\theta\cdot\varphi)\end{aligned}\right|\quad l=0,1,2,\cdots \tag{32.14}$$

所获得的结果仅适用于双原子分子中电子对于氢分子对称轴的合成转动惯量

等于零的情况. 然而在这种情况下, 即使组成分子的原子核是全同的, 仍发生某些复杂化.

举例 每个核自旋等于零的两个全同原子核, 遵守玻色–爱因斯坦统计, 要求波函数是对称的. 然而只有在 l 值为偶数时, 函数 $\mathrm{Y}_{lm}(\theta,\varphi)$ 对于核的置换为对称. 因此, 量子数 l 的所有奇数值应该不存在. (复杂化可能发生在电子能级之间对称的情况下.) 对于氢分子, 两个质子具有 $\dfrac{1}{2}$ 的自旋, 因而是用反对

———————————(32–4)

称波函数来描述的. 因此, 像双电子系统 (氦原子) 一样, 转动项分裂为

仲氢项, 核自旋反平行, 而 $l=0,2,4,\cdots$,

正氢项, 核自旋平行, 而 $l=1,3,5,\cdots$.

注意之点与讨论题目

1. 转动带的交替强度与氢内缓慢 (仲 $\rightleftarrows$ 正) 跃迁间的关系.

2. 氢的转动自由度的热容量.

3. 双原子带光谱.

———————————(32–5)

33. 碰撞理论

短程中心力场中的散射 在这种情况下，自然地可以认为波函数的渐近式 (当 $r \to \infty$) 为

$$\psi \to \mathrm{e}^{\mathrm{i}kz} - f(\theta)\frac{\mathrm{e}^{\mathrm{i}kr}}{r} \tag{33.1}$$

式中

$$k = \frac{1}{\hbar}p \tag{33.2}$$

(33.1) 式中的第一项描述沿 z 轴正方向传播的入射波，这个波对应着具有动量值 p 的入射粒子流，第二项对应着径向向外的散射粒子流.

(33.1) 式引出下面的微分截面表达式

$$\frac{\mathrm{d}\sigma}{\mathrm{d}\omega} = |f(\theta)|^2 (\mathrm{d}\omega \text{ 为立体角元}) \tag{33.3}$$

我们将 (33.1) 式中入射波按球函数展开成级数

$$\mathrm{e}^{\mathrm{i}kz} = \frac{\pi\sqrt{2}}{\sqrt{kr}}\sum_{l=0}^{\infty}\mathrm{i}^l\sqrt{2l+1}\mathrm{Y}_{l,0}(\theta)J_{l+\frac{1}{2}}(kr) \tag{33.4}$$

之所以采用这种方式，是考虑到散射场的中心对称，还顾及散射图形中存在的赋予方向 (入射波 $k\|z$)，因此在 (33.4) 展开式中，除了贝塞尔函数 $J_{l+\frac{1}{2}}(kr)$ 外，还包含轴 (圆柱) 对称.

利用贝塞尔函数的渐近式

$$J_n(x) \to \sqrt{\frac{2}{\pi x}}\cos\left(x - \frac{\pi}{4} - \frac{n\pi}{2}\right)$$

我们得到表达式

$$\mathrm{e}^{\mathrm{i}kz} \to \frac{\sqrt{4\pi}}{kr}\sum_{l=0}^{\infty}\mathrm{i}^l\sqrt{2l+1}\mathrm{Y}_{l,0}\sin\left(kr - \frac{l\pi}{2}\right)$$

$$= \frac{\sin kr}{kr} + \cdots \tag{33.5}$$

(在波函数中, 我们感兴趣的仅仅是渐近式, 因为我们探讨在离中心较远处的散射.)

将 $f(\theta)$ 也按球函数展开成级数

$$f(\theta) = \sum_l a_l \mathrm{P}_l(\cos\theta) = \sqrt{4\pi}\sum_l \frac{a_l}{\sqrt{2l+1}}\mathrm{Y}_{l,0}(\theta) \tag{33.6}$$

将已获得的展开式代入 (33.1) 式, 得

$$\psi \to \frac{\sqrt{4\pi}}{r}\sum_l \frac{\mathrm{Y}_{l,0}}{\sqrt{2l+1}}\left[\mathrm{e}^{\mathrm{i}kr}\left(-a_l - \frac{\mathrm{i}}{2}\cdot\frac{2l+1}{k}\right) + \mathrm{e}^{-\mathrm{i}kr}(-1)^l\frac{\mathrm{i}}{2}\cdot\frac{2l+1}{k}\right] \tag{33.7}$$

———————— (33 – 1)

注意到, 向内的和向外的波应该具有相等的振幅 (粒子数守恒), 由此得

$$a_l + \frac{\mathrm{i}}{2}\cdot\frac{2l+1}{k} = \mathrm{e}^{2\mathrm{i}\alpha_l}\left(\frac{\mathrm{i}}{2} - \frac{2l+1}{k}\right) \tag{33.8}$$

或

$$a_l = \frac{\mathrm{i}}{2}\cdot\frac{2l+1}{k}(\mathrm{e}^{2\mathrm{i}\alpha_l} - 1) \tag{33.9}$$

(这里引进实数 α_l 是考虑到波的各种相位的可能性. 今后称 α_l 为相移或对应于 l 的相位差). 在这种情况下, 径向波函数应该与 l 有关, 其形式为

$$R_l = \frac{u_l(r)}{r}$$

式中的渐近式

$$u_l(r) \to \sin\left(kr - \frac{\pi l}{2} + \alpha_l\right) \tag{33.10}$$

显然, 相移 α_l 完全确定散射图像, 特别是, 假如所有相移 α_l 等于 0 或 π, 则微分截面等于零.

为了确定相移 α_l, 我们利用薛定谔径向方程

$$\left.\begin{aligned}&u_l''(r)-\frac{l(l+1)}{r^2}u_l(r)+\frac{2m}{\hbar^2}[E-U(r)]u_l=0\\&E=\frac{\hbar^2}{2m}k^2\end{aligned}\right|\quad(33.11)$$

或

$$u_l''+\left[k^2-\frac{2m}{\hbar^2}U(r)-\frac{l(l+1)}{r^2}\right]u_l=0\qquad(33.12)$$

当 r 很小时, 方程 (33.12) 的解是

$$u_l(r)\sim r^{l+1}$$

当 r 很大时, 则为 (33.13)

$$u_l(r)\approx 常数\times\sin\left(kr-\frac{l\pi}{2}+\alpha_l\right)$$

方程 (33.12) 解的行为就确定了相移 α_l.

利用公式 (33.3)、(33.6) 和 (33.9), 我们用 α_l 表示 $\frac{d\sigma}{d\omega}$, 则

$$\frac{d\sigma}{d\omega}=\frac{1}{4k^2}\left|\sum_l(2l+1)P_l(\cos\theta)(e^{2i\alpha_l}-1)\right|^2\qquad(33.14)$$

——————————(33-2)

对上式积分, 我们获得总的散射截面 (图 29)

$$\sigma=4\pi\lambda\!\!\!^{-2}\sum_l(2l+1)\sin^2\alpha_l\qquad(33.15)$$

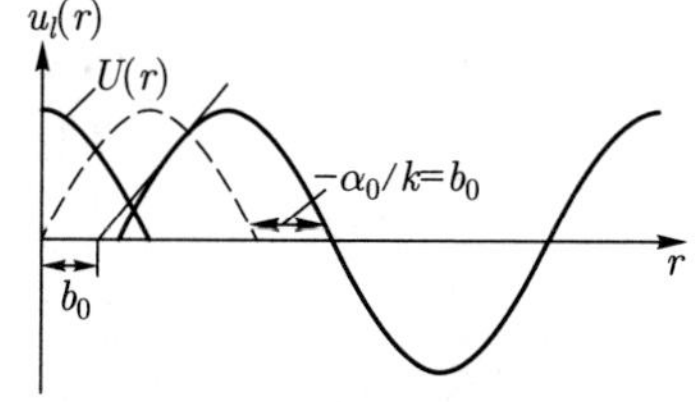

图 29　有散射中心时波函数的行为

当能量很小时, 只有 $\alpha_0(l=0)$ 是重要的, 在这种情况

$$\alpha_0 = -k \times \text{散射长度} = -kb_0 \tag{33.16}$$

则总截面为

$$\sigma \to 4\pi b^2 \tag{33.17}$$

可以证明, 在最简单的情况, 当能量低时,

$$\alpha_l \sim k^{2l+1}$$

讨论题目[①]

作为例子来研究是有益的.

1. 库仑势场中的散射.
2. 在理想刚球上的散射和阴影区的影响.
3. 有吸收的散射.

———————(33-3)

① 这三个讨论题目可参阅 L. Schiff, Quantum Mechanics (1968) §21, §19, §20. 该书有中译本 (1982).
——译者注

34. 狄拉克自由电子理论

相对论波动方程 对于质量为 m 的粒子, 依赖于时间的一般薛定谔方程是

$$\mathrm{i}\hbar\frac{\partial\psi}{\partial t}=-\frac{\hbar^2}{2m}\left(\frac{\partial^2\psi}{\partial x^2}+\frac{\partial^2\psi}{\partial y^2}+\frac{\partial^2\psi}{\partial z^2}\right)$$

对于 t, x、y、z 是很不对称的. 这一情况明显地与狭义相对论传统要求相矛盾. 为把非相对论的薛定谔方程推广到高速 (可与光速比拟) 粒子情况, 我们作如下探讨: 试图寻找关于电子的仅包含对 t、x、y、z 的一次导数的相对论方程. 引进标准的表示法为

$$\left.\begin{aligned}&x=x_1,\quad y=x^2,\quad z=x_3,\quad \mathrm{i}ct=x_4\quad (ct=x_0)\\&p_x=\frac{\hbar}{\mathrm{i}}\frac{\partial}{\partial x}\quad 或\quad p_i=\frac{\hbar}{\mathrm{i}}\frac{\partial}{\partial x_i}\\&p_4=\frac{\hbar}{\mathrm{i}}\frac{\partial}{\partial x_4}=-\frac{\hbar}{c}\frac{\partial}{\partial t}=\frac{\mathrm{i}}{c}E\end{aligned}\right|\tag{34.1}$$

在最后一行中, 应用了算符表示 $E=\mathrm{i}\hbar\dfrac{\partial}{\partial t}$. 这样, 代替三维矢量

$$\boldsymbol{X}\equiv(x_1,x_2,x_3),\quad \boldsymbol{P}\equiv(p_1,p_2,p_3)\tag{34.2}$$

我们用四维矢量 (4 矢量)

$$\vec{x}\equiv(x_1,x_2,x_3,x_4),\quad \vec{p}\equiv(p_1,p_2,p_3,p_4)\tag{34.3}$$

假如波函数 ψ 是标量, 则一次微分的最简单方程将是 (系数 $a^{(\mu)}$ 可认为是常数)

$$\kappa\psi=a^{(1)}\frac{\partial\psi}{\partial x_1}+a^{(2)}\frac{\partial\psi}{\partial x_2}+a^{(3)}\frac{\partial\psi}{\partial x_3}+a^{(4)}\frac{\partial\psi}{\partial x_4}=\frac{\mathrm{i}}{\hbar}a^{(\mu)}p_\mu\psi$$

这里及以后, 都利用爱因斯坦关于重复指标求和 (从 1 到 4) 的规则. 然而看来, 波函数 ψ 必须作这种选择, 使它具有几个分量 (即四个分量). 我们用另一

种形式代替前面的 ψ 方程

$$\mathrm{i}mc\psi_k = \gamma_{kl}^{(\mu)} p_\mu \psi_l = \frac{\hbar}{\mathrm{i}} \gamma_{kl}^{(\mu)} \frac{\partial \psi_l}{\partial x_\mu} \tag{34.4}$$

(34－1)

狄拉克方程, 狄拉克矩阵 在矩阵表示中, ψ 用由四个元素组成的一直列矩阵表示, 而矩阵 $\gamma_\mu = \left(\gamma_{kl}^{(\mu)}\right)$ 是由四行四列组成的方阵 (4×4 矩阵).

这样, 我们获得矩阵的一次线性微分方程 (对 μ 求和)

$$\mathrm{i}mc\psi = \gamma_\mu \hat{p}_\mu \psi = \frac{\hbar}{\mathrm{i}} \gamma_\mu \frac{\partial \psi}{\partial x_\mu} \tag{34.5}$$

此式称为狄拉克方程. 微分算符

$$\hat{p}_\mu = \frac{\hbar}{\mathrm{i}} \frac{\partial}{\partial x_\mu}$$

作用在依赖于所有坐标 x_μ 的函数列 ψ 上, 而矩阵 γ_μ 应理解为作用于内变量的算符, 它类似于泡利的自旋变量, 但它具有将要阐明的四个分量. 因此, 矩阵 γ_μ 应与四个动量算符 $\hat{p}_\nu$ 和坐标算符 $\hat{x}_\nu$ 是可对易的

$$[\gamma_\mu, \hat{p}_\nu] = [\gamma_\mu, \hat{x}_\nu] = 0 \tag{34.6}$$

由 (34.5) 式得出

$$(\mathrm{i}mc)^2 \psi = (\gamma_\mu \hat{p}_\nu)^2 \psi$$

或 $\left[\text{在符号上略去 } \psi\text{, 利用 (34.1) 和 (34.6) 式, 及熟知的等式 } {p_4}^2 = -\dfrac{E^2}{c^2}\right]$

$$\begin{aligned} -m^2c^2 =& {\gamma_1}^2 {p_1}^2 + {\gamma_2}^2 {p_2}^2 + {\gamma_3}^2 {p_3}^2 - {\gamma_4}^2 \frac{E^2}{c^2} + \\ & (\gamma_1\gamma_2 + \gamma_2\gamma_1) p_1 p_2 + \text{其他类似项} \end{aligned}$$

要使上面的关系能和著名的相对论的能量与动量关系式

$$m^2c^2 + p^2 = \frac{E^2}{c^2} \tag{34.7}$$

相当, 必须假设

$$\left.\begin{aligned}&{\gamma_1}^2={\gamma_2}^2={\gamma_3}^2={\gamma_4}^2=1\\&\gamma_\mu\gamma_\nu+\gamma_\nu\gamma_\mu=0,\quad \text{当 } \mu\neq\nu\end{aligned}\right| \tag{34.8}$$

——————————(34–2)

这表明, 满足 (34.8) 条件的最低阶矩阵为 4 阶. 限制于 4×4 的矩阵后, 构成 $\gamma_1,\gamma_2,\gamma_3,\gamma_4$ 矩阵组仍有许多方案. 就其实质来说, 它们是等价的. 我们选取 "标准" 组

$$\left.\begin{aligned}\gamma_1&=\begin{pmatrix}0&0&0&-\mathrm{i}\\0&0&-\mathrm{i}&0\\0&\mathrm{i}&0&0\\\mathrm{i}&0&0&0\end{pmatrix}=\begin{pmatrix}0&-\mathrm{i}\sigma_1\\\mathrm{i}\sigma_1&0\end{pmatrix}\\\gamma_2&=\begin{pmatrix}0&0&0&-1\\0&0&1&0\\0&1&0&0\\-1&0&0&0\end{pmatrix}=\begin{pmatrix}0&-\mathrm{i}\sigma_2\\\mathrm{i}\sigma_2&0\end{pmatrix}\\\gamma_3&=\begin{pmatrix}0&0&-\mathrm{i}&0\\0&0&0&\mathrm{i}\\\mathrm{i}&0&0&0\\0&-\mathrm{i}&0&0\end{pmatrix}=\begin{pmatrix}0&-\mathrm{i}\sigma_3\\\mathrm{i}\sigma_3&0\end{pmatrix}\end{aligned}\right| \tag{34.9}$$

和

$$\beta=\gamma_4=\begin{pmatrix}1&0&0&0\\0&1&0&0\\0&0&-1&0\\0&0&0&-1\end{pmatrix}=\begin{pmatrix}1&0\\0&-1\end{pmatrix} \tag{34.10}$$

$\gamma_1,\gamma_2,\gamma_3$ 三个矩阵在许多情况下可视为一个矢量的三个分量, 表示为

$$\text{“矢量”}\ \boldsymbol{\gamma}=(\gamma_1,\gamma_2,\gamma_3),\ \text{类似地 4 矢量}\ \vec{\gamma}\equiv(\gamma_1,\gamma_2,\gamma_3,\gamma_4) \tag{34.11}$$

用这种表示法, (34.5) 式可写为

$$\mathrm{i}mc\psi=\left(\boldsymbol{\gamma}\cdot\boldsymbol{p}+\frac{\mathrm{i}}{c}E\gamma_4\right)\psi=\overrightarrow{\gamma}\cdot\overrightarrow{p}\psi \tag{34.12}$$

以 $\gamma_4=\beta$ 矩阵左乘这个方程, 并利用 ${\gamma_4}^2=\beta^2=1$ 的性质, 我们得到一等价的方程

$$E\psi=(mc^2\beta+c\boldsymbol{\alpha}\cdot\boldsymbol{p})\psi \tag{34.13}$$

(这是狄拉克方程的另一写法). 这里引进了以下矩阵

$$\boldsymbol{\alpha}=\mathrm{i}\beta\gamma \quad \text{或} \quad \alpha_1=\mathrm{i}\beta\gamma_1,\alpha_2=\mathrm{i}\beta\gamma_2,\alpha_3=\mathrm{i}\beta\gamma_3 \tag{34.14}$$

而

$$\left.\begin{aligned}
\alpha_1&=\begin{pmatrix}0&0&0&1\\0&0&1&0\\0&1&0&0\\1&0&0&0\end{pmatrix}=\begin{pmatrix}0&\sigma_1\\\sigma_1&0\end{pmatrix}\\
\alpha_2&=\begin{pmatrix}0&0&0&-\mathrm{i}\\0&0&\mathrm{i}&0\\0&-\mathrm{i}&0&0\\\mathrm{i}&0&0&0\end{pmatrix}=\begin{pmatrix}0&\sigma_2\\\sigma_2&0\end{pmatrix}\\
\alpha_3&=\begin{pmatrix}0&0&1&0\\0&0&0&-1\\1&0&0&0\\0&-1&0&0\end{pmatrix}=\begin{pmatrix}0&\sigma_3\\\sigma_3&0\end{pmatrix}
\end{aligned}\right| \tag{34.15}$$

——(34–3)

这些矩阵的性质 (可以直接检验) 为

$$\beta^2={\alpha_1}^2={\alpha_2}^2={\alpha_3}^2=1 \tag{34.16}$$

$$\beta\alpha_1+\alpha_1\beta=0,\quad \beta\alpha_2+\alpha_2\beta=0,\quad \beta\alpha_3+\alpha_3\beta=1$$
$$\alpha_1\alpha_2+\alpha_2\alpha_1=0,\quad \alpha_2\alpha_3+\alpha_3\alpha_2=0,\quad \alpha_3\alpha_1+\alpha_1\alpha_3=0 \tag{34.17}$$

这就是, 矩阵 β 和 α_1, α_2, α_3 的平方都等于单位矩阵; 矩阵 β 和所有的 $\boldsymbol{\alpha}$ 矩阵都是反对易的; 且矩阵 β 和所有的 $\boldsymbol{\alpha}$ 矩阵都是厄米矩阵. (34.18)

可以证明, 由 (34.13) 式导出的物理结果并不依赖于这里所用的矩阵组 $\alpha_1, \alpha_2, \alpha_3$ 和 β 的特殊选择 (34.15) 和 (34.10). 若新矩阵组仍具有 (34.18) 的性质, 则由理论导出的所有结果仍保持与原来的一样. 特别是, 借助幺正变换可变换原来四个矩阵的地位. 所以, 它们的不同仅仅是外表而已.

建议验证, 下列每个矩阵

$$\gamma_4=\beta,\alpha_1,\alpha_2,\alpha_3,\gamma_1,\gamma_2,\gamma_3$$

的本征值等于 1 或 -1, 且这两者都是二重简并. (34.19)

——————————(34 – 4)

方程 (34.13) 可以写为

$$\widehat{H}\psi=E\psi \tag{34.20}$$

这里算符 $\widehat{H}$ 显然应理解为下述的哈密顿

$$\widehat{H}=mc^2\beta+2\boldsymbol{\alpha}\cdot\boldsymbol{p} \tag{34.21}$$

不依赖于时间的薛定谔方程对于旋量波函数

$$\psi=\begin{pmatrix}\psi_1\\ \psi_2\\ \psi_3\\ \psi_4\end{pmatrix}$$

来说, 分解为四个相互 “穿插” 的方程

$$
\left.\begin{aligned}
E\psi_1 &= mc^2\psi_1 + \frac{c\hbar}{\mathrm{i}}\left(\frac{\partial\psi_4}{\partial x} - \mathrm{i}\frac{\partial\psi_4}{\partial y} + \frac{\partial\psi_3}{\partial z}\right) \\
E\psi_2 &= mc^2\psi_2 + \frac{c\hbar}{\mathrm{i}}\left(\frac{\partial\psi_3}{\partial x} + \mathrm{i}\frac{\partial\psi_3}{\partial y} - \frac{\partial\psi_4}{\partial z}\right) \\
E\psi_3 &= -mc^2\psi_3 + \frac{c\hbar}{\mathrm{i}}\left(\frac{\partial\psi_2}{\partial x} - \mathrm{i}\frac{\partial\psi_2}{\partial y} + \frac{\partial\psi_1}{\partial z}\right) \\
E\psi_4 &= -mc^2\psi_4 + \frac{c\hbar}{\mathrm{i}}\left(\frac{\partial\psi_1}{\partial x} + \mathrm{i}\frac{\partial\psi_1}{\partial y} - \frac{\partial\psi_2}{\partial z}\right)
\end{aligned}\right| \tag{34.22}
$$

利用下面的代换

$$
E \to \mathrm{i}\hbar\frac{\partial}{\partial t}
$$

不难写出与时间有关的薛定谔方程.

平面波的解 自由电子波函数显然应该是平面波

$$
\psi = \begin{pmatrix} u_1 \\ u_2 \\ u_3 \\ u_4 \end{pmatrix} \mathrm{e}^{\frac{\mathrm{i}}{\hbar}\boldsymbol{p}\cdot\boldsymbol{x}} \tag{34.23}
$$

式中旋量分量 u_1, u_2, u_3, u_4 是常数, 而矢量 $\boldsymbol{p}$ 的分量是简单的数.

将 (34.23) 式代入 (34.22) 式, 左右两边以公共因子 $\mathrm{e}^{\frac{\mathrm{i}}{\hbar}\boldsymbol{p}\cdot\boldsymbol{x}}$ 除之, 我们得一代数方程组

$$
\left.\begin{aligned}
Eu_1 &= mc^2u_1 + c(p_x - \mathrm{i}p_y)u_4 + cp_zu_3 \\
Eu_2 &= mc^2u_2 + c(p_x + \mathrm{i}p_y)u_3 - cp_zu_4 \\
Eu_3 &= -mc^2u_3 + c(p_x - \mathrm{i}p_y)u_2 + cp_zu_1 \\
Eu_4 &= -mc^2u_4 + c(p_x + \mathrm{i}p_y)u_1 - cp_zu_2
\end{aligned}\right| \tag{34.24}
$$

它是属于四个未知常数 u_i 的线性齐次方程组. 该方程组仅当未知量的系数行列式等于零时有解. 方程组 (34.24) 的系数行列式为

$$
(E^2 - m^2c^4 - c^2p^2)^2
$$

由此得出两个二重简并的能量本征值

$$\left.\begin{aligned} E &= +\sqrt{m^2c^4+c^2p^2} \\ E &= -\sqrt{m^2c^4+c^2p^2} \end{aligned}\right| \tag{34.25}$$

——(34-5)

由此可见, 对于每个动量值 p, 对应着二重简并的正能量

$$E = +\sqrt{m^2c^4+c^2p^2}$$

还对应着二重简并的负能量

$$E = -\sqrt{m^2c^4+c^2p^2}$$

能量本征值 (34.25) 的简并, 应理解为电子能量与它的自旋取向无关. 而电子自旋在某定轴的投影能取两个值$\left(\pm\dfrac{\hbar}{2}\right)$. 关于能量的符号, 它的意义远比开平方的非单值性要深刻得多, 能量的两个符号, 正如将要证明的, 反映了电子与反电子 (即正电子) 的对应关系. 四个正交归一化的旋量组选取如下.

对于 $E = +\sqrt{m^2c^4+c^2p^2} = +R$, 有

$$\left.\begin{aligned} u^{(1)} &= \sqrt{\frac{mc^2+R}{2R}}\begin{pmatrix} 1 \\ 0 \\ \dfrac{cp_z}{mc^2+R} \\ \dfrac{c(p_x+\mathrm{i}p_y)}{mc^2+R} \end{pmatrix} \\ u^{(2)} &= \sqrt{\frac{mc^2+R}{2R}}\begin{pmatrix} 0 \\ 1 \\ \dfrac{c(p_x-\mathrm{i}p_y)}{mc^2+R} \\ \dfrac{-cp_z}{mc^2+R} \end{pmatrix} \end{aligned}\right| \tag{34.26}$$

对于 $E=-\sqrt{m^2c^4+c^2p^2}=-R$, 有

$$u^{(3)}=\sqrt{\frac{R-mc^2}{2R}}\begin{pmatrix}\dfrac{cp_z}{R-mc^2}\\ \dfrac{c(p_x+\mathrm{i}p_y)}{R-mc^2}\\ 1\\ 0\end{pmatrix}$$

$$u^{(4)}=\sqrt{\frac{R-mc^2}{2R}}\begin{pmatrix}\dfrac{c(p_x-\mathrm{i}p_y)}{R-mc^2}\\ \dfrac{-cp_z}{R-mc^2}\\ 0\\ 1\end{pmatrix} \tag{34.27}$$

注意 在非相对论极限下 (当 $|p|<mc$), 正能量的解 $u^{(1)}$ 和 $u^{(2)}$ 中第三和第四分量, 以及负能量的解 $u^{(3)}$ 和 $u^{(4)}$ 中的第一和第二分量都很小, 所具的数量级为 p/mc.

——————(34-6)

正能级和负能级的意义 狄拉克假定, 带有负能量的电子原则上是不能被观测到的. 我们引进真空态的概念 (被观测粒子不存在). 假如从不能被观测到的狄拉克电子 “海” 中拉出一个电子 (供给它正能量), 则在 “海” 中产生一能量为 $-E>0$ 而电荷与电子相反的 “空穴” (正电子), 如图 30. 正电子的动量和能量对应着 $-\boldsymbol{p}$ 和 $-E>0$ 的 “空穴” 状态. 因此, 波函数

$u^{(1)}\mathrm{e}^{\frac{\mathrm{i}}{\hbar}\boldsymbol{p}\cdot\boldsymbol{x}}$ 和 $u^{(2)}\mathrm{e}^{\frac{\mathrm{i}}{\hbar}\boldsymbol{p}\cdot\boldsymbol{x}}$ 分别描述动量为 $\boldsymbol{p}$, 能量为 $+\sqrt{m^2c^4+c^2p^2}$ 的电子状态, 自旋取向分别 “向上” 和 “向下”. (34.28)

$u^{(3)}\mathrm{e}^{\frac{\mathrm{i}}{\hbar}\boldsymbol{p}\cdot\boldsymbol{x}}$ 和 $u^{(4)}\mathrm{e}^{\frac{\mathrm{i}}{\hbar}\boldsymbol{p}\cdot\boldsymbol{x}}$ 分别描述动量为 $-\boldsymbol{p}$, 能量为 $+\sqrt{m^2c^4+c^2p^2}$ 的正电子状态, 自旋取向分别 “向上” 和 “向下”. (34.29)

假如已知波函数

$$\psi=u\mathrm{e}^{\frac{\mathrm{i}}{\hbar}\boldsymbol{p}\cdot\boldsymbol{x}}$$

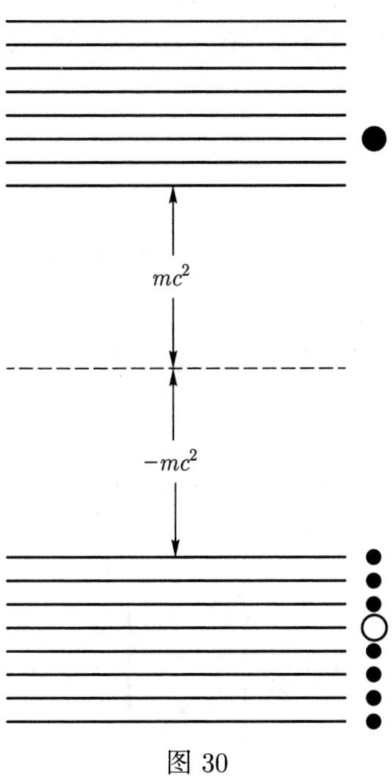

图 30

这里 u 为四分量的旋量, 则能组成两个投影算符$\widehat{\mathscr{P}}$ 和 $\widehat{\mathscr{N}}$, 使乘积 $\widehat{\mathscr{P}}\psi$ 仅包含通常的电子波函数, 而 $\widehat{\mathscr{N}}\psi$ 仅出现对应于正电子状态的负能量波函数.

旋量投影算符$\widehat{\mathscr{P}}$ 和 $\widehat{\mathscr{N}}$ 由下述等式定义:

$$\widehat{\mathscr{P}}u^{(1)} = u^{(1)}, \quad \widehat{\mathscr{P}}u^{(2)} = u^{(2)}, \quad \widehat{\mathscr{P}}u^{(3)} = 0, \quad \widehat{\mathscr{P}}u^{(4)} = 0 \tag{34.30}$$

$$\widehat{\mathscr{N}}u^{(1)} = 0, \quad \widehat{\mathscr{N}}u^{(2)} = 0, \quad \widehat{\mathscr{N}}u^{(3)} = u^{(3)}, \quad \widehat{\mathscr{N}}u^{(4)} = u^{(4)} \tag{34.31}$$

——————————(34-7)

这些性质唯一地确定算符 $\widehat{\mathscr{P}}$ 和 $\widehat{\mathscr{N}}$ 的形式. 注意到

$$\widehat{H}u^{(1)} = Ru^{(1)}, \quad \widehat{H}u^{(2)} = Ru^{(2)}, \quad \widehat{H}u^{(3)} = -Ru^{(3)}, \quad \widehat{H}u^{(4)} = -Ru^{(4)}$$

式中

$$R = +\sqrt{m^2c^4 + c^2p^2}$$

这里 $\boldsymbol{p}$ 是 c 矢量 (即矢量的所有分量都是 c 数). 而 $\widehat{H}$ 为 (34.21) 的哈密顿, 故

$$\widehat{\mathscr{P}} = \frac{1}{2} + \frac{1}{2R}\widehat{H}, \quad \widehat{\mathscr{N}} = \frac{1}{2} - \frac{1}{2R}\widehat{H} \tag{34.32}$$

电子的动量矩 特别有趣的是电子动量矩的引进方法. 利用 (34.21) 的哈密顿, 可得

$$[\widehat{H}, \hat{x}\hat{p}_y - \hat{y}\hat{p}_x] = \frac{\hbar c}{\mathrm{i}}(\widehat{\alpha}_1\hat{p}_y - \widehat{\alpha}_2\hat{p}_x) \neq 0 \tag{34.33}$$

因此, 对于自由的狄拉克电子, $\hat{x}\hat{p}_y - \hat{y}\hat{p}_x$ 对时间来说不是恒定的. 然而, 不难验证, 物理量

$$\hat{x}\hat{p}_y - \hat{y}\hat{p}_x + \frac{1}{2}\frac{\hbar}{\mathrm{i}}\widehat{\alpha}_1\widehat{\alpha}_2 \equiv \hbar\widehat{J}_z \tag{34.34}$$

与哈密顿 $\widehat{H}$ 可对易. 所以, 它应该理解为动量矩矢量的 z 分量. 因此, 矩矢量算符可写成为如下形式

$$\hbar\widehat{\boldsymbol{J}} = \hat{\boldsymbol{x}} \times \hat{\boldsymbol{p}} + \frac{\hbar}{2\mathrm{i}}\begin{Bmatrix}\widehat{\alpha}_1 \cdot \widehat{\alpha}_3 \\ \widehat{\alpha}_3 \cdot \widehat{\alpha}_1 \\ \widehat{\alpha}_1 \cdot \widehat{\alpha}_2\end{Bmatrix} = \hat{\boldsymbol{x}} \times \hat{\boldsymbol{p}} + \frac{\hbar}{2}\widehat{\boldsymbol{\sigma}}' \tag{34.35}$$

这里右边第一项代表轨道部分. 而第二项为用以下矩阵描述的自旋部分

$$\left.\begin{aligned}
\widehat{\sigma}'_x &= \frac{1}{\mathrm{i}}\widehat{\alpha}_2 \cdot \widehat{\alpha}_3 = \begin{pmatrix}0 & 1 & 0 & 0\\ 1 & 0 & 0 & 0\\ 0 & 0 & 0 & 1\\ 0 & 0 & 1 & 0\end{pmatrix}\\
\widehat{\sigma}'_y &= \frac{1}{\mathrm{i}}\widehat{\alpha}_3 \cdot \widehat{\alpha}_1 = \begin{pmatrix}0 & -\mathrm{i} & 0 & 0\\ \mathrm{i} & 0 & 0 & 0\\ 0 & 0 & 0 & -\mathrm{i}\\ 0 & 0 & \mathrm{i} & 0\end{pmatrix}\\
\widehat{\sigma}'_z &= \frac{1}{\mathrm{i}}\widehat{\alpha}_1 \cdot \widehat{\alpha}_2 = \begin{pmatrix}1 & 0 & 0 & 0\\ 0 & -1 & 0 & 0\\ 0 & 0 & 1 & 0\\ 0 & 0 & 0 & -1\end{pmatrix}
\end{aligned}\right| \tag{34.36}$$

这里引人注意的是, 4×4 矩阵 $\hat{\boldsymbol{\sigma}}'$ 与人所共知的 2×2 泡利矩阵 $\hat{\boldsymbol{\sigma}}$ 相类似.

实际上, 把它写为

$$\hat{\boldsymbol{\sigma}}' = \begin{pmatrix} \hat{\boldsymbol{\sigma}} & \mathbf{0} \\ \mathbf{0} & \hat{\boldsymbol{\sigma}} \end{pmatrix},\ \text{其中}\ \mathbf{0} = \begin{pmatrix} 0 & 0 \\ 0 & 0 \end{pmatrix}\ \text{为}\ 2\times 2\ \text{的零矩阵}$$

矩阵 $\hat{\boldsymbol{\sigma}}'$ 作用于旋量 u 后, 得

$$\hat{\boldsymbol{\sigma}}' u = \begin{pmatrix} \hat{\boldsymbol{\sigma}} \cdot \begin{pmatrix} u_1 \\ u_2 \end{pmatrix} \\ \hat{\boldsymbol{\sigma}} \cdot \begin{pmatrix} u_3 \\ u_4 \end{pmatrix} \end{pmatrix}$$

即在这种情况下, 泡利矩阵分别作用于四分量旋量的第一和第二两对分量. 因此, 每一对分别对应着两个自旋值 ($\uparrow$ 和 $\downarrow$).

———————————————(34–8)

35. 在电磁场中的狄拉克电子

引入记号:

$$\left.\begin{aligned}&\boldsymbol{A}\equiv(A_1,A_2,A_3)\text{——矢量势},\\&\varphi=\frac{1}{\mathrm{i}}A_4\text{——标量势},\\&\overrightarrow{A}\equiv(A_1,A_2,A_3,A_4)\text{——电磁场四维势}.\end{aligned}\right|\tag{35.1}$$

$$F_{ik}=\frac{\partial A_k}{\partial x_i}-\frac{\partial A_i}{\partial x_k}\text{——电磁场强度反对称张量}.\tag{35.2}$$

$$\left.\begin{aligned}&(F_{12},F_{23},F_{31})\equiv\boldsymbol{B}\text{——磁感应强度},\\&(F_{41},F_{42},F_{43})\equiv\mathrm{i}\boldsymbol{E}\text{, 这里 }\boldsymbol{E}\text{ 为电场强度}.\end{aligned}\right|\tag{35.3}$$

电子和正电子与电磁场的相互作用可包含在狄拉克方程 (34.2) 或 (34.20)—(34.21) 之内, 假如利用如下的代换

$$\boldsymbol{p}\to\boldsymbol{p}-\frac{e}{c}\boldsymbol{A},\quad E\to E-e\varphi\tag{35.4}$$

(E——电量为 e 的粒子的总能量), 或

$$\left.\begin{aligned}&\overrightarrow{p}\to\overrightarrow{p}-\frac{e}{c}\overrightarrow{A}\\&\frac{\partial}{\partial x_l}\to\frac{\partial}{\partial x_l}-\frac{\mathrm{i}e}{\hbar c}A_l(l=1,2,3,4)\\&\overrightarrow{\nabla}\to\overrightarrow{\nabla}-\frac{\mathrm{i}e}{\hbar c}\overrightarrow{A}\end{aligned}\right|\tag{35.5}$$

在这种情况下, 我们可以得到关于在电磁场中电子的许多等价的方程形式:

$$\mathrm{i}mc\psi=\overrightarrow{\gamma}\cdot\left(\overrightarrow{p}-\frac{e}{c}\overrightarrow{A}\right)\psi\tag{35.6}$$

————————————(35 – 1)

或

$$\left(\frac{mc}{\hbar}+\overrightarrow{\gamma}\cdot\overrightarrow{\nabla}-\frac{\mathrm{i}e}{\hbar c}\overrightarrow{\gamma}\cdot\overrightarrow{A}\right)\psi=0\tag{35.7}$$

或

$$\widehat{H}\psi = E\psi \tag{35.8}$$

式中哈密顿 $\widehat{H}$ 是

$$\widehat{H} = e\varphi - e\boldsymbol{A}\cdot\boldsymbol{\alpha} + mc^2\beta + c\boldsymbol{\alpha}\cdot\boldsymbol{p} \tag{35.9}$$

方程 (35.8) 等价于类似 (34.22) 的下面四个方程

$$\left.\begin{aligned}
(E - e\varphi - mc^2)\psi_1 =& \frac{c\hbar}{\mathrm{i}}\left(\frac{\partial\psi_4}{\partial x} - \mathrm{i}\frac{\partial\psi_4}{\partial y} + \frac{\partial\psi_3}{\partial z}\right) - \\
& e\{(A_x - \mathrm{i}A_y)\psi_4 + A_z\psi_3\},\\
(E - e\varphi - mc^2)\psi_2 =& \frac{c\hbar}{\mathrm{i}}\left(\frac{\partial\psi_3}{\partial x} + \mathrm{i}\frac{\partial\psi_3}{\partial y} - \frac{\partial\psi_4}{\partial z}\right) - \\
& e\{(A_x + \mathrm{i}A_y)\psi_3 - A_z\psi_4\},\\
(E - e\varphi + mc^2)\psi_3 =& \frac{c\hbar}{\mathrm{i}}\left(\frac{\partial\psi_2}{\partial x} - \mathrm{i}\frac{\partial\psi_2}{\partial y} + \frac{\partial\psi_1}{\partial z}\right) - \\
& e\{(A_x - \mathrm{i}A_y)\psi_2 + A_z\psi_1\},\\
(E - e\varphi + mc^2)\psi_4 =& \frac{c\hbar}{\mathrm{i}}\left(\frac{\partial\psi_1}{\partial x} + \mathrm{i}\frac{\partial\psi_1}{\partial y} - \frac{\partial\psi_2}{\partial z}\right) - \\
& e\{(A_x + \mathrm{i}A_y)\psi_1 - A_z\psi_2\}
\end{aligned}\right| \tag{35.10}$$

引进两个二分量变量

$$u = \begin{pmatrix}\psi_1\\ \psi_2\end{pmatrix},\quad v = \begin{pmatrix}\psi_3\\ \psi_4\end{pmatrix} \tag{35.11}$$

和泡利矩阵

$$\boldsymbol{\sigma} = (\sigma_x, \sigma_y, \sigma_z)$$

则 (35.10) 式变为

$$\left.\begin{aligned}
\frac{\mathrm{i}}{c\hbar}(E - mc^2 - e\varphi)u = \boldsymbol{\sigma}\cdot\left(\boldsymbol{\nabla} - \frac{\mathrm{i}e}{c\hbar}\boldsymbol{A}\right)v\\
\frac{\mathrm{i}}{c\hbar}(E + mc^2 - e\varphi)v = \boldsymbol{\sigma}\cdot\left(\boldsymbol{\nabla} - \frac{\mathrm{i}e}{c\hbar}\boldsymbol{A}\right)u
\end{aligned}\right| \tag{35.12}$$

$$\left.\begin{aligned}\frac{1}{c}(E-mc^2-e\varphi)u=\boldsymbol{\sigma}\cdot\left(\boldsymbol{p}-\frac{e}{c}\boldsymbol{A}\right)v\\ \frac{1}{c}(E+mc^2-e\varphi)v=\boldsymbol{\sigma}\cdot\left(\boldsymbol{p}-\frac{e}{c}\boldsymbol{A}\right)u\end{aligned}\right|\tag{35.13}$$

——(35-2)

我们由 (35.13) 式中消除变量 v. 以 $\frac{1}{c}(E+mc^2-e\varphi)$ 乘 (35.13) 第一式的两边, 得

$$\begin{aligned}&\frac{1}{c^2}(E+mc^2-e\varphi)(E-mc^2-e\varphi)u\\ &=\frac{1}{c^2}\left\{(E-e\varphi)^2-m^2c^4\right\}u\\ &=\frac{1}{c}(E+mc^2-e\varphi)\boldsymbol{\sigma}\cdot\left(\boldsymbol{p}-\frac{e}{c}\boldsymbol{A}\right)v\\ &=\left\{\left(\boldsymbol{\sigma}\cdot\boldsymbol{p}-\frac{e}{c}\boldsymbol{A}\right)\frac{E+mc^2-e\varphi}{c}-\frac{e}{c^2}\boldsymbol{\sigma}\cdot[E,\boldsymbol{A}]-\frac{e}{c}\boldsymbol{\sigma}\cdot[\varphi,\boldsymbol{p}]\right\}v\\ &=\left(\boldsymbol{\sigma}\cdot\boldsymbol{p}-\frac{e}{c}\boldsymbol{A}\right)^2u+\left(\frac{e\hbar}{\mathrm{i}c^2}\boldsymbol{\sigma}\cdot\frac{\partial\boldsymbol{A}}{\partial t}+\frac{e\hbar}{\mathrm{i}c}\boldsymbol{\sigma}\cdot\boldsymbol{\nabla}\varphi\right)v\\ &=\left(\boldsymbol{p}-\frac{e}{c}\boldsymbol{A}\right)^2u+\mathrm{i}\boldsymbol{\sigma}\cdot\left[\left(\boldsymbol{p}-\frac{e}{c}\boldsymbol{A}\right)\times\left(\boldsymbol{p}-\frac{e}{c}\boldsymbol{A}\right)\right]u-\frac{e\hbar}{\mathrm{i}c}(\boldsymbol{\sigma}\cdot\boldsymbol{E})v\end{aligned}$$

式中 $\boldsymbol{E}=-\boldsymbol{\nabla}\varphi-\frac{1}{c}\frac{\partial\boldsymbol{A}}{\partial t}$ 为电场强度矢量. 注意到

$$\left[\left(\boldsymbol{p}-\frac{e}{c}\boldsymbol{A}\right)\times\left(\boldsymbol{p}-\frac{e}{c}\boldsymbol{A}\right)\right]=-\frac{e}{c}(\boldsymbol{p}\times\boldsymbol{A}+\boldsymbol{A}\times\boldsymbol{p})$$

$$\boldsymbol{p}\times\boldsymbol{A}=\left(\frac{\hbar}{\mathrm{i}}\boldsymbol{\nabla}\times\boldsymbol{A}-\boldsymbol{A}\times\boldsymbol{p}\right)=\frac{\hbar}{\mathrm{i}}\boldsymbol{B}-\boldsymbol{A}\times\boldsymbol{p}$$

由此, 我们最后得到

$$\begin{aligned}&\left\{\frac{(E-e\varphi)^2}{c^2}-m^2c^2-\left(\boldsymbol{p}-\frac{e}{c}\boldsymbol{A}\right)^2\right\}u\\ &=-\frac{e\hbar}{c}(\boldsymbol{B}\cdot\boldsymbol{\sigma})u-\frac{e\hbar}{\mathrm{i}c}(\boldsymbol{\sigma}\cdot\boldsymbol{E})v\end{aligned}\tag{35.14}$$

式中 $\boldsymbol{B}=\nabla\times\boldsymbol{A}$ 为磁感强度矢量. 这个式的左边为克莱因–戈尔登方程, 式的右边给出要寻求的修正项. 若略去 $\frac{1}{c^2}$ 以上的项, 能量的表达式可写为

$$E=mc^2+W \tag{35.15}$$

式中 W 代表动能. 由 (35.13) 的第二式取粗略近似, 得

$$v\approx\frac{1}{2mc}\boldsymbol{\sigma}\cdot\boldsymbol{p}u \tag{35.16}$$

从把该式代入 (35.14) 的观点来看, 这是足够准确的, 因为它给出 $\frac{1}{c^2}$ 数量级. 利用下面的等式

$$(\boldsymbol{\sigma}\cdot\boldsymbol{E})(\boldsymbol{\sigma}\cdot\boldsymbol{p})=\boldsymbol{E}\cdot\boldsymbol{p}+\mathrm{i}\boldsymbol{\sigma}\cdot\boldsymbol{E}\times\boldsymbol{p} \tag{35.17}$$

我们将方程 (35.14) 写为

$$Wu=\widehat{\mathscr{H}}u$$

式中 $\widehat{\mathscr{H}}$ 代表近似的哈密顿

$$\begin{aligned}\widehat{\mathscr{H}}=&\frac{1}{2m}\left(\boldsymbol{p}-\frac{e}{c}\boldsymbol{A}\right)^2+e\varphi-\frac{1}{8m^3c^2}\left(\boldsymbol{p}-\frac{e}{c}\boldsymbol{A}\right)^4-\\&\frac{e\hbar}{4\mathrm{i}m^2c^2}(\boldsymbol{E}\cdot\boldsymbol{p})-\frac{e\hbar}{4m^2c^2}\boldsymbol{\sigma}\cdot\boldsymbol{E}\times\boldsymbol{p}-\frac{e\hbar}{2mc}\boldsymbol{\sigma}\cdot\boldsymbol{B}\end{aligned} \tag{35.18}$$

——————————(35–3)

(35.18) 式前两项代表位于电磁场中的带电粒子的经典哈密顿. 第三项是与自旋无关的相对论修正. 但是, 我们感兴趣的是最后两项, 其中之一为

$$-\frac{e\hbar}{2mc}\boldsymbol{\sigma}\cdot\boldsymbol{B} \tag{35.19}$$

它代表电子的自旋磁矩

$$\left(\frac{e\hbar}{2mc}\right)\boldsymbol{\sigma}=\mu_0\boldsymbol{\sigma}$$

与外磁场 $\boldsymbol{B}$ 的相互作用能. 另一项

$$-\frac{e\hbar}{4m^2c^2}\boldsymbol{\sigma}\cdot\boldsymbol{E}\times\boldsymbol{p} \tag{35.20}$$

是电子自旋磁矩 $\mu_0\boldsymbol{\sigma}$ 与有效磁场

$$\boldsymbol{B} = \frac{1}{c}\boldsymbol{E} \times \boldsymbol{v} \approx \frac{1}{mc}\boldsymbol{E} \times \boldsymbol{p}$$

的相互作用能, 这里已自动地把它减少了一半 (托马斯修正, 参看第 26 讲).

——————————(35–4)

36. 在有心力场中的狄拉克电子, 类氢原子

前讲的公式足够用来描述中心对称电场. 假定

$$\varphi = \varphi(\gamma), \quad \boldsymbol{A} = 0 \tag{36.1}$$

式中 γ 为球坐标系的径坐标. 电荷为 $-e$ 的电子位于中心对称场中的哈密顿 [参看 (35.9) 式] 是

$$\widehat{H} = -e\varphi(r) + mc^2\beta + c\boldsymbol{\alpha}\cdot\boldsymbol{p} \tag{36.2}$$

方程 (35.13) 在此情况中可写为

$$\left.\begin{aligned}\frac{1}{c}(E - mc^2 + e\varphi)u = \boldsymbol{\sigma}\cdot\boldsymbol{p}v\\ \frac{1}{c}(E + mc^2 + e\varphi)v = \boldsymbol{\sigma}\cdot\boldsymbol{p}u\end{aligned}\right| \tag{36.3}$$

动量矩算符 (34.35)

$$\hbar\widehat{\boldsymbol{J}} = \hat{\boldsymbol{x}}\times\hat{\boldsymbol{p}} + \frac{\hbar}{2}\widehat{\boldsymbol{\sigma}}' \tag{36.4}$$

与 (36.2) 的哈密顿 $\widehat{H}$ 可对易, 因为在中心处具有对于旋转的对称性.

使算符 $\widehat{\boldsymbol{J}}^2$ 和 $\widehat{J}_z$ 对角化, 必须取

$$\boldsymbol{J}^2 = j(j+1), \quad J_z = m, -j \leqslant m \leqslant j \tag{36.5}$$

注意到, 矩阵 $\boldsymbol{\sigma}'$ 遵守与 $\boldsymbol{\sigma}$ 同样的对易关系, 即

$$\sigma_x'^2 = \sigma_y'^2 = \sigma_z'^2 = 1, \quad \boldsymbol{\sigma}'\times\boldsymbol{\sigma}' = 2\mathrm{i}\boldsymbol{\sigma}' \tag{36.6}$$

因此, 方程 (36.4) 和 (36.5) 给出 l 和 l_z 的容许值

$$l = j \pm \frac{1}{2}, \quad l_z = m \pm \frac{1}{2} \tag{36.7}$$

由方程 (36.3) 和乘积 $(\boldsymbol{\sigma}\cdot\boldsymbol{p})$ 的赝标量性得出旋量 u 和 v 具有相反的宇称. 这种性质导出下列两种类型类似于 (34.26) 和 (34.27) 的解:

——————————(36－1)

第一种类型 $\left(l=j-\dfrac{1}{2}\right)$ 波函数 ψ 具有两个矩阵分量 u 和 v

$$\left.\begin{aligned} u &= \frac{R(r)}{\sqrt{2j}}\begin{pmatrix}\sqrt{j+m}\mathrm{Y}_{j-\frac{1}{2},m-\frac{1}{2}} \\ \\ \sqrt{j-m}\mathrm{Y}_{j-\frac{1}{2},m+\frac{1}{2}}\end{pmatrix} \begin{matrix}\leftarrow \text{狄拉克第一分量} \\ \equiv R(r)Z_{j,j-\frac{1}{2},m} \\ \leftarrow \text{狄拉克第二分量}\end{matrix} \\ v &= \frac{\mathrm{i}S(r)}{\sqrt{2(j+1)}}\begin{pmatrix}\sqrt{j+1-m}\mathrm{Y}_{j+\frac{1}{2},m-\frac{1}{2}} \\ \\ -\sqrt{j+1+m}\mathrm{Y}_{j+\frac{1}{2},m+\frac{1}{2}}\end{pmatrix} \begin{matrix}\leftarrow \text{狄拉克第三分量} \\ \equiv \mathrm{i}S(r)Z_{j,j+\frac{1}{2},m} \\ \leftarrow \text{狄拉克第四分量}\end{matrix} \end{aligned}\right| \quad (36.8)$$

这里二分量函数 $Z_{j,j\pm\frac{1}{2},m}$ 在求解带有自旋的问题时起球函数的作用. 注意到 $l=j\pm\dfrac{1}{2}$, 将上式代入波动方程 (36.3) 式, 考虑下述关系[①]

$$(\boldsymbol{\sigma}\cdot\boldsymbol{x})(f(r)Z_{j,j\pm\frac{1}{2},m}) = rf(r)Z_{j,j\mp\frac{1}{2},m} \tag{36.9}$$

$$(\boldsymbol{\sigma}\cdot\boldsymbol{p})(f(r)Z_{j,j\pm\frac{1}{2},m}) = \frac{\hbar}{\mathrm{i}}\left[f'(r)+\left(1\pm j\pm\frac{1}{2}\right)\frac{f(r)}{r}\right]Z_{j,j\mp\frac{1}{2},m} \tag{36.10}$$

我们得到求解 $R(r)$ 和 $S(r)$ 的方程组

$$\left.\begin{aligned} \frac{1}{c\hbar}(E-mc^2+e\varphi)R(r) &= S'(r)+\left(j+\frac{3}{2}\right)\frac{S(r)}{r} \\ \frac{1}{c\hbar}(E+mc^2+e\varphi)S(r) &= -R'(r)+\left(j-\frac{1}{2}\right)\frac{R(r)}{r} \end{aligned}\right| \quad (36.11)$$

——————————(36－2)

已得到的两个一阶方程对应于非相对论的一个二阶径向方程. 注意到, 在所讨论的 $l=j-\dfrac{1}{2}$的情况中, 可得出, 在非相对论极限下, 函数 $R(r)$ 很大而函数 $S(r)$ 很小.

① (36.9) 和 (36.10) 两式推导, 参阅 S. Flügge, Practical Quantum Mechanics (1974) vol. II, p.191-194. ——译者注

第二种类型 $\left(l=j+\dfrac{1}{2}\right)$ 在这种情况下

$$\left.\begin{aligned} u &= R(r)Z_{j,j+\frac{1}{2},m} \\ v &= -\mathrm{i}S(r)Z_{j,j-\frac{1}{2},m} \end{aligned}\right| \tag{36.12}$$

即球旋量函数交换了在 (36.8) 式中的位置, 而求得的函数 v 变了号. 代替 (36.11) 式, 我们现在得到两个新的 “耦合” 径向方程

$$\left.\begin{aligned} \frac{1}{c\hbar}(E-mc^2+e\varphi)R(r) &= -S'(r)+\left(j-\frac{1}{2}\right)\frac{S(r)}{r} \\ \frac{1}{c\hbar}(E+mc^2+e\varphi)S(r) &= R(r)+\left(j+\frac{3}{2}\right)\frac{R(r)}{r} \end{aligned}\right| \tag{36.13}$$

在库仑势条件下

$$e\varphi=\frac{Ze^2}{r}$$

方程 (36.11) 和 (36.13) 能精确地求解 (参看 L. I. Schiff, Quantum Mechanics (1955) §44).

———————— (36 – 3)

举例, 类氢原子 类氢原子的基态对应于量子数 $j=\dfrac{1}{2}, l=0$ [利用第一种类型的解 (36.8) 和 (36.11)]. 在这种情况下, (36.11) 式写为

$$\left.\begin{aligned} \left(\varepsilon-\mu+\frac{z}{r}\right)R &= S'+\frac{2}{r}S \\ \left(\varepsilon+\mu+\frac{z}{r}\right)S &= -R' \end{aligned}\right| \tag{36.14}$$

式中

$$\varepsilon=\frac{E}{\hbar c},\quad \mu=\frac{mc}{\hbar},\quad z=\frac{Ze^2}{\hbar c}=\frac{Z}{137} \tag{36.15}$$

设方程组的解为

$$R(r)=r^{\gamma}\mathrm{e}^{-\lambda r}$$

式中 γ 和 λ 为待定常数. 将该解代入 (36.14) 式, 我们发现它应满足的条件是

$$\gamma = -1 + \sqrt{1 - z^2}, \quad \lambda = z\mu = Z\frac{em}{\hbar^2}$$

且 (36.16)

$$\frac{S(r)}{R(r)} = \frac{1 - \sqrt{1 - z^2}}{z} = \text{常数}$$

此外

$$\varepsilon = \mu\sqrt{1 - z^2}$$

或 (36.17)

$$E = mc^2 = \sqrt{1 - \left(\frac{Ze^2}{c\hbar}\right)^2} = mc^2 - \frac{Z^2e^4m}{2\hbar^2} - \frac{Z^4e^8m}{8\hbar^4c^2} + \cdots$$

能量按$\left(\frac{Ze^2}{c\hbar}\right)^2$展开成级数, 首项为静止能, 第二项为非相对论基态能, 第三项为相对论第一修正项, 以此类推.

归一化的解是

$$R(r) = (2z\mu)^{\sqrt{1-z^2}}\sqrt{\frac{z\mu(1 + \sqrt{1 - z^2})}{(2\sqrt{1 - z^2})!}} \cdot r^{-1+\sqrt{1-z^2}}\mathrm{e}^{-z\mu r}$$

$$S(r) = \frac{1 - \sqrt{1 - z^2}}{z}R(r) \tag{36.18}$$

将上式代入波函数表达式 (36.8), 并取 $j = \frac{1}{2}, m = \pm\frac{1}{2}$, 就求得两个归一化的基态波函数, 分别对应电子 “向上” 和 “向下” 的取向.

———————— (36–4)

37. 狄拉克旋量变换

我们来求从一个坐标系变换为另一个时, 狄拉克方程的波函数的变换规律.

我们写出狄拉克方程 [(35.7) 式]

$$\left(\frac{mc}{\hbar}+\vec{\gamma}\cdot\vec{\nabla}-\frac{\mathrm{i}e}{\hbar c}\vec{\gamma}\cdot\vec{A}\right)\psi=0 \tag{37.1}$$

我们假定, 该式与坐标系的选择无关, 即要求当变换到新坐标系时

$$x_\mu \to x_\mu{}'=a_{\mu\nu}x_\nu \tag{37.2}$$

式中 $a_{\mu\nu}$ 为正交换系数, 应满足下述关系

$$\psi \to \psi'=T^{-1}\psi^{①} \tag{37.3}$$

(T 为狄拉克矩阵型的 4×4 方阵). 而

$$\left.\begin{aligned}\nabla_\mu \to \nabla_\mu{}'=a_{\mu\nu}\nabla_\nu\\ A_\mu \to A_\mu{}'=a_{\mu\nu}A_\nu\end{aligned}\right| \tag{37.4}$$

应记住, 当有希腊字母的指标重复时, 自动地由 1 到 4 进行求和 (爱因斯坦规则).

假定矩阵 T 有某些性质, 使在上述变换下, 狄拉克方程 (37.1) 不改变形式, 而在新坐标系中仍可写成

$$\left(\frac{mc}{\hbar}+\vec{\gamma}\cdot\vec{\nabla}'-\frac{\mathrm{i}e}{c\hbar}\vec{\gamma}\cdot\vec{A}'\right)\psi'=0$$

① 原文为 T 左乘, 为了与下面一致, 按俄译本改为 T^{-1} 左乘. —— 译者注

为阐明 T 矩阵的这些性质, 上式左乘矩阵 T, 且 ψ' 以 $T^{-1}\psi$ 代换, 则

$$\left(\frac{mc}{\hbar}+T\vec{\gamma}T^{-1}\vec{\nabla}'-\frac{\mathrm{i}e}{\hbar c}T\vec{\gamma}\cdot\vec{A}'T^{-1}\right)\psi=0$$

或

$$\left(\frac{mc}{\hbar}+T\gamma_\lambda T^{-1}a_{\lambda\nu}\nabla_\nu-\frac{\mathrm{i}e}{\hbar c}T\gamma_\lambda a_{\lambda\nu}A_\nu T^{-1}\right)\psi=0$$

上面得到的方程应该与 (37.1) 式相合, 两者比较后, 我们找到一个关系

$$T\gamma_\nu T^{-1}a_{\nu\lambda}=\gamma_\lambda$$

或

$$T\gamma_\mu T^{-1}=a_{\mu\nu}\gamma_\nu \tag{37.5}$$

这里已运用了 (37.2) 式的正交变换性质 $a_{\mu\nu}a_{\mu\lambda}=a_{\nu\mu}a_{\lambda\mu}=\delta_{\nu\lambda}$.

我们讨论无限小的变换

$$a_{\mu\nu}=\delta_{\mu\nu}+\varepsilon_{\mu\nu} \tag{37.6}$$

因 $\varepsilon_{\mu\nu}\ll 1$, 略去 $\varepsilon_{\mu\nu}$ 的高次项不会破坏结论的普遍性. 从 (37.2) 变换的正交性推得

$$\varepsilon_{\mu\nu}=-\varepsilon_{\nu\mu},\quad \text{因而}\quad \varepsilon_{\nu\nu}=0 \tag{37.7}$$

由于坐标 x,y,z,t 永为实数, 因此必须给出如下假定

$$\left.\begin{array}{l}\varepsilon_{nm}\ \text{为实数}\\ \varepsilon_{4n}=-\varepsilon_{n4}\ \text{为纯虚数}\end{array}\right\}n,m=1,2,3 \tag{37.8}$$

——(37−1)

我们假定, T 与单位矩阵之差为 ε 的一次数量级

$$T=1+\widehat{S} \tag{37.9}$$

式中矩阵 $\widehat{S}$ 为 ε 的一次, 若

$$T^{-1}=1-\widehat{S} \tag{37.10}$$

则具有同一准确度, 再由 (37.5) 式得

$$\widehat{S}\gamma_\mu - \gamma_\mu\widehat{S} = \varepsilon_{\mu\nu}\gamma_\nu \tag{37.11}$$

要使该条件能满足, 必须令

$$\widehat{S} = -\frac{1}{4}\varepsilon_{\mu\nu}\gamma_\mu\gamma_\nu \tag{37.12}$$

因此, 当坐标变换为 (37.2) 和 (37.6) 时, 旋量变换矩阵 T 的形式是

$$T = 1 - \frac{1}{4}\sum_{\mu\nu}\varepsilon_{\mu\nu}\gamma_\mu\gamma_\nu \tag{37.13}$$

洛伦兹变换群在相对论中起基本作用. 它由无限小的坐标变换 (37.6) 和旋量 ψ 的变换 (37.13) 叠加而成, 借助积分可求得相应的有限变换.

举例 绕 z 轴的无限小转动

$$\left.\begin{aligned} &x_1{}' = x_1 - \varepsilon x_2, \quad x_3{}' = x_3, \\ &x_2{}' = x_2 + \varepsilon x_1, \quad x_4{}' = x_4 \end{aligned}\right| \tag{37.14a}$$

$\varepsilon_{\mu\nu}$ 对应如下值: $\varepsilon_{12} = -\varepsilon, \varepsilon_{21} = \varepsilon$ ($\varepsilon_{\mu\nu}$ 所有其余的分量为零). 而

$$T = 1 + \frac{\varepsilon}{2}\gamma_1\gamma_2 = \begin{pmatrix} 1+\frac{\mathrm{i}}{2}\varepsilon & 0 & 0 & 0 \\ 0 & 1-\frac{\mathrm{i}}{2}\varepsilon & 0 & 0 \\ 0 & 0 & 1+\frac{\mathrm{i}}{2}\varepsilon & 0 \\ 0 & 0 & 0 & 1-\frac{\mathrm{i}}{2}\varepsilon \end{pmatrix} \tag{37.14b}$$

绕 z 轴转有限角 φ 可用矩阵 T_φ 描述. 取 $(T_\varepsilon)^{\varphi/\varepsilon} = T_\varphi$ 且 $\varepsilon \to 0$, 得

$$T_\varphi = \begin{pmatrix} \mathrm{e}^{\mathrm{i}\varphi/2} & 0 & 0 & 0 \\ 0 & \mathrm{e}^{-\mathrm{i}\varphi/2} & 0 & 0 \\ 0 & 0 & \mathrm{e}^{\mathrm{i}\varphi/2} & 0 \\ 0 & 0 & 0 & \mathrm{e}^{-\mathrm{i}\varphi/2} \end{pmatrix} \tag{37.15}$$

在这种情况下, 旋量波函数 ψ 变换为

$$\left.\begin{aligned}&{\psi_1}' = \mathrm{e}^{\mathrm{i}\varphi/2}\psi_1, \quad {\psi_2}' = \mathrm{e}^{-\mathrm{i}\varphi/2}\psi_2,\\&{\psi_3}' = \mathrm{e}^{\mathrm{i}\varphi/2}\psi_3, \quad {\psi_4}' = \mathrm{e}^{-\mathrm{i}\varphi/2}\psi_4\end{aligned}\right| \tag{37.16}$$

我们发现, 当转动 2π 角时, 即坐标系绕轴旋转一周, 旋量波函数 ψ 改变符号 $\psi' = -\psi$.

举例 无限小的洛伦兹变换

$$\left.\begin{aligned}&{x_1}' = x_1 - \varepsilon tc = x_1 + \mathrm{i}\varepsilon x_4, \quad {x_2}' = x_2,\\&{x_3}' = x_3, \quad {x_4}' = x_4 - \mathrm{i}\varepsilon x_1\end{aligned}\right| \tag{37.17}$$

相应的矩阵

$$T_\varepsilon = 1 - \frac{\mathrm{i}\varepsilon}{2}\gamma_1\gamma_4 = 1 + \frac{\varepsilon}{2}\alpha_1 = \begin{pmatrix} 1 & 0 & 0 & \frac{\varepsilon}{2} \\ 0 & 1 & \frac{\varepsilon}{2} & 0 \\ 0 & \frac{\varepsilon}{2} & 1 & 0 \\ \frac{\varepsilon}{2} & 0 & 0 & 1 \end{pmatrix} \tag{37.18}$$

对于有限的洛伦兹变换

$${x_1}' = \frac{x_1 - \beta x_0}{\sqrt{1-\beta^2}}, \quad {x_0}' = \frac{x_0 - \beta x_1}{\sqrt{1-\beta^2}}, \quad x_0 = ct \tag{37.19}$$

应用 (37.17) 反复变换 n 次, 且 $n = \dfrac{1}{\varepsilon}\mathrm{artanh}\beta$ $(\varepsilon \to 0, n \to \infty)$, 于是

$$T_\beta = (T_\varepsilon)^n = \left(1 + \frac{\varepsilon}{2}\alpha_1\right)^n \to \mathrm{e}^{\frac{n\varepsilon}{2}\alpha_1}$$

因为 ${\alpha_1}^2 = {\alpha_1}^4 = \cdots = 1, \alpha_1 = {\alpha_1}^3 = {\alpha_1}^5 = \cdots$[①], 所以

$$\begin{aligned}T_\beta = \mathrm{e}^{\frac{n\varepsilon}{2}\alpha_1} &= \cosh\frac{n\varepsilon}{2} + \alpha_1 \sinh\frac{n\varepsilon}{2}\\&= \cosh\left(\frac{1}{2}\mathrm{artanh}\beta\right) + \alpha_1 \sinh\left(\frac{1}{2}\mathrm{artanh}\beta\right)\end{aligned}$$

---

① 原稿是 "因为 ${\alpha_1}^2 = 1$", 为便于阅读, 稍增写了一点. ——译者注

$$= \sqrt{\frac{1+\sqrt{1-\beta^2}}{2\sqrt{1-\beta^2}}} + \alpha_1 \sqrt{\frac{1-\sqrt{1-\beta^2}}{2\sqrt{1-\beta^2}}} \tag{37.20}$$

——————————(37-3)

空间坐标的反演 当空间反演时, 坐标和旋量波函数 ψ 的变换遵照下述规律:

$$x_n{}' = -x_n, \quad x_4{}' = x_4, \quad n = 1, 2, 3 \tag{37.21}$$

$$\psi \to \psi' = T_{\text{ref}} \psi \tag{37.22}$$

由 (37.5) 的条件, 我们得到

$$\left.\begin{aligned} T_{\text{ref}} \gamma_n T_{\text{ref}}^{-1} &= -\gamma_n \\ T_{\text{ref}} \gamma_4 T_{\text{ref}}^{-1} &= \gamma_4 \end{aligned}\right| \tag{37.23}$$

若选取矩阵 T_{ref} 为

$$T_{\text{ref}} = \gamma_4 = \beta \tag{37.24}$$

则等式 (37.23) 是满足的. 很显然, 矩阵 T_{ref} 具有性质

$$T_{\text{ref}} = T_{\text{ref}}^{-1} = T_{\text{ref}}^{\dagger} \tag{37.25}$$

当选择 $T_{\text{ref}} = \gamma_4$ 时, 旋量波函数的分量在新坐标中为

$$\psi_1{}' = \psi_1, \quad \psi_2{}' = \psi_2, \quad \psi_3{}' = -\psi_3, \quad \psi_4{}' = -\psi_4 \tag{37.26}$$

由此可知, 两对分量 ψ_1, ψ_2 和 ψ_3, ψ_4 对于空间反演具有相反的宇称. 因此在偶宇称状态

$$\begin{aligned} &\psi_1(\boldsymbol{x}) = \psi_1(-\boldsymbol{x}), \quad \psi_2(\boldsymbol{x}) = \psi_2(-\boldsymbol{x}), \\ &\psi_3(\boldsymbol{x}) = -\psi_3(-\boldsymbol{x}), \quad \psi_4(\boldsymbol{x}) = -\psi_4(-\boldsymbol{x}) \end{aligned}$$

在奇宇称状态

$$\begin{aligned} &\psi_1(\boldsymbol{x}) = -\psi_1(-\boldsymbol{x}), \quad \psi_2(\boldsymbol{x}) = -\psi_2(-\boldsymbol{x}), \\ &\psi_3(\boldsymbol{x}) = \psi_3(-\boldsymbol{x}), \quad \psi_4(\boldsymbol{x}) = \psi_4(\boldsymbol{x}) \end{aligned} \tag{37.27}$$

将 (37.27) 的符号与表示式 (36.8) 和 (36.12) 比较, 我们发现, 电子状态的宇称等于量子数 l 所决定的宇称. 对于正电子, ψ_3, ψ_4 是主要分量, 它的宇称与 ψ_1, ψ_2 的宇称相反.

空间反演算符的某些性质:

$$T_{\text{ref}}\gamma_\mu T_{\text{ref}}^\dagger = \begin{cases} -\gamma_\mu, \mu = 1,2,3 \\ +\gamma_\mu, \mu = 4 \end{cases}$$

$$T_{\text{ref}}\beta\gamma_\mu T_{\text{ref}}^\dagger = \begin{cases} -\beta\gamma_\mu, \mu = 1,2,3 \\ +\beta\gamma_\mu, \mu = 4 \end{cases} \tag{37.28}$$

(37–4)

借助旋量和狄拉克矩阵构成具有各种张量性质的量 回忆一下, 在我们用的符号中, 拉丁指标取值为 1, 2, 3, 而希腊指标取值为 1, 2, 3, 4. 利用爱因斯坦求和规则, (37.8) 和 (37.13) 两式可写为

$$\begin{aligned} T &= 1 - \frac{1}{4}\varepsilon_{\mu\nu}\gamma_\mu\gamma_\nu \\ &= 1 - \frac{1}{4}\varepsilon_{mn}\gamma_m\gamma_n - \frac{1}{2}\varepsilon_{4n}\beta\gamma_n \end{aligned}$$

式中 ε_{mn} 是实数, ε_{4n} 是虚数①.

γ 矩阵满足等式

$$\beta = \gamma_4, \quad \gamma_\mu\gamma_\nu + \gamma_\nu\gamma_\mu = 2\delta_{\mu\nu} \tag{37.29}$$

我们发现

$$\begin{aligned} T^{-1} &= 1 + \frac{1}{4}\varepsilon_{\mu\nu}\gamma_\mu\gamma_\nu = 1 + \frac{1}{4}\varepsilon_{mn}\gamma_m\gamma_n + \frac{1}{2}\varepsilon_{4n}\beta\gamma_n \\ T^\dagger &= 1 + \frac{1}{4}\varepsilon_{\mu\nu}^*\gamma_\mu\gamma_\nu = 1 + \frac{1}{4}\varepsilon_{mn}\gamma_m\gamma_n - \frac{1}{2}\varepsilon_{4n}\beta\gamma_n \end{aligned}$$

在一般情况下, $T^\dagger \neq T^{-1}$ (即矩阵 T 不是幺正矩阵). 仅当 $\varepsilon_{4n} = 0$ (纯空间转动), T 成为幺正矩阵. (37.30)

① 俄译本为 "$-\frac{1}{4}\varepsilon_{mn}\gamma_m\gamma_n$ 是实数, $-\frac{1}{2}\varepsilon_{4n}\beta\gamma_n$ 是虚数", 与英文原稿含义不符. ——译者注

下述关系式一般是成立的

$$\beta T^{\dagger}\beta = T^{-1}, \quad T^{\dagger}\beta = \beta T^{-1}, \quad \beta T^{\dagger} = T^{-1}\beta \tag{37.31}$$

现在我们着手解决主要问题, 关于各阶张量的构成. 首先, 我们寻找一矩阵 u, 使它与旋量 ψ 的双线结构形成一标量.

换句话说, 当计算系统和相应的旋量波函数变换时

$$x_{\mu} \to x'_{\mu} = a_{\mu\nu}x_{\nu}, \quad \psi \to \psi' = T\psi$$

而表达式 $\psi^{\dagger}u\psi$ 应具这样的性质

$$\psi^{\dagger}u\psi \to \psi'^{\dagger}u\psi' = \psi^{\dagger}u\psi \tag{37.32}$$

根据 (37.3) 式, 有

$$\psi'^{\dagger}u\psi' = (T\psi)^{\dagger}uT\psi = \psi^{\dagger}T^{\dagger}uT\psi$$

而根据 (37.32) 的要求, 得出等价条件

$$\psi^{\dagger}u\psi = \psi^{\dagger}T^{\dagger}uT\psi$$

因此, 矩阵 u 应满足的条件是

$$u = T^{\dagger}uT, \text{ 对所有的 } T$$

利用 (37.31) 的关系, 我们得到

$$T^{\dagger}uT = \beta T^{-1}\beta uT = u$$

因为 $\beta^2 = 1$, 由此我们求得

$$(\beta u)T = T(\beta u)$$

式中矩阵 T 应为 (37.29) 的形式. 若这个条件能满足, 必须选取

$$\beta u = 1 \quad \text{或} \quad \beta u = \gamma_1\gamma_2\gamma_3\gamma_4 = \gamma_5 \tag{37.33}$$

已获得的两个解表明, 矩阵 u 应选取:

$$u = \beta \cdot 1 \quad \text{或} \quad u = \beta\gamma_5$$

我们发现, 在求 u 的形式时已利用了无限小变换 (37.29), 因此, 未考虑到反演 (本质上是有限变换). 其实, 在空间反演变换 $T_{\text{ref}} = \beta$ 时, $\beta \cdot 1$ 和 $\beta\gamma_5$ 的行为恰好相反:

$$T_{\text{ref}}^{\dagger}\beta \cdot 1 T_{\text{ref}} = \beta\beta \cdot 1\beta = 1\beta = \beta 1$$
$$T_{\text{ref}}^{\dagger}\beta\gamma_5 T_{\text{ref}} = \beta\beta\gamma_5\beta = \gamma_5\beta = -\beta\gamma_5$$

所以:

矩阵 $\beta 1$ 对应于真实的标量$\psi^{\dagger}\beta 1\psi$,

矩阵 $\beta\gamma_5$ 对应于赝标量$\psi^{\dagger}\beta\gamma_5\psi$.

我们引进表示符号 $\overline{\psi} = \psi^{\dagger}\beta$, 则

$$\left.\begin{array}{ll}\text{双线型} & \psi 1\psi\text{变换像一标量}\\ \text{双线型} & \overline{\psi}\gamma_5\psi\text{变换像一赝标量}\end{array}\right| \quad (37.34)$$

注释 在场论里, 旋量场与 π 介子相互作用的拉格朗日量 $\varphi\overline{\psi}\gamma_5\psi$ 中, 假定 π 介子波函数 φ 有赝标量性质 (赝标量介子).

用类似的方法不难找出其他一些狄拉克矩阵算符, 具有不同的张量性质都归纳为 $\overline{\psi}u_{\mu\cdots\lambda}\psi$ 的双线形式. 故 $\overline{\psi}u_{\mu}\psi$ 应为矢量 (赝矢量), 而 $\overline{\psi}u_{\mu\nu}\psi$ 应为二阶反对称张量. 例如, 对于 $\overline{\psi}u_{\mu}\psi$, 它表示

$$\overline{\psi}' u_{\mu}\psi' = a_{\mu\nu}\overline{\psi}u_{\nu}\psi$$

这里参看 (37.2) 的变换 $x_{\mu}' = a_{\mu\nu}x_{\nu}$.

我们发现, 任何 4×4 矩阵 (作用于旋量的算符) 都由下述 16 个基矩阵线性组合而成, 这些基矩阵构成相应的张量[①]. 即

① 在这一大段中 [(37.29) — (37.35) 式], 俄译本与英文原稿比较, 在叙述上有些差别, 为了便于阅读, 我们按俄译本译出. ——译者注

$$
\left.\begin{aligned}
&1 \to \text{标量};\\
&\gamma_5 \to \text{赝标量};\\
&\gamma_1,\gamma_2,\gamma_3,\gamma_4 \to \text{四维矢量};\\
&\gamma_2\gamma_3\gamma_4,\gamma_3\gamma_1\gamma_4,\gamma_1\gamma_2\gamma_4,\gamma_1\gamma_2\gamma_3 \to \text{四维赝矢量 (轴矢量)};\\
&\gamma_2\gamma_3,\gamma_3\gamma_1,\gamma_1\gamma_2,\gamma_1\gamma_4,\gamma_2\gamma_4,\gamma_3\gamma_4 \to \text{反对称张量}.
\end{aligned}\right| \tag{37.35}
$$

——————(37−6)

时间反演 当时间反演时, 坐标变换为

$$
\left.\begin{aligned}
&\boldsymbol{x} \to \boldsymbol{x}, \quad \boldsymbol{\nabla} \to \boldsymbol{\nabla}, \quad \boldsymbol{A} \to -\boldsymbol{A}\\
&x_4 \to -x_4, \quad \nabla_4 \to -\nabla_4, \quad A_4 \to A_4
\end{aligned}\right| \tag{37.36}
$$

设旋量波函数 ψ 是方程 (37.1) 的解, 则

$$
\frac{mc}{\hbar}\psi + \boldsymbol{\gamma}\cdot\left(\boldsymbol{\nabla} - \frac{\mathrm{ie}}{c\hbar}\boldsymbol{A}\right)\psi + \gamma_4\left(\frac{\partial}{\partial x_4} - \frac{\mathrm{ie}}{c\hbar}A_4\right)\psi = 0 \tag{37.37}
$$

为了得到对应于时间反演的解 ψ', 应该求 (37.37) 式在时间反演后的方程

$$
\frac{mc}{\hbar}\psi' + \boldsymbol{\gamma}\cdot\left(\boldsymbol{\nabla} + \frac{\mathrm{ie}}{c\hbar}\boldsymbol{A}\right)\psi' - \gamma_4\left(\frac{\partial}{\partial x_4} + \frac{\mathrm{ie}}{c\hbar}A_4\right)\psi' = 0 \tag{37.38}
$$

的解. 显然, 这个问题不属于 $\psi' = T\psi$ 类型的变换. 若假定

$$
\psi' = \widehat{S}\psi^* \tag{37.39}
$$

则问题不难解决. (37.37) 式的复数共轭方程是

$$
\frac{mc}{\hbar}\psi^* + \boldsymbol{\gamma}^*\cdot\left(\boldsymbol{\nabla} + \frac{\mathrm{ie}}{c\hbar}\boldsymbol{A}\right)\psi^* - {\gamma_4}^*\left(\frac{\partial}{\partial x_4} + \frac{\mathrm{ie}}{c\hbar}A_4\right)\psi^* = 0 \tag{37.40}
$$

对 (37.40) 左乘 $\widehat{S}$, 使获得的方程与时间反演方程 (37.38) 恒等, 则需满足如下条件

$$
\widehat{S}\boldsymbol{\gamma}^*\widehat{S}^{-1} = \boldsymbol{\gamma}, \quad \widehat{S}{\gamma_4}^*\widehat{S}^{-1} = \gamma^4, \quad \psi' = \widehat{S}\psi^* \tag{37.41}
$$

要使 (37.41) 的条件能满足, 当选取 $\boldsymbol{\gamma}$ 矩阵为标准形式 [参看 (34.9) 和 (34.10)

式], 则 $\widehat{S}$ 矩阵应为

$$\widehat{S}=\mathrm{i}\gamma_1\gamma_3=\begin{pmatrix}0 & -\mathrm{i} & 0 & 0\\ \mathrm{i} & 0 & 0 & 0\\ 0 & 0 & 0 & -\mathrm{i}\\ 0 & 0 & \mathrm{i} & 0\end{pmatrix}=\widehat{\sigma}_y{}' \tag{37.42}$$

[参看 (34.36) 式]. ——————(37－7)

电荷共轭 在 (37.37) 式的解答中, 既包含着电子的, 又包含正电子的. 所以, 自然希望从这个方程的每个解 ψ 能得到另一个满足 (37.37) 式的解 ψ^c, 它描述电荷相反的粒子, 即作一变换

$$e\to -e \tag{37.43}$$

而方程 (37.37) 则为

$$\frac{mc}{\hbar}\psi^c+\boldsymbol{\gamma}\cdot\left(\boldsymbol{\nabla}+\frac{\mathrm{i}e}{c\hbar}\boldsymbol{A}\right)\psi^c+\gamma_4\left(\nabla_4+\frac{\mathrm{i}e}{c\hbar}A_4\right)\psi^c=0 \tag{37.44}$$

为了描述所研究的转变为电荷相反的粒子, 我们尝试引入新变换

$$\psi^c=\widehat{C}\psi^* \tag{37.45}$$

(称为电荷共轭变换). 应用算符 $\widehat{C}$ 左乘复数共轭方程 (37.40), 我们发现, 要使所得到的方程变为 (37.44), 必须满足条件

$$\widehat{C}\boldsymbol{\gamma}^*\widehat{C}^{-1}=\boldsymbol{\gamma},\quad \widehat{C}\gamma_4{}^*\widehat{C}^{-1}=-\gamma_4 \tag{37.46}$$

不难验证, 对 $\boldsymbol{\gamma}$ 矩阵的标准形式 [参看 (34.9) 和 (34.10) 式], 算符 $\widehat{C}$ 与矩阵 γ_2 相合

$$\widehat{C}=\gamma_2$$

由此可见, 电荷共轭的解与原来的解由下式联系

$$\psi^c=\gamma_2\psi^* \tag{37.47}$$

——————(37－8)

影印费米手稿

Quantum Mechanics

E. Fermi Physics 341 1-1
Winter 1954

1- Optics - Mechanics analogy.

Dictionary

Mass point	Wave packett
Trajectory	Ray
Velocity (V)	Group velocity (V)
No simple analog	Phase velocity (v)
Potential function of position $U(x)$	Refractive index (or v) function of position
(1) Energy (W) $W = W(\nu)$	Frequency (ν) (dispersive medium $v(\nu, x)$)

First: Trajectory = Ray
from Maupertuis ↓ from Fermat ↓

$$\text{(2)} \quad \int \sqrt{W-U}\, ds = \min; \quad \int \frac{ds}{v} = \min \quad \text{(3)}$$

Proof of Maupertuis:

$$\delta \int \sqrt{W-U}\, ds = \int \left(\sqrt{W-U}\, \delta ds - \frac{\delta U}{2\sqrt{W-U}} ds \right) = 0$$

use $\delta ds = \sum \frac{dx}{ds} \delta dx$, $\delta U = \sum \frac{\partial U}{\partial x} \delta x$

and part. integr. Find minimum equations

$$\frac{d}{ds}\left(\sqrt{W-U} \frac{dx}{ds} \right) = -\frac{1}{2\sqrt{W-U}} \frac{\partial U}{\partial x}$$

use $V = \sqrt{\frac{2}{m}} \sqrt{W-U}$, $dt = \frac{ds}{V} = \sqrt{\frac{m}{2}} \frac{ds}{\sqrt{W-U}}$

$\rightarrow m \frac{d^2 x}{dt^2} = -\frac{\partial U}{\partial x}$ Therefore: (2) is true because of eq. of motion

Proof of Fermat

$\int \frac{ds}{v} = \min \rightarrow \nu \int \frac{ds}{v} = \min \rightarrow \int \frac{ds}{\lambda} = \min \rightarrow$ No of waves = min
means: no of waves stationary: hence positive interference.

Phys 341 — 1954 1-2

From (1) (2) Trajectory — Ray if

(4) $$\frac{1}{v(\nu,x)} = f(\nu)\sqrt{W(\nu)-U(x)}$$

$f(\nu)$ and $W = W(\nu)$ so far arb. fcts

Determine f & W from:

Vel. of mass pt $V = \sqrt{\frac{2}{m}}\sqrt{W-U}$ equals

Group vel. of pckt $V = 1\Big/\frac{d}{d\nu}\left(\frac{\nu}{v}\right)$

Proof of group vel. formula

Wave packett with small frequency spread

$$\sum a \cos 2\pi\nu\left(t - \frac{x}{v(\nu)}\right)$$

If all a's >0 constructive interf at $x=0$ and $t=0$. Locate now packett for $t \neq 0$ by demanding constructive interference.

Required $$\frac{d}{d\nu}\left\{\nu\left(t - \frac{x}{v(\nu)}\right)\right\} = 0$$

or $$t = x\frac{d}{d\nu}\frac{\nu}{v}$$ identify this to $t = \frac{x}{V}$

Find

(5) $$\boxed{\frac{1}{V} = \frac{d}{d\nu}\frac{\nu}{v(\nu)}}$$

Condition becomes

(6) $$\frac{d}{d\nu}\frac{\nu}{v} = \sqrt{\frac{m}{2}}\frac{1}{\sqrt{W(\nu)-U}}$$

Use (4)

$$\sqrt{\frac{m}{2}}\frac{1}{\sqrt{W-U}} = \frac{d}{d\nu}\left\{\nu f\sqrt{W(\nu)-U}\right\} = \frac{d(\nu f)}{d\nu}\sqrt{W-U} + \frac{\nu f}{2}\frac{dW/d\nu}{\sqrt{W-U}}$$

Phys 341—1954 1—3

U varies from place to place indep. of ν therefore $\sqrt{W-U}$ is cons. as indep. Find then conditions:

$$\frac{d(\nu f)}{d\nu}=0 \qquad \sqrt{\frac{m}{2}}=\frac{\nu f}{2}\frac{dW}{d\nu}$$

$$\nu f = \text{constant}$$

$$\frac{dW}{d\nu}=\text{constant}=h$$

$$W = h\nu + \text{const} = h\nu$$

(set this = 0 by suitable choice of energy constant)

Therefore result

$$(7)\quad W = h\nu$$

$$(8)\quad f=\frac{\sqrt{2m}}{h\nu}$$

$$(9)\quad v=\frac{h\nu}{\sqrt{2m}}\frac{1}{\sqrt{h\nu-U}}$$

determines refractive index and dispersion everywhere

Change to angular frequency

$$(10)\quad \omega=2\pi\nu \quad \text{also put} \quad \hbar=h/2\pi$$

Final result

$$W=\hbar\omega \qquad v=\frac{\hbar\omega}{\sqrt{2m}}\frac{1}{\sqrt{\hbar\omega-U}} \qquad V=\sqrt{\frac{2}{m}}\sqrt{\hbar\omega-U}$$

$$(11)\quad \lambda\!\!\!^{-}=\frac{\lambda}{2\pi}=\frac{v}{\omega}=\frac{\hbar}{\sqrt{2m}}\frac{1}{\sqrt{\hbar\omega-U}}=\frac{\hbar}{mV}=\frac{\hbar}{p}$$

(de Broglie wave length)

Experiments on material particle diffraction may be used to determine λ hence h or $\hbar$

$$h = 6.6252(5)\times10^{-27}\ \text{ergs sec}\quad (L^2MT^{-1})$$

$$\hbar = 1.05444(9)\times10^{-27}\ \text{"}$$

Phys 341 – 1954 2-1

2 – Schroedinger equation.

(1) $v = v(\omega, ?) = \frac{\hbar\omega}{\sqrt{2m}} \frac{1}{\sqrt{\hbar\omega - U}}$

Monochromatic wave equation

$$\nabla^2\psi - \frac{1}{v^2}\frac{\partial^2\psi}{\partial t^2} = 0$$

(comments: need to assume fixed ω)

(2) $\psi = u\, e^{-i\omega t} = u\, e^{-\frac{i}{\hbar}Wt}$

$$\nabla^2 u + \frac{\omega^2}{v^2}u = 0 \qquad \nabla^2 u + \frac{2m}{\hbar^2}(\hbar\omega - U)u = 0$$

write $\omega u \sim -\frac{1}{i}\frac{\partial\psi}{\partial t}$

Time dependent Schrodinger equation

(3) $\nabla^2\psi + \frac{2mi}{\hbar}\frac{\partial\psi}{\partial t} - \frac{2m}{\hbar^2}U\psi = 0$

Written also as

(4) $i\hbar\frac{\partial\psi}{\partial t} = -\frac{\hbar^2}{2m}\nabla^2\psi + U\psi$ (Comments: ψ complex)

Time dep. equation (assuming (2))

(5) $Wu = -\frac{\hbar^2}{2m}\frac{\partial\psi}{\partial t} + U\psi$

Valid only for states of fixed energy $W = \hbar\omega$

Continuity equation for (4)

Write conjugate equation

(6) $-i\hbar\frac{\partial\psi^*}{\partial t} = -\frac{\hbar^2}{2m}\nabla^2\psi^* + U\psi^*$

(4) $\times \psi^*$ – (6) $\times \psi$ yields

(7) $\frac{\partial}{\partial t}(\psi^*\psi) + \nabla\cdot\left\{\frac{\hbar}{2mi}(\psi^*\nabla\psi - \psi\nabla\psi^*)\right\}$

Phys 341 – 1954 2-2

Suggested provisional interpretation

(8) $$\psi^*\psi = |\psi|^2 = \text{density of probability}$$

(9) $$\frac{\hbar}{2mi}\left(\psi^*\nabla\psi - \psi\nabla\psi^*\right) = \text{average value of flow density}$$

Normalization: (8) suggests to determine ψ such that

(10) $$\int|\psi|^2 d\tau = \int\psi^*\psi\, d\tau = 1$$

This requires certain conditions

a) Near singular pt. ψ less ∞ than $r^{-3/2}$

b) Limit of infinite distance $\psi \to 0$ faster than $r^{-3/2}$

Exceptions to rule (b) will have to be considered later

Generalizations.

Point on line

(11) $$\begin{cases} i\hbar\dfrac{\partial\psi}{\partial t} = -\dfrac{\hbar^2}{2m}\dfrac{\partial^2\psi}{\partial t^2} + U(x)\psi \\ \text{or} \\ E\,u(x) = -\dfrac{\hbar^2}{2m}\dfrac{d^2u}{dx^2} + U(x)u \end{cases}$$

Rotator with fixed axis

A = mom. of inertia

(12) $$\begin{cases} i\hbar\dfrac{\partial\psi}{\partial t} = -\dfrac{\hbar^2}{2A}\dfrac{\partial^2\psi}{\partial\alpha^2} + U(x)\psi(\alpha,t) \\ \text{or} \\ E\,u(\alpha) = -\dfrac{\hbar^2}{2A}\dfrac{d^2u}{d\alpha^2} + U(\alpha)\,u(\alpha) \end{cases}$$

Point on sphere or dumbell with fixed c. of grav.

(13) $$\Lambda\psi = \frac{1}{\sin\theta}\frac{\partial}{\partial\theta}\left(\sin\theta\frac{\partial\psi}{\partial\theta}\right) + \frac{1}{\sin^2\theta}\frac{\partial^2\psi}{\partial\varphi^2}$$

Phys 341—1954 2-3

$$(14)\begin{cases}\Lambda\psi - \dfrac{2A}{\hbar^2}U(\vartheta,\varphi)\psi = -\dfrac{2Ai}{\hbar}\dfrac{\partial\psi}{\partial t}\\[2ex] \Lambda u + \dfrac{2A}{\hbar^2}(E-U)u = 0\end{cases}$$

$A = \begin{cases} r^2 m \text{ or} \\ \text{mom of} \\ \text{inertia}\end{cases}$

Several mass points

$\psi(t, x_1, y_1, z_1, x_2, y_2, z_2, \ldots, x_n, y_n, z_n)$

$$(15)\begin{cases} i\hbar\dfrac{\partial\psi}{\partial t} = -\dfrac{\hbar^2}{2}\sum_1^n \dfrac{1}{m_j}\nabla_j^2\psi + U\psi \\[2ex] Eu = -\dfrac{\hbar^2}{2}\sum\dfrac{1}{m_j}\nabla_j^2 u + Uu\end{cases}$$

General dynamical system

(16) $T = \frac{1}{2} m_{ik}\dot{q}_i\dot{q}_k$ (Sum over equal indices)

Define $m^{ik} m_{i\ell} = \delta_{k\ell}$ ← $m^{i\ell} = \dfrac{\text{minor of } m_{i\ell}}{D}$

(17) $D = \det|m_{ik}|$

(18) $\nabla^2\psi = \dfrac{1}{\sqrt{D}}\dfrac{\partial}{\partial q_k}\left(\sqrt{D}\, m^{k\ell}\dfrac{\partial\psi}{\partial q_\ell}\right)$

Volume element

(19) $d\tau = \sqrt{D}\, dq_1\, dq_2 \ldots dq_n$

Equation

$$(20)\begin{cases} -\dfrac{\hbar^2}{2}\nabla^2\psi + U\psi = i\hbar\dfrac{\partial\psi}{\partial t} \\[2ex] -\dfrac{\hbar^2}{2}\nabla^2 u + Uu = Eu\end{cases}$$

Phys 341 – 1954 3-1

3 – Simple one dimensional problems

Time indep. equation

(1) $$u'' + \frac{2m}{\hbar^2}(E-U)u = 0$$

a) Closed line, length a, $U(x) = 0$

(2) $$u \sim e^{\pm i\sqrt{\frac{2mE}{\hbar^2}}x}$$

Periodicity condition requires $u \sim e^{\frac{2\pi i}{a}lx}$

Therefore l = integer

(3) $$E_l = \frac{2\pi^2\hbar^2}{ma^2}l^2$$

Comments on quantization of energy

Normalized functions

(4) $$u_l = \frac{1}{\sqrt{a}}e^{\frac{2\pi i l}{a}x}$$

b) Rotator with fixed axis. As above with $m \to A$ = mom. of inertia

$a \to 2\pi$

$x \to \alpha$

(5) $$\begin{cases} E_l = \frac{\hbar^2}{2A}l^2 \\ u_l = \frac{1}{\sqrt{2\pi}}e^{il\alpha} \end{cases}$$

c) Boundary condition where $U = \infty$

$V(x)$, ∞, x

Inside wall

$$u \sim e^{-\sqrt{\frac{2mU}{\hbar^2}}x}$$

(reject e^+ solution because too infinite on right)

At wall $$\frac{u'}{u} = -\sqrt{\frac{2mU}{\hbar^2}} \to \infty$$

(6) Therefore: at wall take $\begin{cases} u = 0 \\ u' \text{ finite} \end{cases}$

Phys 341 – 1954 3-2

d) <u>Point on segment</u> (from $x=0$ to $x=a$)
Potential $=0$ on segment, becomes ∞ at ends
Therefore $u(0)=u(a)=0$ are boundary conditions

Solution of

$$u''+\frac{2mE}{\hbar^2}u=0$$

$$u \sim \begin{matrix}\sin\\ \cos\end{matrix}\sqrt{\frac{2mE}{\hbar^2}}x$$ (because of $u(0)=0$ reject cosine)

$$u \sim \sin\sqrt{\frac{2mE}{\hbar^2}}x$$ Because of $u(a)=0$ must be

$$\sqrt{\frac{2mE}{\hbar^2}}a=n\pi \quad (n \text{ integer})$$

Therefore

$$(7)\quad \begin{cases} E_n=\dfrac{\pi^2\hbar^2}{2a^2m}n^2 \\ u_n=\sqrt{\dfrac{2}{a}}\sin\dfrac{\pi n x}{a} \end{cases}$$

normalization factor

e) <u>Point on infinite line – Zero potential</u>

$$(8)\quad u''+\frac{2mE}{\hbar^2}u=0$$

has solutions

$$(9)\quad e^{\pm i\sqrt{\frac{2mE}{\hbar^2}}x}$$

None of these is normalizable!
Get around difficulty in two ways:
1 – As limit of case a)

$$u_l=\frac{1}{\sqrt{a}}e^{\frac{2\pi i l}{a}x} \qquad a\to\infty$$

$$E_l=\frac{2\pi^2\hbar^2}{m}\left(\frac{l}{a}\right)^2$$

Energy levels are quasi-continuous

No of levels in dE is obtained from

$$\frac{dE}{dl} = \frac{4\pi^2\hbar^2}{a^2 m} l = \frac{2\pi\hbar}{a}\sqrt{\frac{2}{m}}\sqrt{E}$$

$$\text{No of levels} = \frac{2}{dE/dl} dE = \frac{a}{\pi\hbar}\sqrt{\frac{m}{2}}\frac{dE}{\sqrt{E}}$$

factor 2 because l may be pos. or negative

In limit: Continuous spectrum (becomes so for $a \to \infty$) with all values $E \geq 0$ allowable

<u>Note</u>. Same result could be found by limit $a \to \infty$ in case d)

<u>Alternate approach</u>: Sharp energy levels do not exist but wave packetts like

$$u_{\delta k} = \int_{k_0 - \frac{\delta k}{2}}^{k_0 + \frac{\delta k}{2}} e^{ikx} dx = \frac{2}{x} \sin\frac{x\delta k}{2}\, e^{ik_0 x}$$

Are normalizable for δk <u>very</u> small. They correspond to <u>almost</u> definite energy.

More on this later with uncertainty principle

Phys 341 – 1954 4-1

4 – Linear oscillator

(1) $U = \frac{m}{2}\omega^2 x^2$

Schroedinger eq.

(2) $u'' + \frac{2m}{\hbar^2}\left(E - \frac{m\omega^2}{2}x^2\right)u = 0$

Put

(3) $\xi = \sqrt{\frac{m\omega}{\hbar}}\,x \qquad \varepsilon = \frac{2E}{\hbar\omega}$

(4) $\frac{d^2u}{d\xi^2} + (\varepsilon - \xi^2)\,u = 0$

(5) $u = v(\xi)\,e^{-\xi^2/2}$

(6) $\frac{d^2v}{d\xi^2} - 2\xi\frac{dv}{d\xi} + (\varepsilon - 1)\,v = 0$

Series exp.

(7) $v = \sum a_r \xi^r$ yields

(8) $a_{r+2} = \frac{2r+1-\varepsilon}{(r+1)(r+2)}\,a_r$

r even and r odd yield two indep. solutions. $v(\infty) \rightarrow e^{\xi^2}$ (not allowable) except for

(9) $\varepsilon = 2n+1$

Then either even or odd solution is a polynomial (Hermite)

(10) $\begin{cases} H_0(\xi) = 1 \quad H_1(\xi) = 2\xi \quad H_2(\xi) = -2 + 4\xi^2 \\ H_3(\xi) = -12\xi + 8\xi^3 \end{cases}$

General expression:

(11) $H_n(\xi) = (-1)^n e^{\xi^2}\frac{d^n}{d\xi^n}e^{-\xi^2}$

Proof: (5), that is

(12) $$H_n'' - 2\xi H_n' + 2n H_n = 0$$

is equivalent (11) to

(13) $$\left\{ \frac{d^{n+2}}{d\xi^{n+2}} + 2\xi \frac{d^{n+1}}{d\xi^{n+1}} + (2+2n)\frac{d^n}{d\xi^n} \right\} e^{-\xi^2} = 0$$

Verify for $n=0$; then by successive derivations for $n = 1, 2, \ldots$

Useful properties

(14) $$\frac{dH_n}{d\xi} = 2n H_{n-1}(\xi)$$

(Proof: equivalent to (13) written for $n-1$)

Normalization property:

(15) $$\int_{-\infty}^{\infty} H_n^2(\xi) e^{-\xi^2} d\xi = \sqrt{\pi}\, 2^n n!$$

[Proof: By induction — First directly for $n=0$. Then use (11) & (14) to proove induction property $\int_{-\infty}^{\infty} H_n^2 e^{-\xi^2} d\xi = 2n \int_{-\infty}^{\infty} H_{n-1}^2 e^{-\xi^2} d\xi$]

Integral property

(16) $$\int_{-\infty}^{\infty} H_n(x) e^{-x^2} e^{ipx} dx = i^n \sqrt{\pi}\, p^n e^{-p^2/4}$$

[Proof: directly for $n=0$; then by induction with (11)]

Normalized oscillator eigenfunctions

(17) $$u_n = \left(\frac{m\omega}{\hbar}\right)^{1/4} \frac{1}{\sqrt{\sqrt{\pi}\, 2^n n!}} H_n(\xi) e^{-\xi^2/2} \qquad \xi = \sqrt{\frac{m\omega}{\hbar}}\, x$$

(18) $$E_n = \hbar\omega(n + 1/2)$$

Comments

5 – WKB method

(1) $u'' + \frac{2m}{\hbar^2}(E - U(x))\, u = 0$

$g = \frac{2m}{\hbar^2}(E-U) = \frac{m^2V^2}{\hbar^2}$

(2) $u'' + g(x)\, u = 0$

V = class. velocity

Assume first $g(x) > 0$

(3) $u = e^{iy(x)}$ into (2)

(4) $y'^2 - iy'' = g$ First guess:

$y' \approx \sqrt{g}$ then $\frac{y''}{y'^2} = \frac{g'}{2g^{3/2}}$

Therefore: guess is fair approximation when

(5) $|g'| \ll 2g^{3/2}$

Put then

(6) $y' = \sqrt{g} + \varepsilon$

(Neglect ε^2 and ε' or ε'' terms to find)

$$g + 2\varepsilon\sqrt{g} - \frac{ig'}{2\sqrt{g}} = g \longrightarrow \varepsilon = \frac{ig'}{4g}$$

(7) $y \approx \int\left(\sqrt{g} + \frac{ig'}{4g}\right)dx = \int\sqrt{g}\,dx + \frac{i}{4}\log g$

(8) $u = e^{iy} \approx \frac{1}{g^{1/4}}\, e^{i\int\sqrt{g}\,dx}$

Other solutions → $\frac{1}{g^{1/4}}\, e^{-i\int\sqrt{g}\,dx}$ or real linear combination

(9) $u \sim \frac{1}{g^{1/4}} \sin\left\{\int\sqrt{g}\,dx + \text{const}\right\}$

[Note: $|u|^2 \sim \frac{1}{\sqrt{g}} \sim \frac{1}{V} \sim$ time classically spent at location x]

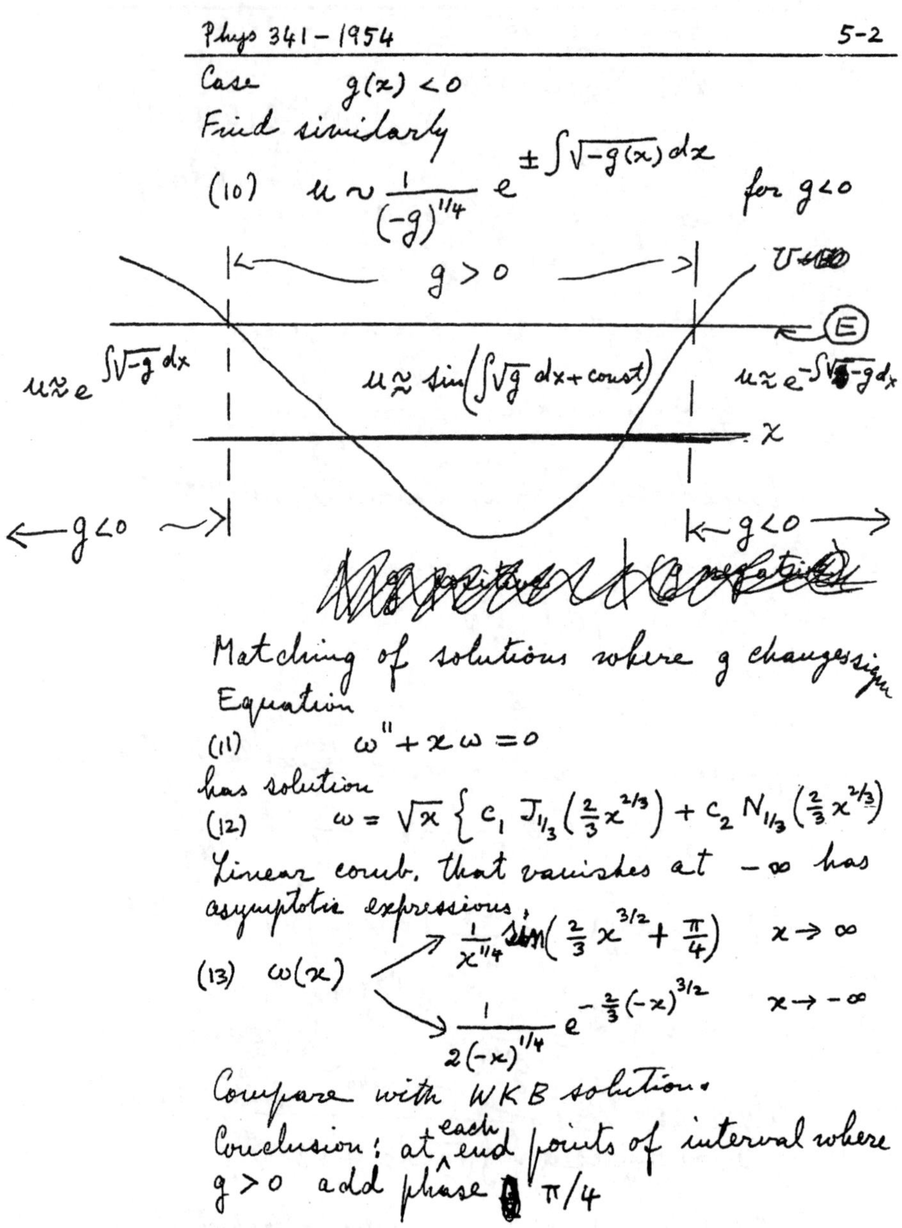

Phys 341 – 1954 5-2

Case $g(x) < 0$

Find similarly

(10) $u \sim \frac{1}{(-g)^{1/4}} e^{\pm \int \sqrt{-g(x)}\, dx}$ for $g<0$

Matching of solutions where g changes sign

Equation

(11) $\omega'' + x\omega = 0$

has solution

(12) $\omega = \sqrt{x}\left\{ c_1 J_{1/3}\left(\frac{2}{3}x^{2/3}\right) + c_2 N_{1/3}\left(\frac{2}{3}x^{2/3}\right)\right\}$

Linear comb. that vanishes at $-\infty$ has asymptotic expressions,

(13) $\omega(x)$ $\nearrow \frac{1}{x^{1/4}} \sin\left(\frac{2}{3}x^{3/2} + \frac{\pi}{4}\right)$ $x \to \infty$; $\searrow \frac{1}{2(-x)^{1/4}} e^{-\frac{2}{3}(-x)^{3/2}}$ $x \to -\infty$

Compare with WKB solution.

Conclusion: at each end points of interval where $g > 0$ add phase $\pi/4$

Phys 341 – 1954 5-3

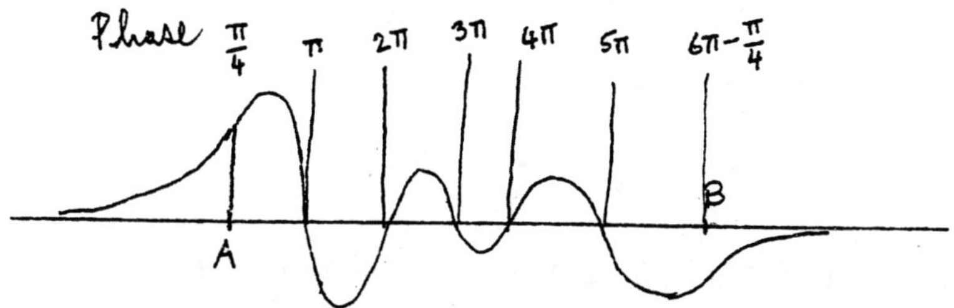

Let $g>0$ between A, B and $g<0$ outside AB

Phase difference B to A

$$\left(n+\frac{1}{2}\right)\pi$$

n = number of nodes between A & B.

Condition for matching from A to B

$$\left(n+\frac{1}{2}\right)\pi=\int_A^B\sqrt{g}\,dx=\int_A^B\frac{mV}{\hbar}dx=$$

($p=mV$ = classical momentum) $=\frac{1}{2\hbar}\oint p\,dx$

Conclusion, Bohr, Sommerfeld quantization condition

$$(14)\qquad \oint p\,dx=2\pi\hbar\left(n+\frac{1}{2}\right)$$

Note; Slightly different conditions on completely accessible closed path

$$(15)\qquad \oint p\,dx=2\pi\hbar n$$

Or on completely accessible segment bounded by infinitely hy potential walls at A and B

$$(16)\qquad \oint p\,dx=2\pi\hbar(n+1)$$

n = no of nodes inside segment

6 – Spherical harmonics

Legendre polinomials

(1) $$P_l(x) = \frac{1}{2^l l!} \frac{d^l}{dx^l}(x^2-1)^l$$

(2) $$(1-x^2)P_l'' - 2xP_l' + l(l+1)P_l = 0$$

(3) $$\int_{-1}^{1} P_l^2(x)\,dx = \frac{2}{2l+1}$$

(4) $$\int_{-1}^{1} P_l(x)P_{l'}(x)\,dx = 0 \quad \text{for } l \neq l'$$

(5) $$P_l = \frac{2l-1}{l} x P_{l-1} - \frac{l-1}{2} P_{l-2}$$

(6) $$\begin{cases} P_0 = 1 \qquad P_1 = x \qquad P_2 = \frac{3}{2}x^2 - \frac{1}{2} \\ P_3 = \frac{5}{2}x^3 - \frac{3}{2}x \qquad P_4 = \frac{35}{8}x^4 - \frac{15}{4}x^2 + \frac{3}{8} \\ P_5 = \frac{63}{8}x^5 - \frac{35}{4}x^3 + \frac{15}{8}x \; ; \; P_l(1) = 1 \end{cases}$$

Alternate definition

(7) $$\frac{1}{\sqrt{1-2rx+r^2}} = \sum_0^\infty P_l(x) r^l$$

Spherical harmonics:

(8) $$\begin{cases} Y_{lm}(\vartheta,\varphi) = \frac{1}{N_{lm}} e^{im\varphi} \sin^{|m|}\vartheta \frac{d^{|m|} P_l(\cos\vartheta)}{d(\cos\vartheta)^{|m|}} \\ \frac{1}{N_{lm}} = \pm \frac{1}{\sqrt{2\pi}} \sqrt{\frac{2l+1}{2} \frac{(l-|m|)!}{(l+|m|)!}} \quad \begin{matrix} \text{for } m \leq 0 \ + \text{sign} \\ \text{for } m > 0 \ (-1)^m \text{ sign} \end{matrix} \end{cases}$$

Phys 341 – 1954 6-2

Normalization

(9) $$\int_{4\pi} Y_{lm}^{*} Y_{l'm'}\, d\omega = \delta_{ll'}\delta_{mm'}$$

Diff. equation

(10) $$\Lambda Y_{lm} + l(l+1) Y_{lm} = 0$$

(11) $$\Lambda = \frac{1}{\sin\vartheta}\frac{\partial}{\partial\vartheta}\left(\sin\vartheta\frac{\partial}{\partial\vartheta}\right) + \frac{1}{\sin^2\vartheta}\frac{\partial^2}{\partial\varphi^2}$$

(12) $$\begin{cases} \nabla^2\left(r^l Y_l\right) = 0 \\ \nabla^2\left(r^{-l-1} Y_l\right) = 0 \quad \text{(except origin)} \end{cases}$$

(13) $$\nabla^2 = \frac{\partial^2}{\partial r^2} + \frac{2}{r}\frac{\partial}{\partial r} + \frac{1}{r^2}\Lambda$$

Development in sph. harm.

(14) $$\begin{cases} f(\vartheta,\varphi) = \sum c_{lm} Y_{lm}(\vartheta,\varphi) \\ c_{lm} = \int_{4\pi} f Y_{lm}^{*}\, d\omega \end{cases}$$

$$Y_{00} = 1/\sqrt{4\pi} \qquad Y_{10} = \sqrt{\frac{3}{4\pi}}\cos\vartheta$$

$$Y_{1,\pm1} = \mp\sqrt{\frac{3}{8\pi}}\sin\vartheta\, e^{\pm i\varphi}$$

$$Y_{20} = \sqrt{\frac{5}{4\pi}}\left(\frac{3}{2}\cos^2\vartheta - \frac{1}{2}\right) \qquad Y_{2,\pm1} = \mp\sqrt{\frac{15}{8\pi}}\sin\vartheta\cos\vartheta\, e^{\pm i\varphi}$$

$$Y_{2,\pm2} = \frac{1}{4}\sqrt{\frac{15}{2\pi}}\sin^2\vartheta\, e^{\pm 2i\varphi}$$

$$Y_{30} = \sqrt{\frac{7}{4\pi}}\left(\frac{5}{2}\cos^3\vartheta - \frac{3}{2}\cos\vartheta\right)$$

$$Y_{3,\pm1} = \mp\frac{1}{4}\sqrt{\frac{21}{4\pi}}\sin\vartheta\left(5\cos^2\vartheta - 1\right)e^{\pm i\varphi}$$

$$Y_{3,\pm2} = \frac{1}{4}\sqrt{\frac{105}{2\pi}}\sin^2\vartheta\cos\vartheta\, e^{\pm 2i\varphi}$$

$$Y_{3,\pm3} = \mp\frac{1}{4}\sqrt{\frac{35}{4\pi}}\sin^3\vartheta\, e^{\pm 3i\varphi}$$

Phys 341 – 1954 7-1

7 - Central forces

(1) $\nabla^2 u + \frac{2m}{\hbar^2}\left(E - U(r)\right) u = 0$

Polar coordinates

(2) $\frac{\partial^2 u}{\partial r^2} + \frac{2}{r}\frac{\partial u}{\partial r} + \frac{1}{r^2}\Lambda u + \frac{2m}{\hbar^2}\left(E - U(r)\right)u = 0$

Develop $u(r, \vartheta, \varphi)$ in sph. harm.

(3) $u = \sum R_{lm}(r)\, Y_{lm}(\vartheta, \varphi)$

Use (6-10)

(4) $\sum Y_{lm}\left\{R''_{lm} + \frac{2}{r}R'_{lm} - \frac{l(l+1)}{r^2}R_{lm} + \frac{2m}{\hbar^2}(E-U)R_{lm}\right\} = 0$

Multiply by $Y^*_{lm}\, d\omega$ and integrate. Find

(5) $R''_l + \frac{2}{r}R'_l + \frac{2m}{\hbar^2}\left\{E - U(r) - \frac{\hbar^2}{2m}\frac{l(l+1)}{r^2}\right\}R_l = 0$

Note: indep. of m.

Each solution of (5) yields $2l+1$ solutions of (1)

Useful transformation

(6) $R_l(r) = r^{-1} v_l(r)$

(7) $v''_l(r) + \frac{2m}{\hbar^2}\left\{E - U(r) - \frac{\hbar^2}{2m}\frac{l(l+1)}{r^2}\right\}v_l(r) = 0$

$l=0$	$l=1$	$l=2$	$l=3$	$l=4$	$l=5$	$l=6$
s	p	d	f	g	h	i

Will prove later $\hbar l \sim$ ang momentum $= M$

Phys 341 — 1954 7-2

Two mass points, central forces

(8) $+\frac{1}{m_1}\nabla_1^2 u+\frac{1}{m_2}\nabla_2^2 u+\frac{2}{\hbar^2}(E-U(r))u=0$

Change coordinates

(9) $\begin{cases} x=x_2-x_1 & \text{(relative coordinates)} \\ X=\dfrac{m_1x_1+m_2x_2}{m_1+m_2} & \text{(c. of mass coordinates)} \end{cases}$

Also

$$\nabla^2=\frac{\partial^2}{\partial x^2}+\cdots \qquad \nabla_g^2=\frac{\partial^2}{\partial X^2}+\cdots$$

(10) $\begin{cases} \dfrac{1}{m_1}\nabla_1^2+\dfrac{1}{m_2}\nabla_2^2=\dfrac{1}{m_1+m_2}\nabla_g^2+\dfrac{1}{m}\nabla^2 \\ m=\dfrac{m_1m_2}{m_1+m_2}=\text{red. mass} \end{cases}$

(8) becomes:

(11) $\frac{1}{m_1+m_2}\nabla_g^2 u+\frac{1}{m}\nabla^2 u+\frac{2}{\hbar^2}\left(E-U(r)\right)u=0$

(12) $u(x,X)=\sum w_k(x,y,z)e^{i\vec{k}\cdot\vec{X}}$

Substitute and invert Fourier

(13) $\nabla^2 w_k+\frac{2m}{\hbar^2}\left(E_{rel}-U(r)\right)w_k=0$

(14) $E_{rel}=E-\underbrace{\frac{(\hbar k)^2}{2(m_1+m_2)}}_{\text{energy of c. of mass motion}}$

Conclusion: Separation of relative and c. of m. motion like in class. mech.!

Phys 341 - 1954 8-1

8-_ Hydrogen Atom

(1) $U = -\frac{Ze^2}{r}$ (Neglect nuclear motion. m will be reduced mass)

Radial equation (7-7)

(2) $v''(r) + \frac{2m}{\hbar^2}\left(E + \frac{Ze^2}{r} - \frac{\hbar^2}{2m}\frac{l(l+1)}{r^2}\right)v(r) = 0$

Put

(3) $\begin{cases} x = 2r/r_0 & r_0 = \sqrt{\frac{\hbar^2}{2m|E|}} \\ A = \frac{Ze^2}{2r_0|E|} = \sqrt{\frac{mZ^2e^4}{2\hbar^2|E|}} \end{cases}$

(4) $\frac{d^2v}{dx^2} + \underbrace{\left(\pm\frac{1}{4} + \frac{A}{x} - \frac{l(l+1)}{x^2}\right)}_{g(x)}v = 0$ $\begin{pmatrix} + \text{ for } E>0 \\ - \text{ for } E<0 \end{pmatrix}$

Graphical discussion

g(x)

$v \to e^{-\frac{1}{2}x}$ and not $e^{+\frac{1}{2}x}$

x

E<0

therefore: adjustment required. Only discreet values of E allowable

g(x)

$v \to \frac{\sin}{\text{or } \cos}\left(\frac{x}{2}\right)$

x

E>0

no condition needed at $x \to \infty$. All E>0 allowable

Assume E<0 — Case of discreet e. values.

(5) $\frac{d^2v}{dx^2} + \left(-\frac{1}{4} + \frac{A}{x} - \frac{l(l+1)}{x^2}\right)v = 0$

(6) $v(x) = e^{-x/2}y(x)$

Phys 341 – 1954 8-2

(7) $$y'' - y' + \left(\frac{A}{x} - \frac{l(l+1)}{x^2}\right) y = 0$$

$$y(x \to 0) = \begin{cases} x^{l+1} \text{ or} \\ x^{-l} \end{cases}$$

$y \to x^{-l}$ corresp. to $u \sim r^{-l-1}$. Normalization divergent at origin for $l \geq 1$. Therefore reject. For $l=0$ also reject because $u \sim 1/r$ and $\nabla^2 \frac{1}{r} = -4\pi\delta(\vec{r})$ But no such singularity in potential!

Therefore acceptable solution

(8) $$y(x) = x^{l+1} \sum_0^\infty a_s x^s$$

Substitute in (7), Find

(9) $$a_{s+1} = \frac{s+l+1-A}{(s+1)(s+2l+2)} a_s$$

In general infinite series — This too ~~fast~~ large at infinite ($y(x\to\infty) \sim e^x$; $u \to e^{x/2}$ non normalizable,

Only acceptable solutions when A = int. number

(10) $$A = n = n' + l + 1$$

Then series → polynomial!

(10) + (3) give

(11) $$E_n = -\frac{m Z^2 e^4}{2\hbar^2 n^2} \qquad n = l+1, l+2, \ldots$$

$R_\infty = \frac{me^4}{2\hbar^2} =$
$= 21.795 \times 10^{-12}$ erg
$= 13.605$ eV
$= 109737.309(12)$ cm^{-1}

Solution expressible in Laguerre Polynomials

(12) $$L_k(x) = e^x \frac{d^k}{dx^k}\left(x^k e^{-k}\right)$$

(13) $$\begin{cases} L_0 = 1 \quad L_1 = 1 - x \quad L_2 = 2 - 4x + x^2 \\ L_3 = 6 - 18x + 9x^2 - x^3 \end{cases}$$

Put

$$f(x) = x^k e^{-x}$$

$$L_k = e^x f^{(k)}(x)$$

$$x f' = (k - x) f$$

Diff. $(k+1)$ times

$$x f^{(k+2)} + (x+1) f^{(k+1)} + (k+1) f^{(k)} = 0$$

$$f^{(k)} = e^{-x} L_k$$ yields

(14) $$x L_k'' + (1-x) L_k' + k L_k = 0$$

This is Laguerre diff. equation

(15) $$L_k^{(j)}(x) = \frac{d^j}{dx^j}\left\{ e^x \frac{d^k}{dx^k}\left(x^k e^{-x}\right)\right\}$$

$\frac{d^j}{dx^j}$ (14) ⇒

(16) $$x L_k^{(j)''} + (j+1-x) L_k^{(j)'} + (k-j) L_k^{(j)} = 0$$

~~Orthogonality~~ Normalization property

(17) $$\int_0^\infty L_k^{(j)} L_{k'}^{(j)} x^j e^{-x} dx = \frac{(k!)^3}{(k-j)!}\delta_{kk'}$$

Normalized e.f's

(18) $$\begin{cases} u_{nlm} = R_{nl}(r) Y_{lm}(\vartheta, \varphi) \\ R_{nl} = \sqrt{\dfrac{4(n-l-1)!}{a^3 n^4 [(n+l)!]^3}}\, e^{-\frac{r}{na}} \left(\dfrac{2r}{na}\right)^l L_{n+l}^{(2l+1)}\left(\dfrac{2r}{na}\right) \end{cases}$$

(19) $$a = \frac{\hbar^2}{me^2}\frac{1}{Z}$$ $$\frac{\hbar^2}{me^2} = \text{Bohr radius (nucleus of infinite mass)} = 0.529171(6) \times 10^{-8}\ \text{cm.}$$

(20)
$$\begin{cases} u(1s) = \dfrac{1}{\sqrt{\pi a^3}} e^{-r/a} \\ u(2s) = \dfrac{(2 - r/a)\, e^{-r/2a}}{4\sqrt{2\pi a^3}} \\ u(2p) = \dfrac{\frac{r}{a} e^{-\frac{r}{2a}}}{8\sqrt{\pi a^3}} \begin{cases} -\sin\vartheta\, e^{i\varphi} \\ \sqrt{2}\cos\vartheta \\ \sin\vartheta\, e^{-i\varphi} \end{cases} \end{cases}$$

Note: s-wave functions are the only ones for which $u(r=0) \neq 0$. For them

(21) $$u_{ns}(r=0) = \frac{1}{\sqrt{\pi a^3 n^3}}$$

cont. spectrum

$-R/9$ 3s, 3p

$-R/4$ 2s, 2p

$-R$ 1s

Qual. discussion of hydrogen + hydrogenlike spectrum

Degeneracy

Modified Coulomb potential

(22) $$U = -\frac{Ze^2}{r}\left(1 + \frac{\beta}{r}\right)$$

(5) becomes $$v'' + \left[-\frac{1}{4} + \frac{A}{x} + \frac{2A\beta}{r_0}\frac{1}{x^2} - \frac{l(l+1)}{x^2}\right] v = 0$$

Put
$$l'(l'+1) = l(l+1) - \frac{2A\beta}{r_0} = l(l+1) - \frac{2\beta}{a}$$

Eq. for v becomes like (5) with $l' \to l$ (l integer, l' not integer)

Eigenvalues $$A = n' + l' + 1 \quad (n' \text{ integer})$$
$$= n' + 1 + l - (l - l')$$
$$= n - (l - l') = n - \alpha_l$$

This gives

(23) $$E_{nl} = -\frac{me^4Z^2}{2\hbar^2(n-\alpha_l)^2}$$ (removes degeneracy in part)

Phys 341—1954 8-5

Positive energy e.f's Radial eqn

(24) $R'' + \frac{2}{r}R' + \left\{\frac{2m}{\hbar^2}\left(E + \frac{Ze^2}{r}\right) - \frac{l(l+1)}{r^2}\right\}R = 0$

(25) $\begin{cases} R = r^l e^{ikr} F(z) \\ z = -2ikr \end{cases}$ $k^2 = \frac{2mE}{\hbar^2}$

Find for F

(26) $z\frac{d^2F}{dz^2} + (2l+2-z)\frac{dF}{dz} - (l+1-i\alpha)F = 0$

(27) $\alpha = me^2Z/\hbar^2 k$

Solution is hypergeometric function

(28) $F = F(l+1-i\alpha, 2l+2, -2ikr)$

(definition & properties on next page)

Asymptotic expressions of R

(29) $\begin{cases} R_l(r\to 0) \to r^l \\ R_l(r\to\infty) \to \frac{e^{-\frac{\pi}{2}\alpha}}{(2k)^l}\frac{(2l+1)!}{|\Gamma(l+1+i\alpha)|} \times \\ \quad \times \frac{1}{kr}\sin\left\{kr + \alpha\ln(2kr) - \frac{l\pi}{2} - \arg\Gamma\right\} \end{cases}$

For $l=0$

(30) $\begin{cases} R_0(r\to 0) \to 1 \\ R_0(r\to\infty) \to \frac{e^{-\pi\alpha/2}}{|\Gamma(1+i\alpha)|}\frac{1}{kr}\sin\left\{kr + \alpha\ln(2kr) - \arg\Gamma\right\} \end{cases}$

(31) $\begin{cases} \Gamma(n) = (n-1)! \qquad \Gamma(1+z)\Gamma(1-z) = \frac{\pi z}{\sin\pi z} \\ |\Gamma(1+i\alpha)|^2 = \frac{2\pi\alpha}{e^{\pi\alpha} - e^{-\pi\alpha}} \end{cases}$

Phys 341 — 1954 8–6

Def. & prop. of hypergeometric fcts

(32) $F(a,b,z) = 1 + \frac{a}{b \times 1!} z + \frac{a(a+1)}{b(b+1) \times 2!} z^2 + \ldots$

(33) $z F''(z) + (b - z) F'(z) - a F = 0$

Assume b = integer z pure immaginary

Then asymptotic formula

(34) $F(z \to i\infty) = \frac{\Gamma(b)}{\Gamma(b-a)} (-z)^{-a} + \frac{\Gamma(b)}{\Gamma(a)} z^{a-b} e^{z}$

9 - Orthogonality of wave functions.

a) One dim. case

$$(1) \quad \begin{cases} u_l'' + \frac{2m}{\hbar^2}(E_l - U(x))u_l = 0 & \Big| \; u_k \\ u_k'' + \frac{2m}{\hbar^2}(E_k - U(x))u_k = 0 & \Big| \; -u_l \end{cases}$$

$$u_k u_l'' - u_m u_k'' = \frac{d}{dx}(u_k u_l' - u_l u_k') =$$

$$= + \frac{2m}{\hbar^2}(E_k - E_l) u_k u_l$$

$$(2) \quad \Big| u_k u_l' - u_l u_k' \Big|_a^b = \frac{2m}{\hbar^2}(E_k - E_l)\int_a^b u_k u_l \, dx$$

Usually $u_k, u_l \to 0$ for $x \to \pm\infty$

Let then $a \to -\infty$, $b \to +\infty$

$$(3) \quad 0 = (E_k - E_l)\int_{-\infty}^{\infty} u_k u_l \, dx$$

Comments: Other types of boundary conditions

e.g. Periodic

$$(4) \quad 0 = (E_k - E_l)\oint u_k u_l \, dx$$

Bounded segment (Inf. potential at a and b)

$$(5) \quad 0 = (E_k - E_l)\int_a^b u_k u_l \, dx$$

In general one finds

$$(6) \quad 0 = (E_k - E_l)\int_{\text{domain}} u_k u_l \, dx$$

For

(7) $\left\{ \begin{array}{l} E_k \neq E_\ell \\ \int u_k u_\ell \, dx = 0 \end{array} \right.$

Orthogonality

In one dim. problems usually one solution only (except for constant factor) for each eigenvalue. For normalized e.f.'s

(8) $\int u_\ell u_k \, dx = \delta_{\ell k}$

Developments in eigenfunctions

(9) $\left\{ \begin{array}{l} f(x) = \sum c_k u_k(x) \\ c_k = \int_{\text{domain}} f(x) u_k(x) \, dx \end{array} \right.$

b) Tridimensional case

(10) $\left\{ \begin{array}{l} \nabla^2 u_\ell + \frac{2m}{\hbar^2}(E_\ell - U) u_\ell = 0 \\ \nabla^2 u_k + \frac{2m}{\hbar^2}(E_k - U) u_k = 0 \end{array} \right. \left| \begin{array}{l} u_k \\ -u_\ell \end{array} \right.$

(11) $\nabla \cdot (u_k \nabla u_\ell - u_\ell \nabla u_k) = \frac{2m}{\hbar^2}(E_k - E_\ell) u_k u_\ell$

(12) $\frac{\hbar^2}{2m} \int_\sigma \left(u_k \frac{\partial u_\ell}{\partial n} - u_\ell \frac{\partial u_k}{\partial n} \right) d\sigma = (E_k - E_\ell) \int_\tau u_k u_\ell \, d\tau$

Usually on contour of field $u_k = u_\ell \to 0$

(13) Then $(E_k - E_\ell) \int u_k u_\ell \, d\tau = 0$

or

(14) $\int u_k u_\ell \, d\tau = 0$ for $E_k \neq E_\ell$

Phys. 341 — 1954 9-3

If there is one e.f. per e.v. — Normalize to 1 and then

$$(15)\qquad \int u_k u_l \, d\tau = \delta_{kl} \quad \text{(orthogonality)}$$

Case of degeneracy. Possible to choose base such that (15) holds. (Remarks on solutions of linear diff. equations)

For example

$$E_1 = E_2 \qquad u_1 \text{ essentially } \neq u_2$$

Normalize u_1 to unity

Take

$$u_1^{\text{new}} = u_1$$

Instead of u_2 take first

$$u_2 - u_1 \int u_1 u_2 \, d\tau = u_2^{\text{interm}}$$

$u_2^{(\text{interm})}$ is orthog. to u_1

$$\int u_1 u_2^{\text{inter}} \, d\tau = \underbrace{\int u_1 u_2 \, d\tau - \underbrace{\left(\int u_1^2 \, d\tau\right)}_{=1} \times \int u_1 u_2 \, d\tau}_{=0}$$

Use then

$$u_1^{\text{new}} = u_1$$

$$u_2^{\text{new}} = \text{normalized } u_2^{\text{interm}}$$

Conclusion: even when there is degeneracy

Possible & convenient to choose base such that (15) holds.

Analog of (9)

$$(16)\qquad \begin{cases} f(x, y, z) = \sum c_k u_k(x, y, z) \\ c_k = \int u_k f \, d\tau \end{cases}$$

Remarks: Completeness of a set of e.f.'s — Role of complex solutions — Solution of time dependent equation

$$(17)\qquad \psi = \sum c_k e^{-\frac{i}{\hbar} E_k t} u_k$$

(Meaning of $|c_k|^2$)

10 - Linear Operators

a) Functions in a field. Examples of fields (x; x,y,z; points on sph. surface; finite set of points; ..)

b) Functions as vectors with infinite of finite number of dimensions

c) Operators

(1) $$g = \mathcal{O} f$$

examples $g = f^2$, $g = 3f^3$, $g = \frac{df}{dx}$, $g = \frac{d^2f}{dx^2}$

$g = (7x^2+1) \times f$ etc..

Important: unit operator (indicated by 1 or I)

(2) means $$g = 1 f$$ $$g = f$$

unit operator leave function unchanged

d) In Q. M. important linear operators

Defining property (a, b constants)

(3) $$\mathcal{O}(af+bg) = a\,\mathcal{O}f + b\,\mathcal{O}g$$

Examples: identity, or

$\mathcal{O} = 3$ (i.e. multiply times 3)

$\mathcal{O} = 7x^2+1$ (i.e. multiply by $7x^2+1$)

$\mathcal{O} = \frac{d}{dx}$ $\qquad$ $\mathcal{O} = \frac{d^2}{dx^2}$

Instead

$\mathcal{O}$ = take cube of

is not linear

Henceforth only lin. operators will be discussed

Phys 341—1954 10–2

e) Sum and difference of operators, defined by

(4) $$(A \pm B) f = Af \pm Bf$$

Commutative property $A+B=B+A$

Assoc. property $A+(B+C)=(A+B)+C$ and similar are evident.

f) Product by a number

(5) $$(aA)f = a(Af)$$

g) Product of two operators A, B

(6) $$(AB)f = A(Bf)$$

Assoc. property

(7) $$A(B+C) = AB + AC \quad \text{(evident)}$$

In general however

$$AB \neq BA \quad \text{(A and B do not commute)}$$

Example $A = x$ (i.e. multiply by x)

$$B = \frac{d}{dx}$$

Then

$$(AB)f = \left(x\frac{d}{dx}\right)f = x\frac{df}{dx} = xf'$$

But

$$(BA)f = \frac{d}{dx}(xf) = xf' + f$$

h) Commutator of A and B is

(8) $$AB - BA = [A, B]$$

Property

(9) $$[A, B] = -[B, A] \quad \text{(evident)}$$

Example

(10) $$\left[\frac{d}{dx}, x\right] = 1 \quad \text{(check)}$$

i) Powers of operator. Def. by

(11) $$A^n f = \underset{1}{A}(\underset{2}{A} \ldots \underset{n-1}{A}(\underset{n}{A} f))$$

Example $A = \frac{d}{dx}$ then $A^2 = \frac{d^2}{dx^2}$ $A^n = \frac{d^n}{dx^n}$

Property

(12) $$A^{n+m} = A^n A^m \quad \text{(evident)}$$

(13) $$[A^n, A^m] = 0 \quad (\text{ " })$$

Two powers of same operator commute

j) Inverse operator

$$A^{-1}$$

can be defined only when

(14) $Af = g$ can be solved for f. Then, by definition $f = A^{-1} g$

Properties

$$(A^{-1}A)f = A^{-1}(Af) = A^{-1}g = f \quad \text{that is}$$

(15) $$A^{-1}A = 1 \quad (\equiv \text{identity operator})$$

also

$$(AA^{-1})g = A(A^{-1}g) = Af = g \quad \text{that is}$$

(16) $$AA^{-1} = 1$$

And from (15) (16)

(17) $$[A, A^{-1}] = 0$$

k) Functions of an operator — Formal definition. Given a function $F(x)$ defined by analytical form (e.g. $F(x) = \sin x$, $F(x) = e^{\alpha x}$, $f(x) = \frac{x^2}{1-x}$, etc...) and operator A. Define

(18) $$F(A) = \sum_0^\infty \frac{F^{(n)}(0)}{n!} A^n$$

Observe: definition <u>not always</u> meaningful

Example: $A = \frac{d}{dx}$,

$$e^{\alpha A} = 1 + \alpha A + \frac{\alpha^2}{2!} A^2 + \dots + \frac{\alpha^n}{n!} A^n + \dots$$

$$= 1 + \alpha \frac{d}{dx} + \dots + \frac{\alpha^n}{n!} \frac{d^n}{dx^n} + \dots = \sum_0^\infty \frac{\alpha^n}{n!} \frac{d^n}{dx^n}$$

(19) $$e^{\alpha \frac{d}{dx}} f = \sum \frac{\alpha^n}{n!} \frac{d^n f}{dx^n} = f(x+\alpha)$$

Example: $A = x$ (i.e. multiply times x)

(20) Then $F(A) = F(x)$ (i.e. multiply by $F(x)$)

b) <u>Function of two (or more) operators</u>. Attempt to generalize (18)

(21) $$\left\{\begin{aligned} & F(A,B) = \sum_{n,m=0}^\infty \frac{F^{(n,m)}(0,0)}{n!\,m!} A^n B^m \\ & \text{where} \quad F^{(n,m)}(x,y) = \frac{\partial^{n+m} F(x,y)}{\partial x^n \partial y^m} \end{aligned}\right.$$

however ambiguous <u>except</u> when A, B commute because otherwise e.g. $A^2B \neq ABA \neq BA^2$

Rule <u>sometimes</u>: symmetrize products i.e.

(22) $AB \to \frac{AB+BA}{2}$ $\quad A^2B \to \frac{A^2B + ABA + BA^2}{3}$

and similar

Phys 341 – 1954 11-1

11 – Eigenvalues and Eigenfunctions

Eigenvalue problem

(1) $$A\psi = a\psi$$ A = operator (linear), a = number, ψ = function

ψ usually restricted to regular, single valued functions – Typical restrictions $\psi(x)$ finite everywhere including infinite distance – For fields with a boundary (e.g. square) usual condition ψ vanishes on boundary

In gen. solutions only for special values of a called eigenvalues –

(2) $$A\psi_n = a_n\psi_n$$ a_n = eigenvalue, ψ_n = eigenfctn.

Example, time indep. Schrödinger eq

(3) $$\left(-\frac{\hbar^2}{2m}\nabla^2 + U\right)\psi = E\psi$$

E = eigenvalue of operator $-\frac{\hbar^2}{2m}\nabla^2 + U$

ψ = corresp. e. f.

Non degenerate e.v. when only one ψ_n except for const. factor

degenerate otherwise (double, triple, etc. degeneracy)

$a_1 \; a_2 \ldots a_n \ldots$ be all e.v.'s of (2) (each repeated times degeneracy)

$\psi_1 \; \psi_2 \ldots \psi_n \ldots$ be e.f.'s

In Sect (9) for (3) ψ_n form orthog. system

Phys 341 – 1954 11-2

Definition – Scalar product of f, g (functions

(4) $(g|f) = \int g^* f$ (Observe $(g|f) = (f|g)^*$)

$\int = \int dx$ or $\int dx\,dy\,dz$ or $\sum_{\text{all points}}$

Definition g, f orthogonal when

(5) $(g|f) = 0$ or $\int g^* f = 0$

Question – When will e.f's of (2) (corresponding to different a_i's) be orthogonal?

answer – When A is →

→ Definition – Hermithian operator A (defined) has property

(6) $(g|Af) = (Ag|f)$ or

$\int g^*(Af) = \int (Ag)^* f$

Example of hermithian operators

$x\,,\ \frac{\hbar}{i}\frac{\partial}{\partial x}\,,\ \nabla^2,\ -\frac{\hbar^2}{2m}\nabla^2 + U(x,y,z)$

needed appropriate boundary conditions

(7) Lemma – A hermithian
$(f|Af) =$ real number

Proof $(f|Af) = (Af|f) = (f|Af)^*$

(8) Theorem – A hermithian – E.V. real

Proof $A\psi_n = a_n\psi_n$

$(\psi_n|A\psi_n) = a_n(\psi_n|\psi_n)$ $a_n = \frac{(\psi_n|A\psi_n)}{(\psi_n|\psi_n)} = \frac{\text{real}}{\text{real}} = \text{real}$

Phys 341- 1954 11-3

(9) { **Theorem** $\underline{A}$ hermithian $a_n \neq a_m$ then ψ_n orthog to ψ_m

Proof

$$A\psi_n = a_n \psi_n \quad \Big| \int \psi_m^*$$
$$A\psi_m = a_m \psi_m$$
$$(A\psi_m)^* = a_m \psi_m^* \quad \Big| -\int \psi_n$$

(because a_m is real)

$$\underbrace{\int \psi_m^* A \psi_n - \int (A\psi_m)^* \psi_n}_{=0 \text{ because } A \text{ is herm.}} = (a_n - a_m) \underbrace{\int \psi_m^* \psi_n}_{=(\psi_m|\psi_n)}$$

Therefore

$$(a_n - a_m)(\psi_m | \psi_n) = 0$$

$(\psi_m|\psi_n) = 0$ when $a_n \neq a_m$

QED

Quasi theorems

(10) { If $(f|Af)$ is real for all f's A is herm (inverse of (7))

(11) { If all $(\psi_n|\psi_m) = 0$ for all $a_n \neq a_m$ A is hermithian (Inverse of (9))

These quasitheorems will be made plausible later

Normalized orthogonal e.f.s

(12) { A hermithian
$a_1\ a_2 \ldots\ a_n \ldots$
$\psi_1\ \psi_2 \ldots\ \psi_n \ldots$

ψ_r orthog to ψ_s when $a_r \neq a_s$. If there is degeneracy proceed like page 9-3

Normalization. Divide each ψ_n by $\sqrt{(\psi_n|\psi_n)}$. After <u>all</u> this for new ψ_n

$$(\psi_r|\psi_s) = \delta_{rs} \tag{13}$$

<u>Quasi theorem</u> — Development of "arbitrary" f

$$f = \sum c_n \psi_n \qquad c_n = (\psi_n|f) \tag{14}$$

or identity

$$f = \sum (\psi_n|f)\psi_n \tag{15}$$

(Plausible later) (for all f's)

When (15) is correct (12) is called <u>complete</u> <u>normalized</u> <u>orthogonal</u> <u>set</u>.

Definition: mean value $\bar{A}$ of operator A relative to function ψ

$$\bar{A} = \frac{(\psi|A\psi)}{(\psi|\psi)} \tag{16}$$

Example: if $A = x$ and ψ norm to 1

$$\bar{x} = \int \psi^* x \psi = \int x|\psi|^2 d\tau \tag{17}$$

Therefore ~~wt.~~ weight used in averaging x is $|\psi|^2$

<u>Theorem</u> The ~~av~~ <u>mean value</u> of a <u>hermitian</u> operator is <u>real</u> (follows from (7) + (16))

<u>Quasi theorem</u> — If the mean value of an operator relative to ~~every~~ all functions is real, the operator is hermitian (plausible later; can be proved easily from (15))

Phys 341 – 1954 11-5

Dirac $\delta(x)$ function

(18) $\int \delta(x)\,dx = 1$ <u>when interval includes $x=0$</u>

x

0

(19) $\delta(x) = \lim_{\alpha=\infty} \sqrt{\frac{\alpha}{\pi}}\, e^{-\alpha x^2}$

or

(20) $\delta x = \lim_{\alpha=\infty} \frac{\sin \alpha x}{\pi x}$

or other forms—

Properties

(21) $\int_{-\infty}^{\infty} f(x)\,\delta(x-a)\,dx = f(a)$

Take derivative respect a

(21) $-\int_{-\infty}^{\infty} f(x)\,\delta'(x-a) = f'(a)$

<u>Use with caution!!</u>

Fourier development

(22) $\delta(x) = \frac{1}{2\pi}\int_{-\infty}^{\infty} e^{ikx}\,dk$

Also dev. in e.f.'s (like (15))

$\delta(x-x') = \sum_n \left(\psi_n(x) \middle| \delta(x-x')\right) \psi_n(x)$ (from (21))

(23) $\delta(x-x') = \sum_n \psi_n^*(x')\,\psi_n(x)$

Phys 341 – 1954 12-1

12 – Operators for mass point.

Six operators on $\psi(x,y,z)$

All six operators are hermitian

(1) $x, y, z, \frac{\hbar}{i}\frac{\partial}{\partial x} = p_x, \frac{\hbar}{i}\frac{\partial}{\partial y} = p_y, \frac{\hbar}{i}\frac{\partial}{\partial z} = p_z$

ⓐ assume ψ describes small wave packet:

n = unit vector

$$\psi \sim e^{\frac{i}{\lambda} n \cdot x}$$

$$\lambda \approx \frac{\hbar}{mV}$$

Derive from (11-16) (fairly obvious)

(2) $\left\{ \begin{array}{l} \bar{x}, \bar{y}, \bar{z} = \text{approximate coordinates of wave packet} \\ \bar{p}_x, \bar{p}_y, \bar{p}_z = \text{approximate components of mom. vector } mV\vec{n} \end{array} \right.$

(This last: $\bar{p}_x = \frac{(\psi | \frac{\hbar}{i}\frac{\partial \psi}{\partial x})}{(\psi|\psi)} \approx \frac{\hbar}{\lambda} n_x = mVn_x$

$\frac{\hbar}{i}\frac{\partial \psi}{\partial x} \approx \frac{\hbar}{i}\frac{i}{\lambda} n_x \psi$)

ⓑ (2) suggests that operators (1) have something to do with coordinates & mom. components.
<u>Further</u> <u>conformation</u>.
Write energy (Kin + Potential of point)

(3) $E = \frac{1}{2m}(p_x^2 + p_y^2 + p_z^2) + U(x,y,z) = H(x, \ldots, p_z)$

Interpret above as function of operators (1). This Operator function of operators is defined as in (10-21) <u>but</u> in this case definition is quite <u>unambiguous</u>

Phys 341 - 1954 12-2

(4) $\begin{cases} U(x,y,z) \to \text{Operator that multiplies times } U(x,y,z) \\ p_x^2+p_y^2+p_z^2 \to \left(\frac{\hbar}{i}\right)^2 \left\{\frac{\partial}{\partial x}\frac{\partial}{\partial x}+\dots\right\} \end{cases}$

$$= -\hbar^2\left(\frac{\partial^2}{\partial x^2}+\dots\right) = -\hbar^2\nabla^2$$

Therefore operator (hermithian)

(5) $H = -\frac{\hbar^2}{2m}\nabla^2 + U$

Applied to function ψ yields

(6) $H\psi = -\frac{\hbar^2}{2m}\nabla^2\psi + U\psi$ ← This means merely ordinary product U times ψ

H is called <u>energy operator</u> or <u>hamiltonian operator</u>

From previous examples, especially linear oscillator & hydrogen atom appears that

The e.v.'s of H are the energy levels of system.

(c) <u>Suggested generalization</u>. <u>Postulate</u>.

Consider classical function of state of system (e.g.; y coordinate; z-component of momentum; kin. energy; x component of ang. momentum & similar). All these expressible classically as functions of (x,y,z,p_x,p_y,p_z)

Phys 341—1954 12-3

Form corresponding operator functions

$\left[x;\ p_z = \frac{\hbar}{i}\frac{\partial}{\partial z};\ -\frac{\hbar^2}{2m}\nabla^2;\ M_x = y p_z - z p_y = \right.$

$\left. = \frac{\hbar}{i}\left(y\frac{\partial}{\partial z} - z\frac{\partial}{\partial y}\right) \text{ and similar} \right]$ Note:

all these operators must be chosen hermithian

Postulate 1 — The only possible results of a measurement of a function $F(x\,y\,z\,p_x\,p_y\,p_z)$ coordinate and momenta are the eigenvalues of the corresponding hermithian operator.

Discussion of meaning of state in classical + wave mechanics

Postulate 2 — Wave mechanical state is determined by function ψ. However two ψ's proportional to each other represent the same state. ψ varies in time according to the time dep. Sch. eq.

Question. How does one determine the initial ψ? Answer: measure a quantity $F(\vec{x}, \vec{p})$. Result of measurement will be one of the e.v.'s of F, say F_n. If F_n is non degenerate ψ immediately after the measurement is the e.f. of F corresponding to given e.v. If there is degeneracy more measurements are needed, as will be seen later.

Phys 341 – 1954 12-4

E.v. problem

(7) $$G\, g_n(\vec{x}) = G_n\, g_n(\vec{x})$$

G = Herm. operator fct of $\vec{x}, \vec{p}$

G_n = eigenvalue (G_n is a <u>number</u>)

$g_n(x)$ = eigenfunction.

Develop ψ ~~in a linear combination of $g_n(\vec{x})$~~

(8) $$\begin{cases} \psi = \sum_n b_n\, g_n(\vec{x}) \\ b_n = (g_n|\psi) = \int g_n^* \psi\, d\tau \end{cases}$$

b_n is a number

this is state fct at time t

(9) <u>Postulate 3</u> – If $G(x,p)$ is measured probability of finding as result $G = G_n$ is proportional to
$$|b_n|^2$$

<u>Observe</u>: if ψ normalized $\sum |b_n|^2 = 1$

Proof
$$1 = (\psi|\psi) = \left(\sum_n b_n g_n \,\middle|\, \sum_s b_s g_s\right) =$$
$$= \sum_{ns} b_n^* b_s (g_n|g_s) = \sum_{ns} b_n^* b_s \delta_{ns} = \sum_n b_n^* b_n = \sum |b_n|^2$$

<u>Therefore</u>: when ψ is normal. to 1

(10) $|b_n|^2$ = prob. of finding by measurement $G = G_n$

<u>Then</u>: Mean value of possible results of measuring G (ψ is normalized to 1)

$$\overline{G} = \sum_n |b_n|^2 G_n = \sum_n b_n^* G_n b_n = \sum_{sn} b_s^* G_n b_n \delta_{sn} =$$

Phys 341–1954 12-5

$$= \sum_{sn} b_s^* G_n b_n (g_s|g_n) = \left(\sum_s b_s g_s \Big| \sum_n b_n G_n g_n\right) =$$

$$= \left(\psi \Big| \sum_n b_n G g_n\right) = \left(\psi \Big| G \sum_n b_n g_n\right) =$$

$$= (\psi|G\psi) = \frac{(\psi|G\psi)}{(\psi|\psi)}$$ ← This denominator is $= 1$

Therefore: (compare with (11-16))

Theorem. The average of op. G in the sense of (11-16) is the weighted average of of possible results that can be obtained by measuring quantity $G(\vec{x}, \vec{p})$.

Complications when e.v.'s of G are continuous

Example: op. x

$$x f(x) = x' f(x) \qquad x' = \text{number}$$

Solution $f(x) = \delta(x - x')$ = corresp. e.f.

$\delta(x - x')$ is not normalizable.

However: in sum's like (8), write $\int$ instead of $\sum$ as follows

$$n \to x'$$

$$g_n(x) \to \delta(x - x')$$

$$b_n = (g_n^*|\psi) \longrightarrow (\delta(x - x')|\psi)\, dx'$$

$$\sum_n \to \int$$

then the inadequate normalization is compensated for by infinitesimal factor dx' → And all formulas become correct

Phy 341 - 1954 12-6

(11) Dens. of prob. of point being at $x=x'$ (8) (9)

$$\left|\left(\delta(x-x')\,|\,\psi(x)\right)\right|^2 = \left|\int \delta(x-x')\,\psi(x)\,dx\right|^2 = \left|\psi(x')\right|^2$$

← familiar result!

Mean value of x

(12) $$\bar{x} = (\psi\,|\,x\psi) = \int x\,|\psi|^2\,dx$$ (ψ normalized to one)

Second example operator

(13) $$p = \frac{\hbar}{i}\frac{d}{dx}$$

e.v. equation (p = operator, p' = number)

(14) $$p\,f(x) = p'f(x)$$
$$\frac{\hbar}{i}f'(x) = p'f(x)$$

general solution

(15) $$f(x) = e^{\frac{i}{\hbar}p'x}$$

(This is e.f. for eigenvalue p'. All $-\infty < p' < +\infty$ are allowable)

Again small trouble with normalization (15) not strictly normalizable — In this case same like (8) changed as follows

(16) $$n \to p' \qquad g_n(x) \to e^{\frac{i}{\hbar}p'x} \qquad b_n = (g^*|\psi) \to \left(e^{\frac{i}{\hbar}p'x}\,|\,\psi\right)$$

$$\sum_n \to \int \frac{dp'}{2\pi\hbar}$$ (notice factor $\frac{1}{2\pi\hbar}$) this factor is needed for completeness [see (11-23) and (11-22)]

$$\delta(x-x') = \sum g_n^*(x')\,g_n(x) \to \int \frac{dp'}{2\pi\hbar}\,e^{\frac{i}{\hbar}p'(x-x')} = \delta(x-x')$$

Phys 341—1954 12-7

~~Dens of~~ Prob of finding p', $p'+dp'$

$$(18)\left\{\begin{aligned}&\frac{dp'}{2\pi\hbar}\left|\left(e^{\frac{i}{\hbar}p'x}\middle|\psi(x)\right)\right|^2 \quad \text{(ψ normalized)}\\ &=\frac{dp'}{2\pi\hbar}\left|\int e^{-\frac{i}{\hbar}p'x}\psi(x)\,dx\right|^2\end{aligned}\right.$$

Notice prob propor. to sq. modulus of Fourier coefficient

Check that total prob. $=1$ (from (17) and normalization)

Mean value of momentum

Two expressions — From (18)

$$(19)\quad \overline{p}=\frac{1}{2\pi\hbar}\int p'dp'\left|\int e^{-\frac{i}{\hbar}p'x}\psi(x)\,dx\right|^2$$

or from p. 12-5 and normalization

$$(20)\quad \overline{p}=(\psi|p\psi)=\frac{\hbar}{i}(\psi|\psi')=\frac{\hbar}{i}\int\psi^*\psi'\,dx$$

part integration $\overset{\downarrow}{=}-\frac{\hbar}{i}\int\psi'^*\psi\,dx=\frac{\hbar}{2i}\int(\psi^*\psi'-\psi'^*\psi)\,dx$

Proove: (19) & (20) are equivalent

[write (19) as double integral and use (17)]

Phys 341 – 1954 13-1

13 - Uncertainty principle

Definite x $x=x'$ means $\psi(x)=\delta(x-x')$

Fourier has all comp with eq. amplitude

Hence no momentum limitation

(1) $\boxed{\delta x = 0 \rightarrow \delta p = \infty}$

Definite $p=p' \rightarrow \psi = e^{\frac{i}{\hbar}p'x}$ $|\psi|^2=1$

hence

(2) $\boxed{\delta p = 0 \rightarrow \delta x = \infty}$

Interm. case

$$\psi(x) = \begin{cases} e^{ikx} & |x|<a \\ 0 & |x|>a \end{cases}$$

(3) $\boxed{\delta x = a}$

−a 2a +a

From (12-18)

$$\int_{-a}^{a} e^{-\frac{i}{\hbar}p'x} e^{ikx}\,dx = \int_{-a}^{a} e^{i\left(k-\frac{p'}{\hbar}\right)x}\,dx =$$

$$= \frac{\sin\left((p'-\hbar k)\frac{a}{\hbar}\right)}{p'-\hbar k} \times 2\hbar$$

Prob distrib of p' is $\sim \dfrac{\sin^2 (p'-\hbar k)\frac{a}{\hbar}}{(p'-\hbar k)^2}$

$\hbar k$ $\frac{2\pi\hbar}{a}$ p' therefore

(4) $\delta p' = \dfrac{\pi\hbar}{a}$

Phys 341—1954 13-2

(3) + (4) ⇒

(5) $$\delta x\, \delta p \approx \hbar$$

(Uncertainty principle)

Quantitatively one proves that for any ψ

(6) $$\delta x\, \delta p \geq \frac{\hbar}{2}$$ (See Persico — Quantum Mech. p. 110 ff, p. 118)

For discussion of examples Schiff pp. 7 to 15

x + p are <u>complementary</u> according to (5)

Complementarity of time (t) and energy (E)

(7) $$\delta t\, \delta E \approx \hbar$$

has various meanings.

1) Freq. of short duration phenomenon (lasting δt) has broad band ($\delta\omega$). Find as (3) + (4)

(8) $$\delta t\, \delta\omega \approx 1$$

In wave mech. $E = \hbar\omega$, hence (7).

States of a system of short life cannot have energy more sharply defined than corresponds to (7).

2) Discussion of measurement procedures has shown that in order to measure energy accurately (δE) a time of at least $\delta t \approx \hbar/\delta E$ is needed.

All this will be discussed more sharply later

Phys 341 – 1954 14-1

14 – Matrices

Functions in finite field (name points of field $1, 2, \ldots, n$) f is ensemble of n (complex) numbers $(f_1\ f_2 \cdots f_n)$.
Discuss: functions in continuous fields as limit of functions in ~~…~~ a finite number of points. (e.g. describe an $f(x)$ by a table).
Consider now field of n points.

(1) $f \equiv (f_1, f_2, \ldots, f_n)$ considered as vector with complex components (n-dimensional). Limit to $n \to \infty$ (even continuous infinity) yield identification of ~~all~~ functions with vectors in Hilbert space — Will estabilish theorems for finite n and in many cases results can be generalized.

Scalar product of $f \equiv (f_1\, f_2 \cdots f_n)$ & $g \equiv (g_1\, g_2 \cdots g_n)$

(2) $$(g|f) = \sum_1^n g_s^* f_s \quad \text{(analog of (11-4))}$$

Observe

(3) $$(g|f) = (f|g)^*$$

(4) Magnitude of "vector" $f = (f|f) = \sum_1^n |f_s|^2$

(5) Unit "vector" = "vector" of magnitude one

(6) Orthogonal vectors ~~…~~ f & g, when $(f|g) = 0$ or equivalent $(g|f) = 0$

Phys 341 – 1954 14-2

Base of n lin. indipendent "vectors"

(7) $e^{(1)}, e^{(2)}, \ldots, e^{(n)}$

Condition: no linear comb. of the e's vanishes unless all coeff are zero. Expressed by

(8) $\det \| e^{(i)}_k \| = 0$

Then: any f = lin comb of e's

(9) $f = \sum a_i e^{(i)}$ (Determine coefficients a_i by solving n lin. eq. with $\det \neq 0$)

Orthonormal base when

(10) $(e^i | e^k) = \delta_{ik}$

If (10) then

(11) $a_i = (e^i | f)$

and identity

(12) $f = \sum_i (e^i | f) e^i$

} (evident)

~~~~~~~~~~~~~~~~~~~~~~~~

Operators: Op. $\mathcal{O}$ is rule to convert a "vector" f into another g (in same field)

(13) $g = \mathcal{O} f$ (g equals $\mathcal{O}$ applied to f)

Means: components of g are functions of components of f

(14) $g_k = \mathcal{O}_k (f_1, f_2, \ldots f_n)$ ($\mathcal{O}_1, \mathcal{O}_2, \ldots \mathcal{O}_n$ are n functions of n variables each defining op. $\mathcal{O}$)

Linear operators defined as on p. 10-1 by property

(15) $\mathcal{O}(af + bg) = a\mathcal{O}f + b\mathcal{O}g$ (a, b constants; f, g "vector"s)
~~~~~~~~~~~~~~~~~~~~~~~~

Phys 341 – 1954 14-3 10-2

Theorem For finite field: most general linear operator is a linear and homog. substitution

$$g = \mathcal{O} f$$

(16)
$$\begin{cases} g_1 = a_{11} f_1 + \cdots + a_{1n} f_n \quad \text{or} \\ \cdots\cdots\cdots \\ g_n = a_{n1} f_1 + \cdots + a_{nn} f_n \\ g_k = \sum_{l=1}^{n} a_{kl} f_l \end{cases}$$

(a's constants)

Proof: evident (16) is a linear operator. Prove (16) only type of linear operator. Assume $\mathcal{O}$ defined by (14) is linear. Apply (15) with

(17) $$\mathcal{O}(p + \varepsilon f) = \mathcal{O}p + \varepsilon \mathcal{O} f$$

(p, f are functions, ε is infinitesimal constant)

$$(\mathcal{O}p)_k = \mathcal{O}_k(p_1, \ldots, p_n)$$

$$(\mathcal{O}f)_k = \mathcal{O}_k(f_1 \ldots f_n)$$

$$(\mathcal{O}(p + \varepsilon f))_k = \mathcal{O}_k(p_1 + \varepsilon f_1, \ldots) =$$

$$= \mathcal{O}_k(p_1, \ldots) + \varepsilon \left\{ \frac{\partial \mathcal{O}_k(p)}{\partial p_1} f_1 + \frac{\partial \mathcal{O}_k(p)}{\partial p_2} f_2 + \cdots \right\}$$

Find from (17)

$$(\mathcal{O}f)_k = \sum \frac{\partial \mathcal{O}_k(p)}{\partial p_i} f_i$$

Coefficients indep. of f's, hence constants

QED.

Henceforth consider only linear operators like (16)

Phys 341-1954 14-4

Operator (linear) (16) represented by $n\times n$ square matrix of coefficients

$$(18)\quad O=\begin{Vmatrix} a_{11} & a_{12} & \cdots & a_{1n} \\ a_{21} & a_{22} & \cdots & a_{2n} \\ - & - & - & - \\ a_{n1} & a_{n2} & \cdots & a_{nn} \end{Vmatrix}$$

(do not confuse with a determinant which is one number)

Also rectangular matrices (n rows $\times$ m columns) (e.g.) "vector" f represented by "vert. slot" matrix ($1\times n$)

$$(19)\quad f=\begin{Vmatrix} f_1 \\ f_2 \\ \vdots \\ f_n \end{Vmatrix}$$

<u>Algebra of matrices</u> — Def. of operations

(20) (Multiply times a number $\underline{a}$ = multiply all elements by $\underline{a}$

(21) Add & subtract (possible only for matrices that have all the same number of rows and all the same number of columns) = Matrix sum (or difference) is a matrix in which each element is the sum (or the difference) of the corresp. elements of the original matrices: Example

$$\begin{vmatrix} a_{11} & a_{12} & a_{13} \\ a_{21} & a_{22} & a_{23} \end{vmatrix} + \begin{vmatrix} b_{11} & b_{12} & b_{13} \\ b_{21} & b_{22} & b_{23} \end{vmatrix} = \begin{vmatrix} a_{11}+b_{11} & a_{12}+b_{12} & a_{13}+b_{13} \\ a_{21}+b_{21} & a_{22}+b_{22} & a_{23}+b_{23} \end{vmatrix}$$

<u>Theorems</u>: elementary properties hold for above <u>operations</u>

<u>Product of two matrices</u>, A and B

$$(22)\quad AB=C$$

Phys 341 – 1954 14-5

defined only when A has as many columns as B has rows. Definition

(23)
$$A = \| a_{ik} \| \quad \begin{matrix} i = 1, 2, \ldots n \\ k = 1, 2, \ldots m \end{matrix} \Big\} \begin{matrix} n = \text{number of rows} \\ m = \text{number of col.} \end{matrix}$$

$$B = \| b_{jl} \| \quad \begin{matrix} j = 1, 2, \ldots m \\ l = 1, 2, \ldots, p \end{matrix} \Big\} \begin{matrix} m = \text{no. of rows} \\ p = \text{no. of colms} \end{matrix}$$

Product $C = AB$

$$C = \| c_{rs} \| \quad \begin{matrix} r = 1, 2, \ldots n \\ s = 1, 2, \ldots p \end{matrix}$$

Product has as many rows as A and as many col'ms as B

(24)
$$\underbrace{\boxed{A}}_{n \times m} \times \underbrace{\boxed{B}}_{m \times p} = \underbrace{\boxed{C}}_{n \times p}$$

Elements of product matrix obtained from rule

(25)
$$c_{rs} = \sum_{k=1}^{m} a_{rk} b_{ks}$$

(Rule of product rows × columns)

Most important special case. Product of square matrices (of equal side n) (like (18))

Then ⓐ product AB also is a sq. matrix of order n

ⓑ Product in inverted order BA can be defined and it too is sq. matrix but in general <u>different</u> from AB

all this for square matrices

$$(26)\quad \begin{cases} (AB)_{rs} = \sum_k a_{rk} b_{ks} \\ (BA)_{rs} = \sum_k b_{rk} a_{ks} \end{cases}$$

Theorem:
$\det(AB) = \det(A) \times \det(B)$.
evident because product of sq. matrices has same rules as rows × col. prod. of determinants

(27) Definition of commutator (for sq. matrices)

$$(28)\quad [A, B] = AB - BA$$

property: evident
$[A,B] = -[B,A]$

Unit matrix (definition)

$$(29)\quad 1 = \begin{vmatrix} 1 & 0 & \dots & 0 \\ 0 & 1 & \dots & 0 \\ - & - & - & - \\ 0 & 0 & & 1 \end{vmatrix}$$

diagonal square matrix with all elements on main diagonal = 1

Property

$$(30)\quad \begin{cases} 1A = A1 = A \\ [1, A] = 0 \end{cases}$$

direct from (25) or (26)

Inverse of a matrix $B = A^{-1}$

Defined by

$$(31)\quad A^{-1}A = AA^{-1} = 1$$

<u>Question</u> when does inverse matrix exist?

<u>answer</u>: when $\det(A) \neq 0$ because then verify <u>rule</u>

$$(32)\quad (A^{-1})_{rs} = \frac{\text{algebraic minor index}(s,r) \text{ in } A}{\text{determinant of } A}$$

<u>Property</u>

$$(33)\quad \det(A^{-1}) = \frac{1}{\det(A)}$$

Property

$$(34)\quad [A^{-1}, A] = 0$$

Phys 341-1954 14-7

Property: For operator matrices like (16) all definitions of algebraic operations above are derivable ~~and~~ from and consistent with the definitions of operator algebra given in Sect. 10. (Check one by one).

In particular define for square matrices a matrix that is a function of another matrix by same procedure of p. 10-4

Product of a square matrix by a vertical slot matrix (like (18) + (19))

(35) $\mathcal{O} f = g$ $\quad \square \times \| = \|$

g is a vert. slot are given ~~by~~ ~~(16)~~ according to the matrix product rule (25) by equations (16).

(36) **Therefore**: (35) can be read with identical results either: Square matrix $\mathcal{O}$ × (vert slot f) = = vert slot g

or Operator $\mathcal{O}$ applied to function f = function g

Transposed matrix of A — definition

(37) $\begin{cases} A^{\text{trans}} = \text{matrix A in which rows and columns have been interchanged or (equivalent)} \\ \left(A^{\text{trans}}\right)_{ik} = A_{ki} \end{cases}$

Particular cases:

A = sq. matrix (e.g. Operator matrix)
A^{trans} is obtained by changing each element with the one symmetric with respect to main diagonal

f = vert. slot (function or "vector")
f^{trans} = horizontal slot $= \| f_1, f_2, \cdots, f_n \|$

Conjugate matrix of A — definition

(38) $\begin{cases} A^* = \text{matrix A in which each element is changed into its compl. conjugate} \\ (A^*)_{ik} = a^*_{ik} \end{cases}$

Adjoint matrix of A — (very important)

Notation for this matrix will be $\tilde{A}$

Definition

(39) $\begin{cases} \tilde{A} \text{ obtained from A by transposition and conjugation} \\ (\tilde{A})_{ik} = A^*_{ki} \end{cases}$

Example

$$A = \begin{vmatrix} 1 & 2+i & 3 \\ 2 & 1+i & 1-i \\ 0 & 0 & 1 \end{vmatrix} \qquad \tilde{A} = \begin{vmatrix} 1 & 2 & 0 \\ 2-i & 1-i & 0 \\ 3 & 1+i & 1 \end{vmatrix}$$

Phys 341 — 1954 14-9

Other example

(40) $f = \begin{vmatrix} f_1 \\ f_2 \\ f_3 \end{vmatrix}$ $\tilde{f} = | f_1^* \; f_2^* \; f_3^* |$

---

f & g are "vertical slots" i.e. functions.

$\tilde{g} f$ is then a matrix of one row and one column (See (23) + (24)) that is a number

Find

(41) $\tilde{g} f = \sum_1^n g_s^* f_s = (g|f)$

A, B, C, ..., K, L are matrices with such numbers of rows and columns that product matrix

$P = ABC \ldots KL$ can be defined

(42) Needed: No. of rows of each matrix = no. of columns of successive matrix

Then $\tilde{P} = \tilde{L} \tilde{K} \ldots \tilde{C} \tilde{B} \tilde{A}$

That is. The adjoint of a matrix product is the product of the adjoint matrices taken in opposite order. Proof evident from definitions.

For matrix $\tilde{g} f$ of one row and one col. of (41). adjoint is = for this case to complex conjugate

(43) $\widetilde{\tilde{g} f} = (\tilde{g} f)^* = \tilde{f} g = (f|g)$

Phys 341-1954 15-1

15- Hermithian matrices - Eigenvalue problems.

(1) A square ((n×n)) matrix is Hermithian when each of its elements is compl. conjugate of the one symmetric to it with respect to main diagonal. If A is hermithian

$$a_{ik} = a_{ki}^*$$

(2) Therefore a hermithian matrix is equal to its adjoint and vice versa (selfadjoint)

$$\tilde{A} = A \quad \text{when A is hermithian}$$

All matrices

$$\begin{vmatrix} 1 & 0 \\ 0 & -1 \end{vmatrix} \quad \begin{vmatrix} 0 & 1 & 1 \\ 1 & 0 & 0 \\ 1 & 0 & 0 \end{vmatrix} \quad \begin{vmatrix} 0 & -i & e^{i\alpha} \\ i & 0 & e^{-i\beta} \\ e^{-i\alpha} & e^{i\beta} & 3 \end{vmatrix} \quad \begin{vmatrix} 0 & -i \\ i & 0 \end{vmatrix}$$

are hermithian.

(3) Observe: the diagonal elements of a hermithian matrix are real numbers

(4) Theorem (evident from definitions). If A, B, C, ... are herm. matrices and a, b, c, ... are real numbers then

$$aA + bB + cC + .. \quad \text{is hermithian}$$

(5) Theorem - If A is hermithian all its powers are hermithian. That is

$$A^s = \widetilde{A^s}$$

Proof: $\widetilde{A^s} = \widetilde{AA \ldots A} = \tilde{A}\tilde{A}\ldots\tilde{A} = (\tilde{A})^s = A^s$

(6) Theorem - If A is hermithian its determinant is real.

$$\det(A) = \text{real number}$$

Proof: $\det(A) = \det(A^{\text{trans}}) = [\det(\tilde{A})]^* = [\det(A)]^*$

Phys 341 – 1954 15-2

(7) **Theorem** – If A is hermitian, so is A^{-1}

Proof: $1 = AA^{-1} = \widetilde{A^{-1}}\widetilde{A} = \widetilde{A^{-1}}A$ → therefore

(because 1 is hermitian) (because A is herm.)

→ $\widetilde{A^{-1}} = A^{-1}$

because its product with A is = 1

From these theorems follows an

(8) Important theorem. If $F(x)$ is a real function of the real variable x such that for it one can define a matrix $F(A)$ with is a function of a matrix A according to p. 14-7 and p. 10-4. Then

if A is hermitian $F(A)$ is hermitian

because the series expansion of $F(x)$ has real coefficients and (5) (4).

(9) If A, B are herm in general their product AB is not hermitian but symmetrized product

$$\frac{1}{2}(AB + BA) \text{ is hermitian}$$

Proof $\widetilde{\frac{1}{2}(AB+BA)} = \frac{1}{2}(\widetilde{B}\widetilde{A} + \widetilde{A}\widetilde{B}) = \frac{1}{2}(BA + AB) = \frac{1}{2}(AB+BA)$

(10) This permits in many cases to define a matrix that is a function $F(A,B)$ of two (or more) matrices in such a way that.

If F is the symbol of a real function of its variables and A, B are hermitian,

$F(A,B)$ is hermitian

Phys 341 – 1954 15-3

No difficulty when A, B commute because

(11) Theorem Ⓔ A, B are herm; Ⓔ $AB = BA$
Ⓘ $P = ABAABB$ or similar products of factors A or B is hermitian.
(Proof: Take adjoint of P, then reorder factors using assumptions to prove $\tilde{P} = P$)

(12) Property – Def. of hermitian operators (11-(6)) is consistent with def (1) of herm. matrix.
Because Ⓔ $A = \tilde{A}$ Ⓘ

$$(g|Af) = \tilde{g}Af = \tilde{g}\tilde{A}f = \widetilde{Ag}f = (Ag|f)$$

Eigenvalue problems for hermithian matrix operators

(13) Ⓔ $A = \tilde{A}$ Problem $A\psi = a\psi$ a = eigenvalue

$$\begin{aligned} a_{11}\psi_1 + a_{12}\psi_2 + \dots + a_{1n}\psi_n &= a\psi_1 \\ a_{21}\psi_1 + a_{22}\psi_2 + \dots + a_{2n}\psi_n &= a\psi_2 \\ &\dots \\ a_{n1}\psi_1 + a_{n2}\psi_2 + \dots + a_{nn}\psi_n &= a\psi_n \end{aligned}$$

Solvable when

$$(14)\quad \begin{vmatrix} a_{11}-a & a_{12} & \dots & a_{1n} \\ a_{21} & a_{22}-a & \dots & a_{2n} \\ \dots & \dots & \dots & \dots \\ a_{n1} & a_{n2} & \dots & a_{nn}-a \end{vmatrix} = 0$$

this is determinant (not matrix)

This is algebraic equation of nth degree (Secular equation). It has n roots, some of them, however may coincide in case of degeneracy

Phys 341 – 1954 15-4

All roots are real (Prove like (11-8))

eigenvalues $a_1\ a_2 \dots a_n$ eigenvectors $\psi^{(1)}\ \psi^{(2)} \dots \psi^{(n)}$

(15) **Therefore**. A hermithian matrix operator has n real eigenvalues; some of them may coincide

(16) **Theorem**. Eigenf. corresponding to different e.v's are orthogonal (Proof like (11-9)).

(17) **Theorem**. If the n roots of sec. eq. are all single then for each eigenvalue a_s there is only one ψ_s except for constant factor. (Proof given in algebra of determinants)

(18) **Rule for constructing ψ_s**. Substitute a_s for a in secular determinant (14). Then: The n algebraic minors of any one row of determinant are proportional to the components of vector $\psi^{(s)}$

Problem: construct the eigenvectors of

$$A = \begin{vmatrix} 0 & 1 & 0 \\ 1 & 0 & 1 \\ 0 & 1 & 0 \end{vmatrix}$$ and normalize them to 1

Same for $\begin{vmatrix} 0 & 1 \\ 1 & 0 \end{vmatrix}$ $\begin{vmatrix} 0 & -i \\ i & 0 \end{vmatrix}$ $\begin{vmatrix} 1 & 0 \\ 0 & -1 \end{vmatrix}$

(19) **Case of degeneracy**. An e.v. that is a solution of sec. eq. multiple of order q has q linearly independent e.f.'s – (This follows from algebra of determinants) – They can be chosen orthogonal and normalized to one.

Discuss geometrical analogy to ellypsoid

Phys 341–1954 15-5

(20) Choose orthonormal set
$$\psi^{(1)}\ \psi^{(2)} \ldots \psi^{(n)}; \quad \widetilde{\psi^{(r)}}\,\psi^{(s)} = \delta_{rs}$$
as <u>basis</u> for vector space.

(21) Development
$$f = \sum_s \left(\psi^{(s)} | f\right) \psi^{(s)}$$

This "prooves" quasitheorem (11-p.4) also proove easily all other quasi theorems of sect 11, reducing them to simple algebraic properties.

Analog of formula (11B-23). Put in (21)

$f_\rho = \delta_{\rho\sigma}$ $\left(\begin{matrix}\sigma = \text{fixed index}\\ \rho = \text{variable index}\end{matrix}\right)$. Then $f = \begin{vmatrix}0\\0\\1\\0\\0\end{vmatrix}$ ⓢ

$\left(\psi^{(s)} | f\right) = \psi_\sigma^{(s)*}$. Therefore

$$\delta_{\rho\sigma} = \sum_s \psi_\sigma^{(s)*} \psi_\rho^{(s)} \tag{22}$$

Alternate writing of above

$$\sum_s \psi^{(s)}\,\widetilde{\psi^{(s)}} = 1 \quad (\text{identity } n\times n \text{ matrix}) \tag{23}$$

<u>Observe</u>: a matrix operator is defined by giving its eigenvectors and the corresponding eigenvalues. (Because, then)

$$Af = \sum_s a_s \left(\psi^{(s)} | f\right) \psi^{(s)} \text{ is completely defined} \tag{24}$$

Phys 341 – 1954 16-1

16 – Unitary matrices – Transformations

(E) A hermitian, B hermitian

(1) $\begin{pmatrix} \psi^{(1)} \cdots \psi^{(n)} \\ a_1 \cdots a_n \end{pmatrix}$ are e.f.'s and e.v.'s of A — orthonormal set

(2) $\begin{pmatrix} \varphi^{(1)} \cdots \varphi^{(n)} \\ b_1 \cdots b_n \end{pmatrix}$ for B — also orthonormal

Problem: find matrix T (transformation) that converts $\varphi^{(s)}$ into $\psi^{(s)}$

(3) $$T\varphi^{(s)} = \psi^{(s)}$$

Solution
$$T\varphi^s \widetilde{\varphi^s} = \psi^s \widetilde{\varphi^s}$$
Sum over s and use (14-23)

(4) $$T = \sum_s \psi^s \widetilde{\varphi^s}$$

Analogy with transformation of coordinates

Definition. Unitary matrix Q has defining property

(5) $$\widetilde{Q}Q = 1 \quad \text{or} \quad (\widetilde{Q} = Q^{-1})$$

(6) Theorem. T is unitary: Proof:
$$\widetilde{T} = \sum \widetilde{\psi^s \widetilde{\varphi^s}} = \sum \varphi^s \widetilde{\psi^s}$$ Then using (15-20) and (15-23)
$$\widetilde{T}T = \sum_{s\sigma} \varphi^s \widetilde{\psi^s} \psi^\sigma \widetilde{\varphi^\sigma} = \sum_{s\sigma} \varphi^s \delta_{s\sigma} \widetilde{\varphi_\sigma} = \sum_s \varphi^s \widetilde{\varphi^s} = 1$$

Phys 341–1954 16-2

(7) Theorem ∃ T unitary
⊃ $(Tf|Tg) = (f|g)$
Proof: $(Tf|Tg) = \widetilde{Tf}\, Tg = \tilde{f}\,\tilde{T}\,T\,g = \tilde{f}g = (f|g)$

(8) Theorem ∃ T unitary ∃ $\psi^{(s)}$ an orthonormal set of n vectors
⊃ $T\psi^{(s)} = \varphi^{(s)}$ also form an orthonormal set.
(evident from (7))

Therefore: The unitary transformations transform an orthonormal base into another

(9) Orthonormal set $e^{(1)} = \begin{vmatrix} 1 \\ 0 \\ \vdots \\ 0 \end{vmatrix}$ $e^{(2)} = \begin{vmatrix} 0 \\ 1 \\ \vdots \\ 0 \end{vmatrix}$ $e^{(n)} = \begin{vmatrix} 0 \\ 0 \\ \vdots \\ 1 \end{vmatrix}$

Transformation

$$Te^{(s)} = \psi^{(s)} \text{ by unitary matrix}$$

$$T = \sum_s \psi^{(s)} \widetilde{e^{(s)}} = \begin{Vmatrix} \psi_1^{(1)} & \psi_1^{(2)} & \cdots & \psi_1^{(n)} \\ \psi_2^{(1)} & \psi_2^{(2)} & \cdots & \psi_2^{(n)} \\ \cdots & \cdots & \cdots & \cdots \\ \psi_n^{(1)} & \psi_n^{(2)} & \cdots & \psi_n^{(n)} \end{Vmatrix} \text{ or } T_{ik} = \psi_i^{(k)}$$

Transformations of coordinates of "vector" f

(10) $f = \begin{vmatrix} x_1 \\ x_2 \\ \vdots \\ x_n \end{vmatrix} = \sum x_i e^{(i)}$ to new "axes" $\psi^{(k)}$

$f = \sum x'_k \psi^{(k)}$

x_i "old" coord. of x
x'_k "new" " " x

Phys 341—1954 16-3

Relationship between new and old coord.

(11) $x'_k = \widetilde{\psi^k} f = \sum_s \psi_s^{(k)*} x_s = (\widetilde{T})_{ks} x_s$ (use (9))

or in matrix notation for vertical slots

$x = \begin{vmatrix} x_1 \\ x_2 \\ \vdots \end{vmatrix} \quad x' = \begin{vmatrix} x'_1 \\ x'_2 \\ \vdots \end{vmatrix} \qquad x' = \widetilde{T} x = T^{-1} x$

$x = T x'$

Observe: Tranformation of the coordinates is the inverse of the transformation of the base vectors

Transformation of a matrix operator A

Question. The matrix operator A defines a linear substit. on the coord. x of a vector. What is the corresponding linear subst. A' on the coordinates x' of same vector?

Answer: from (11) $x = Tx'$; from definition of question above

$\underline{Ax} = TA'x'$

$\| \qquad \to \quad T^{-1}ATx' = A'x'$

ATx' for an arbitrary x'. Therefore

(12) $\boxed{A' = T^{-1}AT = \widetilde{T}AT}$

or inverse

$A = TA'T^{-1} = TA'\widetilde{T}$

Phys 341-1954 16-4

A is <u>transformed</u> into A′ by T

<u>Properties</u> (E)

$$A' = T^{-1}AT$$
$$B' = T^{-1}BT$$
$$\cdots$$

(13) Then

$$A' \pm B' = T^{-1}(A \pm B)T$$
$$A'B' = T^{-1}(AB)T$$
$$A'^n = T^{-1}A^n T$$
$$F(A') = T^{-1}F(A)T \qquad \text{also } 1 = T^{-1}1T$$

and similar properties. <u>Verify directly</u>

The algebra of A′, B′, … is identical to the algebra of A, B, …

(14) Also: A′ has the same e.v's of <u>A</u>. and its e.f.'s are

$$\psi'^{(s)} = T^{-1}\psi^{(s)} = \tilde{T}\psi^{(s)} \quad \text{(check)}$$

or $T\psi'^{(s)} = \psi^{(s)}$

(15) <u>Trace</u> or <u>Spur</u> of a matrix A (sq. matrix)

$$Sp(A) = \sum_1^n A_{ss} \quad \text{(sum of elements of main diagonal)}$$

(16) <u>Theorem</u> A & A′ have same <u>spur</u>

$$Sp\,A' = Sp\,\tilde{T}AT = \sum_{ikr} (\tilde{T})_{ik} A_{kr} T_{ri} =$$
$$= \sum_{kr} A_{kr} (T\tilde{T})_{rk} = \sum A_{kr}\delta_{kr} = \sum A_{kk} = Sp\,A$$

Phys 341 – 1954 16-5

~~[crossed out]~~

Problem.

(17) A hermitian, T unitary $A' = \tilde{T} A T$

Determine T such that A' is diagonal

Answer

$$T = \sum_s \psi^{(s)} \widetilde{e^{(s)}} \quad \text{(see (9))}$$

Because

$$A' = \tilde{T} A T = \sum_{s\sigma} e^s \widetilde{\psi^s} \underbrace{A \psi^\sigma}_{a_\sigma \psi^\sigma} \widetilde{e^\sigma} = \sum_{s\sigma} a_\sigma e^s \underbrace{\widetilde{\psi^s} \psi^\sigma}_{\delta_{s\sigma}} \widetilde{e^\sigma}$$

$$= \sum_s a_s e^s \widetilde{e^s} = \sum_s a_s \begin{Vmatrix} 0 & 0 & 0 & 0 \\ 0 & 0 & 0 & 0 \\ 0 & 0 & 1 & 0 \\ 0 & 0 & 0 & 0 \\ 0 & 0 & 0 & 0 \end{Vmatrix} = \begin{Vmatrix} a_1 & 0 & & 0 \\ 0 & a_2 & \ddots & \\ & & & \\ 0 & 0 & & a_n \end{Vmatrix}$$

This means: A is made diagonal by taking its e.f.'s as the base of new coordinates

A is transformed in a diagonal matrix A' with the e.v.'s of on main diagonal.

T transforms the original base $e^{(s)}$ into $\psi^{(s)}$

(18) **Theorem**

$$\text{Spur}(A) = \sum_1^n a_s$$

Evident from previous and (16)

(19) **New** definition of a matrix $F(A)$. Three steps:

one Convert A to diagonal A' as in (17)

$$A' = \tilde{T} A T \qquad A = T A' \tilde{T}$$

two

$$F(A') = \begin{vmatrix} F(a_1) & 0 & 0 & \cdots \\ 0 & F(a_2) & 0 & \cdots \\ 0 & 0 & F(a_3) & \cdots \\ \cdots & \cdots & \cdots & \end{vmatrix}$$

three $F(A) = T F(A') \tilde{T}$

Phys 341 - 1954 16-6

Proove easily (using (13)) - Definition (19) is equivalent to gen. definition of p. 10-4 whenever that definition is meaningful.
But Definition (19) does not restrict F.

(20) Theorem

$$[A, F(A)] = 0$$

even when def. (19) is used. Proof:
$[A', F(A')] = 0$ because both diagonal, then use (13)

(21) Theorem (Inverse of (20)
If A, B commute and A is non degenerate

$$B = F(A)$$

Proof: Transform A into diag. matrix A' as in (17)

$$A' = \tilde{T} A T = \begin{vmatrix} a_1 & 0 & \\ 0 & a_2 & \\ 0 & 0 & \cdots \end{vmatrix}$$

$$B' = \tilde{T} B T$$

From $[A, B] = 0$ follows $[A' B'] = 0$

$[A', B']_{ik} = (a_i - a_k) b'_{ik} = 0$ From this and $a_i \neq a_k$ for $i \neq k$ follows $b'_{ik} = 0$ for $i \neq k$

Therefore B' also diagonal $= \begin{vmatrix} b_1 & 0 & 0 & \cdots \\ 0 & b_2 & 0 & \cdots \\ 0 & 0 & b_3 & \cdots \end{vmatrix} = B'$

Therefore $B' = F(A')$ provided F is one of the infinite fcs for which $F(a_1) = b_1$, $F(a_2) = b_2 \ldots F(a_n) = b_n$

Phys 341 — 1954 16–7

Transform back & use (18) to proove (21).

Incidentally we have proved:

(22) Theorem: A diagonal, non degenerate B, commutes with A. Then: also B must be diagonal

(23) If A in (22) is degenerate then B does not have to be diagonal. But B has the structure shown in the following example easily generalized

$$A = \begin{vmatrix} a_1 & 0 & 0 & 0 & 0 \\ 0 & a_1 & 0 & 0 & 0 \\ 0 & 0 & a_2 & 0 & 0 \\ 0 & 0 & 0 & a_2 & 0 \\ 0 & 0 & 0 & 0 & a_2 \end{vmatrix} \qquad B = \begin{vmatrix} b_{11} & b_{12} & & 0 & \\ b_{21} & b_{22} & & & \\ & & b_{33} & b_{34} & b_{35} \\ & 0 & b_{43} & b_{44} & b_{45} \\ & & b_{53} & b_{54} & b_{55} \end{vmatrix}$$

(24) This has important application.

Assume: A, B hermithian and $[A,B]=0$

Solve the e.v. probleme of A as on p. 15-3.

Then transform A into a diagonal matrix

$A' = \tilde{T} A T$ as in (17). Also $B' = \tilde{T} B T$. A' and B' commute. Then:

If A is non degenerate, by (22) B' is diagonal and the e.v. problem of B is solved

If A is degenerate, then B' is of form like in example (23) and its secular equation splits into simpler equations each having order = to the degree of degeneracy of the e.v's of A.

Phys 341 – 1954 17-1

17– Observables

Observable = function of state of system.

1– In q.m. one constructs for each observable Q a linear operator (also Q). If the observable is essentially real, Q is a hermithian operator

2– A measurement of Q may yield as value of Q only one of the e.v.'s of op. Q

(1) $Qf_{q'} = q'f_{q'}$ (q' is e.v. $f_{q'}$ is e.fctn)

3– State of system represented by ψ (Usually normalized to 1) factor immaterial

~~3~~4– How to determine ψ?

Measure Q, find $Q = q'$

Then if q' non degenerate,

(2) $\psi = f_{q'}$

If q' is degenerate Then

ψ = linear comb. of all e.f's corresponding to q'

~~Then means~~ (Vector ψ belongs to subspace q')

(3) $Q\psi = q'\psi$ defines the subspace q'

Phy 341 – 1954 17-2

In order to determine ψ within subspace q' choose observable P that commute with Q

(4) $$[P,Q]=0$$

(5) **Theorem**: Ⓔ $[P,Q]=0$; Ⓔ $Q\psi=q'\psi$, i.e. ψ belongs to subspace q'; Ⓓ $P\psi$ also belongs to subspace q', i.e. $Q(P\psi)=q'(P\psi)$.

Proof: $Q(P\psi)=QP\psi=PQ\psi=Pq'\psi=q'(P\psi)$

Consider P as operator within subspace q'. I will have e.v's & e.f.'s in number equal to the dimension of subspace q' obtained as simultaneous solutions of

(6) $$\begin{cases} Q\psi = q'\psi \\ P\psi = p'\psi \end{cases}$$ p' = e.v. of P within subspace $Q=q'$

(6) defines a sub-sub-space $(Q=q', P=p')$. If this is onedimensional (6) defines ψ except for factor. Otherwise ψ is limited to sub-sub-space, Then measure also another observable R such that

(7) $$[R,Q]=0 \quad [R,P]=0$$

R operates in sub sub space

(8) $$Q\psi=q'\psi \quad P\psi=p'\psi \quad R\psi=r'\psi$$

Define sub-sub-sub-space. If it has <u>one</u> dimession ψ is determined. If not, go on.

5 – If ψ is known and A is measured:
Prob of finding $A=a'$ is $|(\varphi_{a'}|\psi)|^2$

Phys 341—1954 17-3

6— Time variation of "state vector" ψ

H = hamiltonian operator (Hermitian). Then time dependent Schroedinger eq.

(9) $$i\hbar\dot{\psi} = H\psi$$

Observe

(10) $$-i\hbar\dot{\tilde{\psi}} = \tilde{\psi}\tilde{H} = \tilde{\psi}H$$

(11) Theorem: $\tilde{\psi}\psi$ (i.e the normalization constant) is a time constant. Therefore: if $\psi(0)$ is normalized, so is $\psi(t)$.

Proof:

$$\frac{d}{dt}\tilde{\psi}\psi = \tilde{\psi}\dot{\psi} + \dot{\tilde{\psi}}\psi \overset{⑨\&⑩}{=} \frac{1}{i\hbar}\tilde{\psi}H\psi - \frac{1}{i\hbar}\tilde{\psi}H\psi = 0$$

(12) 7— If classically

$$H = H(q_1, q_2, \cdots, p_1, p_2, \cdots)$$

$H_{operator}$ substituting $p_1 = \frac{\hbar}{i}\frac{\partial}{\partial q_1}, \cdots$

but not always unambiguous

These operators on functions $f(q_1 q_2 \cdots q_s)$

Very infinite "index" $q_1', q_2', \cdots, q_s'$

8— Transformation to matrix.

Frequently convenient to transform to orthonormal base using the e.f's of some pertinent operator like hamiltonian or

Phys 341 – 1954 17-4

unpert. hamiltonian. assume **one** q only (q = x)

Orthonormal base functions

(13) $\psi^{(1)}(x), \psi^{(2)}(x), \ldots, \psi^{(n)}(x), \ldots$

Transf. unitary matrix (See p. 16-2)

(14)
$$T = \left\| \begin{matrix} \psi^{(1)}(x') & \psi^{(2)}(x') & \ldots & \psi^{(n)}(x') \ldots \\ \psi^{(1)}(x'') & \psi^{(2)}(x'') & \ldots & \psi^{(n)}(x'') \ldots \\ \psi^{(1)}(x''') & \psi^{(2)}(x''') & \ldots & \psi^{(n)}(x''') \ldots \\ - & - & - & - \end{matrix} \right\|$$

Doubly infinite matrix!!

horizontal index 1, 2, … n, … (may or may not be discreet)

vert. index x', x'', x''' (all values of x, usually continuous infinity

(Handle with caution!)

A "vector or function" $f(x) = \sum \varphi_n \psi^{(n)}$

$$\varphi_n = (\psi^{(n)} | f) = \int \psi^{(n)*} f \, dx = \tilde{\psi}^n f$$

(15) $\begin{cases} f(x')\ f(x'')\ f(x''') & \text{old coordinates of } f \\ \varphi_1\ \ \varphi_2\ \ \varphi_n & \text{new} \quad " \quad " \ f \end{cases}$

(16) Operator A transforms to $\tilde{T} A T$

$$A = \left| \begin{matrix} A_{11} & A_{12} & A_{1n} \cdots \\ A_{21} & A_{22} & A_{2n} \cdots \\ A_{31} & A_{32} & A_{3n} \cdots \\ - & - & - \end{matrix} \right| \qquad A_{nm} = (\psi^{(n)} | A \psi^{(m)}) = = \int \psi^{(n)*}(x) A \psi^{(m)}(x) \, dx$$

If A is hermithian $A_{nm} = A_{mn}^*$

Phys 341 – 1954 17-5

(17) A_{nm} = matrix element of n between states n & m. Also

$$A_{nm} = \langle \psi^{(n)} | A | \psi^{(m)} \rangle = \langle n | A | m \rangle$$

$$\psi^{(m)} = |m\rangle = \text{Ket} \quad \tilde{\psi}^{n} = \langle n| = \text{brac}$$

Example – Take

(18) $\psi^{(n)}(x) = u_n(x)$ = e.f's of oscillator (4–17)

They are e.f.s of operator

$$H = \frac{1}{2m}p^2 + \frac{m\omega^2}{2}x^2$$

After unitary transf. (14) H transforms to diag. matrix

(19)
$$H = \begin{vmatrix} \frac{\hbar\omega}{2} & 0 & 0 & 0 & \cdots \\ 0 & \frac{3}{2}\hbar\omega & 0 & 0 & \cdots \\ 0 & 0 & \frac{5}{2}\hbar\omega & 0 & \cdots \\ 0 & 0 & 0 & \frac{7}{2}\hbar\omega & \cdots \\ \cdots & \cdots & \cdots & \cdots & \cdots \end{vmatrix}$$

$$H_{nm} = H_{nn}\delta_{nm} = \hbar\omega\left(n + \frac{1}{2}\right)\delta_{nm}$$

Determine matrix $\underline{x}$ and matrix $\underline{p}$.

From (18) & $px - xp = \hbar/i$

(20)
$$\frac{\hbar}{im}p = Hx - xH \quad \underline{\text{or}} \quad \frac{\hbar}{im}p_{rs} = (Hx - xH)_{rs} = (H_{rr} - H_{ss})x_{rs} = \hbar\omega(r-s)x_{rs}$$

Phys 341 – 1954 17-6

(21) From $Hp - pH = -\frac{\hbar}{i} m\omega^2 x$

$$\therefore \frac{\hbar}{i} m\omega^2 x_{rs} = \hbar\omega(r-s)\, p_{rs}$$

Combine to find

$$x_{rs} = (r-s)^2 x_{rs}$$

Therefore $x_{rs} \neq 0$ only for $r = s \pm 1$

(22) Also $p_{rs} \neq 0$ " " "

Also

$$p_{r,r+1} = -i m\omega\, x_{r,r+1}$$

Determine $|x_{r,r+1}|^2 + |x_{r-1,r}|^2 = \frac{\hbar\omega}{m\omega^2}(r+\frac{1}{2})$ from (18) (19) (22). Find

$$|x_{r,r+1}|^2 = \frac{\hbar}{2m\omega}(r+1)$$

Discuss arbitrariness of argument

(23)
$$x_{r,r+1} = x_{r+1,r} = \sqrt{\frac{\hbar}{2m\omega}}\sqrt{r+1}$$
$$p_{r,r+1} = -p_{r+1,r} = -i\sqrt{\frac{\hbar m\omega}{2}}\sqrt{r+1}$$

(24)
$$x = \sqrt{\frac{\hbar}{2m\omega}}\begin{vmatrix} 0 & \sqrt{1} & 0 & 0 & \cdots \\ \sqrt{1} & 0 & \sqrt{2} & 0 & \cdots \\ 0 & \sqrt{2} & 0 & \sqrt{3} & \cdots \\ 0 & 0 & \sqrt{3} & 0 & \cdots \\ \cdot & \cdot & \cdot & \cdot & \cdots \end{vmatrix} ; \quad p = \sqrt{\frac{\hbar m\omega}{2}}\begin{vmatrix} 0 & -i\sqrt{1} & 0 & 0 & \cdots \\ i\sqrt{1} & 0 & -i\sqrt{2} & 0 & \cdots \\ 0 & i\sqrt{2} & 0 & -i\sqrt{3} & \cdots \\ 0 & 0 & i\sqrt{3} & 0 & \cdots \\ \cdot & \cdot & \cdot & & \end{vmatrix}$$

Check $px - xp = \frac{\hbar}{i}$

Important linear combinations

(25)
$$\begin{cases} \tilde{a} = \sqrt{\frac{m\omega}{2\hbar}}\,x - \frac{i}{\sqrt{2\hbar m\omega}}\,p = \begin{vmatrix} 0 & 0 & 0 & 0 & \cdots \\ \sqrt{1} & 0 & 0 & 0 & \cdots \\ 0 & \sqrt{2} & 0 & 0 & \cdots \\ 0 & 0 & \sqrt{3} & 0 & \cdots \\ \cdots & & & & \end{vmatrix} \\ a = \sqrt{\frac{m\omega}{2\hbar}}\,x + \frac{i}{\sqrt{2\hbar m\omega}}\,p = \begin{vmatrix} 0 & \sqrt{1} & 0 & 0 & \cdots \\ 0 & 0 & \sqrt{2} & 0 & \cdots \\ 0 & 0 & 0 & \sqrt{3} & \cdots \\ 0 & 0 & 0 & 0 & \sqrt{4} \cdots \end{vmatrix} \end{cases}$$

$a, \tilde{a}$ are <u>non</u> hermitian operators (destruction & creation operators of field theory).

Check commutation relation

(26)
$$a\tilde{a} - \tilde{a}a = 1$$

Phys 341 – 1954 18-1

18 – The angular momentum

(1) $\vec{M} = \vec{x} \times \vec{p}$

(2) $$\begin{cases} M_x = y p_z - z p_y = X \\ M_y = z p_x - x p_z = Y \\ M_z = x p_y - y p_x = Z \end{cases}$$

(3) $$M^2 = M_x^2 + M_y^2 + M_z^2$$

Prove easily commutation rules

(4) $$\begin{cases} [M_x, M_y] = \frac{i\hbar}{\not{}} M_z ; [M_y, M_z] = \frac{i\hbar}{\not{}} M_x \\ [M_z, M_x] = \frac{i\hbar}{\not{}} M_y \end{cases}$$

or

(5) $$\vec{M} \times \vec{M} = \frac{i\hbar}{\not{}} \vec{M}$$

(6) $$[M_x, M^2] = [M_y, M^2] = [M_z, M^2] = 0$$

(7) $$[r^2, M_x] = [r^2, M_y] = [r^2 M_z] = 0$$

(8) $$[r^2, M^2] = 0$$

Use units $\hbar = 1$

(9) $$[X, Y] = +iZ \quad [Y, Z] = +iX \quad [Z, X] = +iY$$

Take representation with M^2 diagonal matrix

Find e.v. of M^2. From (2) & (3) expressed in polar coordinates

$$(10)\quad \begin{cases} M_z = \dfrac{\hbar}{i}\dfrac{\partial}{\partial\varphi} \\ M^2 = -\hbar^2\Lambda \end{cases}$$

Therefore.

$$(11)\quad \begin{cases} M^2 \text{ has e.v.'s } \hbar^2 l(l+1) & l=0,1,2\ldots \\ M_z \quad " \quad " \quad \hbar m & m=\ldots,-2,-1,0,1,2,\ldots \end{cases}$$

$$(12)\quad \begin{cases} \text{e.f.'s of } M^2 \quad (\hbar=1) \\ M^2 = l(l+1) \qquad \psi = f(r)\,Y_{lm}(\vartheta,\varphi) \\ 2l+1 \text{ - fold degeneracy, in addition to } r\text{-degeneracy} \end{cases}$$

$$(13)\quad \begin{cases} \text{For each } M^2 = l(l+1) \text{ find} \\ M_z = m = (l, l-1, l-2, \ldots, -l) \end{cases}$$

Partial matrices M_x, M_y, M_z

$$(14)\quad \begin{cases} M_z = \hbar\begin{vmatrix} l & 0 & 0 & \cdots \\ 0 & l-1 & 0 & \cdots \\ 0 & 0 & l-2 & \cdots \\ \cdot & \cdot & \cdot & \cdot \\ 0 & 0 & 0 & -l \end{vmatrix} ; \quad M_x = \dfrac{\hbar}{2}\begin{vmatrix} 0 & b_l & 0 & 0 & \cdots & 0 & 0 \\ b_l & 0 & b_{l-1} & 0 & \cdots & 0 & 0 \\ 0 & b_{l-1} & 0 & b_{l-2} & \cdots & 0 & 0 \\ 0 & 0 & b_{l-2} & 0 & \cdots & 0 & 0 \\ \cdots & & & & & & \\ 0 & 0 & 0 & 0 & \cdots & 0 & b_{-l+1} \\ 0 & 0 & 0 & 0 & \cdots & b_{-l+1} & 0 \end{vmatrix} \\ M_y = \dfrac{\hbar}{2}\begin{vmatrix} 0 & -ib_l & 0 & 0 & \cdots & 0 & 0 \\ ib_l & 0 & -ib_{l-1} & 0 & \cdots & 0 & 0 \\ 0 & ib_{l-1} & 0 & -ib_{l-1} & \cdots & 0 & 0 \\ \cdots & & & & & & \\ 0 & 0 & & 0 & 0 & 0 & -ib_{-l+1} \\ 0 & 0 & & 0 & 0 & ib_{-l+1} & 0 \end{vmatrix} \end{cases}$$

$$b_s = \sqrt{(l+s)(l+1-s)}$$

(See Schiff: p.144)

Phys 341 – 1954 18–3

Proove directly either from properties of spherical harmonics — Or from commutation rules. Further more general discussion of ang. momentum later.

$$(15)\quad \left\{ l=0 \qquad M^2=0 \qquad M_z = M_x = M_y = \|0\| \right.$$

$$(16)\quad \begin{cases} l=1 \qquad M^2=2 \qquad M_z=\begin{vmatrix} 1 & 0 & 0 \\ 0 & 0 & 0 \\ 0 & 0 & -1 \end{vmatrix} \qquad M_x=\begin{vmatrix} 0 & \frac{1}{\sqrt{2}} & 0 \\ \frac{1}{\sqrt{2}} & 0 & \frac{1}{\sqrt{2}} \\ 0 & \frac{1}{\sqrt{2}} & 0 \end{vmatrix} \\ M_x+iM_y=\begin{vmatrix} 0 & \sqrt{2} & 0 \\ 0 & 0 & \sqrt{2} \\ 0 & 0 & 0 \end{vmatrix} \qquad M_y=\begin{vmatrix} 0 & -i/\sqrt{2} & 0 \\ i/\sqrt{2} & 0 & -i/\sqrt{2} \\ 0 & i/\sqrt{2} & 0 \end{vmatrix} \\ M_x-iM_y=\begin{vmatrix} 0 & 0 & 0 \\ \sqrt{2} & 0 & 0 \\ 0 & \sqrt{2} & 0 \end{vmatrix} \end{cases}$$

Non hermithian lin. combinations

$$(17)\quad \begin{cases} \frac{1}{\hbar}\langle m+1 | M_x+iM_y | m\rangle = \sqrt{(l+m+1)(l-m)} \\ \frac{1}{\hbar}\langle m-1 | M_x-iM_y | m\rangle = \sqrt{(l+m)(l+1-m)} \end{cases}$$

all other matrix elements vanish!

$$(18)\quad \begin{cases} \text{Observe: operator } M_x+iM_y \text{ changes} \\ \text{state } |m\rangle \longrightarrow \sqrt{(l+m+1)(l-m)}\ |m+1\rangle \\ (M_x-iM_y)\ |m\rangle \longrightarrow \sqrt{(l+m)(l+1-m)}\ |m-1\rangle \end{cases}$$

M_x+iM_y increases, M_x-iM_y decreases the m value by one unit.

19 – Time dependence of observables – Heisenberg representation.

Time dependent equation

(1) $$i\hbar\dot{\varphi} = H\varphi$$

May be used to define following unitary transformation (function of time)

(2) $$S(t)$$

$S(t)$ transforms a vector $\varphi(0)$, referred to $t=0$ into a vector $\varphi(t)$, referred to time t. $\varphi(t)$ is obtained by integrating

(3) $$i\hbar\dot{\varphi} = H\varphi$$

between 0 and t taking $\varphi(0)$ as initial value of φ.

Already prooved (17 – p. 3) that $S(t)$ is unitary.

(4) $$\begin{cases} \varphi(t) = S(t)\,\varphi(0) \\ \varphi(0) = S(t)^{-1}\,\varphi(t) = \widetilde{S(t)}\,\varphi(t) \end{cases}$$

In particular for wave function

(5) $$\begin{cases} \psi(t) = S(t)\,\psi(0) \\ \psi(0) = \widetilde{S(t)}\,\psi(t) \end{cases}$$

When H is time independent, explicit expression of $S(t)$

Phys 341 – 1954 19–2

(6) $$S(t) = e^{-\frac{i}{\hbar}Ht}$$

Proof by substitution in (4) + (3)

(7) $$\tilde{S}(t) = e^{\frac{i}{\hbar}Ht}$$ (because H is hermitian)

(7) In general $\dot{S}(t) = -\frac{i}{\hbar}HS(t)$, $\dot{\tilde{S}}(t) = \frac{i}{\hbar}\tilde{S}(t)H$

Schroedinger representation. Use time dependent state vector

$$\psi(t)$$

described by time dependent coordinates in the base $e^{(1)} = \begin{vmatrix}1\\0\\0\\0\\\vdots\end{vmatrix}$, $e^{(2)} = \begin{vmatrix}0\\1\\0\\0\\\vdots\end{vmatrix}$, …

(8) $\mathcal{B}(0)$ time independent

Any observable A, like x, or p_y, or any function of coordinates & momenta, not containing the time explicitly is described by a matrix in the base $\mathcal{B}(0)$. The elements of this matrix are time independent. However the probabilities to obtain by measurement at time t certain results are time dependent because the state vector $\psi(t)$ is time dependent.

Heisenberg representation. The time dependent state vector $\psi(t)$

(9) $$\psi(t) = S(t)\,\psi(0)$$

is represented in terms of a time dependent

Phys 341-1954 19-3

(10) set of base vectors
$$e^{(s)}(t) = S(t)\,e^{(s)}$$
(Base $\mathcal{B}(t)$)

(11) The coordinates of $\psi(t)$ in $\mathcal{B}(t)$ are time independent and equal to the coordinates of $\psi(0)$ in $\mathcal{B}(0)$. Because:
$$\widetilde{e^{s}(t)}\,\psi(t) = \widetilde{S(t)\,e^{(s)}}\,S(t)\,\psi(0) = \widetilde{e^{(s)}}\,\tilde{S}S\,\psi(0) = \widetilde{e^{(s)}}\,\psi(0)$$

This is sometimes abbreviated in the statement that the state vector is time independent. Rather the state vector is referred to a set of coordinates that follows it in its motion and it appears constant when referred to such coordinates.

The matrix elements of observable A function of coordinates & momenta but not containing $\underline{t}$ explicitly are time constants in the base $\mathcal{B}(0)$ <u>but not</u> in the Heisenberg time dependent base $\mathcal{B}(t)$.

The matrix representing A becomes

(12) $$A(t) = \tilde{S}(t)\,A\,S(t)\,; \quad A = S\,A(t)\,\tilde{S}$$

where A is the time independent matrix representing the observable in the Schroedinger base $\mathcal{B}(0)$;

Find

$$\frac{d}{dt}A(t) = \tilde{S}(t)A\,\dot{S}(t) + \dot{\tilde{S}}(t)\,A\,S(t) \overset{\text{use (7)}}{=} \frac{i}{\hbar}\left(\tilde{S}HAS - \tilde{S}AHS\right)$$

Phys 341 – 1954 19-4

Put like (12)

$$(13)\quad H(t) = \tilde{S} H S$$

Find then

$$(14)\quad \frac{dA(t)}{dt} = \frac{i}{\hbar}\left[H(t), A(t)\right]$$

This is the Heisenberg equation of motion for operators that do not explicitly depend on time.

→ If H does not contain t explicitly, from (14) find

$$\frac{dH(t)}{dt} = \frac{i}{\hbar}\left[H(t), H(t)\right] = 0 \quad \text{i.e.}$$

$$(15)\quad H(t) = \text{constant} = H(0) = H$$

This however is correct only provided the hamiltonian does not contain the time explicitly.

Relationship between (14) & the Hamilton eq.'s

Assume

$$(16)\quad \begin{cases} H = H(q_1\, q_2 \cdots p_1 p_2\, p_3 \cdots) \quad (\text{time independent}) \\ [p_s, q_s] = \frac{\hbar}{i} \text{ leads (in simple cases) to } [H, q_s] = \frac{\hbar}{i}\frac{\partial H}{\partial p_s} \\ [H, p_s] = -\frac{\hbar}{i}\frac{\partial H}{\partial q_s} \text{. Then from (14)} \\ \frac{dq_s}{dt} = \frac{i}{\hbar}[H, q_s] = \frac{\partial H}{\partial p_s}\ ; \quad \frac{dp_s}{dt} = \frac{i}{\hbar}[H, p_s] = -\frac{\partial H}{\partial q_s} \end{cases}$$

= Hamilton equations

Meaning of A(t): measuring operator A(t) on state $\psi(0)$ at $t=0$ is equivalent to measure A on future state $\psi(t)$

20 – Conservation theorems.

(1) { Assume in this section
H does not contain t explicitly

(2) { same assumption for other operators
A, B, C ...

Then: According to (19-(15))

(3) { H is constant
(conservation of energy

(4) { Similarly from (19-(14)), A is conserved when

$$[H, A] = 0$$

Meaning: measuring A now or at a future time gives same result.

Classical conservation theorems of momentum and ang. momentum are related to symmetry properties of physical space. i.e.

Conserv. of momentum ⟷ Translation symmetry
" " angular momentum ⟷ Rotation symmetry

Assume symmetry ~~property~~ operations of system.

Examples: Translation (case of internal forces only)

Rotation (case of internal forces only or of central forces for rotation around ~~center~~ source of central forces)

Phys 341 – 1954 20-2

Rotation around z-axis (whenever it applies)
Reflection on a plane of symmetry.

For each such case introduce operator T

(5) Defined
$$Tf(\text{positions}) = f(\text{positions changed by symmetry operation})$$

Example: operation = reflection about xy plane

$$Tf(x_1, y_1, z_1, x_2, y_2, z_2, \ldots) = f(x_1, y_1, -z_1, x_2, y_2, -z_2, \ldots)$$

(6) Theorem: T is unitary: evident because T obviously conserves the normalization of f $\tilde{T}T = 1$

(7) Theorem: T commutes with H
$$[H, T] = 0$$

Because consider one e.v. E_n of H defining a vector sub-space of the (one or more) e.f's of H belonging to E_n — T operates within the subspace — This means: the matrix elements T_{rs} of T in the H representation vanish for $E_r \neq E_s$. Which is equivalent to (7)

(8) Theorem
$$[H, \tilde{T}] = 0$$
Because $\tilde{T} = T^{-1}$ is also a symmetry operation (inverse of T)

Phys 341—1954 20-3

Theorem. A unitary matrix T has e.f's that are orthogonal (like those of a hermitian matrix), and e.v.'s of modulus 1.

Proof:

$$T = \underbrace{\frac{T+\tilde{T}}{2}} + i\ \underbrace{\frac{T-\tilde{T}}{2i}}$$

these are hermitian and commute

therefore they have a common set of e.f's that are orthogonal. They are also the e.f's of T. (First part of theorem). Take these eigenvectors as base and reduce T to diagonal form. Then from $T\tilde{T}=1$ follows that diagonal elements have modulus 1 (Second part of theorem).

(9)

Therefore:	e.v's of T	$e^{i\alpha_s}$
	e.v's of $\tilde{T}$	$e^{-i\alpha_s}$
α_s is real	e.v's of $\frac{T+\tilde{T}}{2}$	$\cos\alpha_s$
	e.v's of $\frac{T-\tilde{T}}{2i}$	$\sin\alpha_s$

all belong to same wave fct $\psi^{(s)}$

(10) All above 4 matrices commute with each other and with H. Therefore they are time constants and

and their wave functions $\psi^{(s)}$ may be chosen to coincide with the eigenfunctions of the energy

Phys 341—1954 20-4

Symmetry Group is the ensemble of all the transformations corresponding to a certain symmetry property: E.g. all the rotations of the x, y, z-axes form the rotations group

Comments on group theory & Q. M.

(11) Representation of a group = ensemble of unitary matrices corresponding to all operations of group and having same algebra.

(12) Irreducible representation = representation that cannot be transformed to [block-diagonal matrix with 0 off-diagonal blocks] for all its matrices at same time.

(13) Property: Irred. repres. are determined uniquely by the abstract structure of the group

(14) Usually useful to. Choose a set of base vectors $\varphi^{(1)}\ \varphi^{(2)}\ldots$ that split into sub sets $\varphi^{(\ell_1)}\ \varphi^{(\ell_2)}\ldots\varphi^{(\ell_g)}$ each one of which set (ℓ) is transformed into itself by all operations of the symmetry group according to one of its irreducible representations, R_ℓ

Wigner theorem. If a quantity A commutes with all operations of a group (e.g. the Hamiltonian), the matrix elements of A ($\tilde{\varphi}^{(i)} A \varphi^{(k)}$) for the above choice of base vectors vanish when the two vectors $\varphi^{(i)}, \varphi^{(k)}$ correspond to different irred. repres. Otherwise

(15)
$$\langle \varphi^{(\ell i)} | A | \varphi^{(\lambda k)} \rangle = a_{\ell,\lambda}\,\delta_{ik}$$
with $a_{\ell\lambda}$ a number provided $R_\ell = R_\lambda$

Application I – Translation symmetry and the conservation of momentum. For systems with internal forces only – (Means homogeneity of physical space)

(16) $T(\vec{a}) = T(a, b, c)$ = translations by $[(a, b, c) \equiv \vec{a}]$

Observe: all these T's corresponding to $\vec{a}\ \vec{a'}$ commute among themselves and of course with H. (Abelian group). Therefore: choose representation in which H + all T's are orthogonal. For a wave function ψ then

(17)
$$T(\vec{a})\psi = e^{i\alpha(\vec{a})}\psi \qquad \alpha(\vec{a}) \text{ is a function of the vector } \vec{a}$$

From
$$T(\vec{a})T(\vec{a'}) = T(\vec{a}+\vec{a'}) \text{ conclude}$$
$$\alpha(\vec{a}) + \alpha(\vec{a'}) = \alpha(\vec{a}+\vec{a'}) \quad \text{i.e.}$$
$$\alpha = \vec{k}\cdot\vec{a} = k_x a + k_y b + k_z c$$

$\vec{k}$ is a constant vector for the given wave function ψ. It would be different for another wave function.

(18) $T(\vec{a}) = e^{i\vec{k}\cdot\vec{a}}$ is an irreducible representation of the translation group

(19) Find: $\hbar k$ = momentum of system. Proof: Take an infinitesimal translation by ε along x

$$(a = \varepsilon,\ b = 0,\ c = 0) \qquad T = e^{ik_x\varepsilon} = 1 + ik_x\varepsilon$$

$$T\psi(x_1\, y_1\, z_1\, x_2\, y_2\, z_2 \ldots) = (1 + ik_x\varepsilon)\psi = \psi + ik_x\varepsilon\psi$$
$$\| \rightarrow \psi(x_1+\varepsilon, y_1, z_1, x_2+\varepsilon, y_2, z_2, \ldots) = \psi + \varepsilon\left(\frac{\partial\psi}{\partial x_1} + \frac{\partial\psi}{\partial x_2} + \ldots\right)$$

(20)
$$k_x\psi = \frac{1}{i}\left(\frac{\partial\psi}{\partial x_1} + \frac{\partial\psi}{\partial x_2} + \ldots\right) = \frac{1}{\hbar}\left(p_x^{(1)}\psi + p_x^{(2)}\psi + \ldots\right)$$
$$\hbar k_x = \sum_s p_x^{(s)} \qquad \hbar k = \sum_s p^{(s)} \qquad s \text{ summed to all mass points}$$

Phys 341 – 1954 20-6

Wave functions of $\vec{p}$

(21) $\psi = e^{\frac{i}{\hbar}\vec{p}\cdot\vec{x}_1}\,\varphi(\vec{x}_2-\vec{x}_1, \vec{x}_3-\vec{x}_1, \dots)$

p here is a vector with components that are numbers, not operators.
They are the e.v.'s of the operators p_x, p_y, p_z.

(22) In it $\vec{p}=0$ and φ is a function of the relative coordinates only. Comments on greater generality.

Frequently one makes a transformation to a moving system of reference (Galilei an or Lorentz as case may be) in order to reduce system to c. of m. frame (barsy).

Application 2 – Rotation symmetry & the conserv. of angular momentum

For systems with internal forces only or also with external central forces. Center of rotation in this case is the origin of the central forces.

Take

(23) T = rot. by infinitesimal ω_z around z axis

$x \to x - \omega_z y \quad y \to y + \omega_z x \quad , z \to z$

$T\psi(x_1\, y_1\, z_1\, x_2\, y_2\, z_2 \dots) = \psi(x_1-\omega_z y_1, y_1+\omega_z x_1, z_1, \dots$

Form hermithian operator

$M_z = \frac{\hbar}{\omega_z}\,\frac{T-\tilde{T}}{2i}$

Also similarly M_x and M_y and

(24) $M^2 = M_x^2 + M_y^2 + M_z^2$

Phys 341 – 1954 20-7

Follows:

(25) M_x, M_y, M_z, M^2
Are constants of motion. (Conservation of ang. mom.)

Also from their definition follow the commutation relations

(26)
$$[M_x, M_y] = \frac{\hbar}{i} M_z \quad \text{\& similar or}$$
$$\vec{M}\times\vec{M} = \frac{\hbar}{i}\vec{M}$$
$$[M_x, M^2] = 0 \quad \text{\& similar}$$

like for the ang. mom of a single point (p 18-1)

The transformation $T(\alpha)$ corresponding to a rotation by α around z is

(27) $T(\alpha)\psi = e^{im\alpha}\psi$ — in the representation in which M_z and M^2 are diagonal; m = integral or half integral

One proves that the matrix structure of (25) found in (18 – (12)(13)(14)(17)(18)) follows from commutation rules only and obtains therefore for (15) with the following exception. In sect. 18 l was an integral number. In general, however, also half odd values of l are allowable. This is important for the quantum theory of spin.

Application 3 = Reflection symmetry & conservation of parity. For systems with internal & central forces only one postulates reflection symmetry

T corresponds to $x\to -x \quad y\to -y \quad z\to -z$ reflection about the origin. This implies that right & left are physically equivalent.

(28) $T\psi(x_1, y_1, z_1, x_2, y_2, z_2, \ldots) = \psi(-x_1, -y_1, -z_1, -x_2, -y_2, -z_2, \ldots$

Observe

(29) $$T^2 = 1$$

Also T commutes with the operators (25) and of course with H.

(30) Normally choose eigenfunctions of

$$M^2,\ M_z,\ \text{and}\ T$$

(they all intercommute). Because of (29) the e.v.'s of T, which in general are given by (9) become:

(31) e.v.'s of T are ± 1

This permits classification of states

(32) $\left\{\begin{array}{ll} \text{even} & \text{for } T = +1 \\ \text{odd} & \text{for } T = -1 \end{array}\right)$ (parity)

The parity is a property that does not change as long as only central & internal forces act on system.

Phys 342 - 1954 21-1

21 - Time independent perturbation theory.

(1) $$H = H_0 + \mathcal{H}$$
H_0 unpert. $\mathcal{H}$ perturbation

(2) $$H_0 u_0^{(n)} = E_0^{(n)} u_0^{(n)}$$

(3) $$H = H_0 + \lambda \mathcal{H} \qquad \lambda \to 1 \text{ at end}$$

(4) $$u^{(n)} = u_0^{(n)} + \lambda u_1^{(n)} + \lambda^2 u_2^{(n)} + \cdots$$

(5) $$E^{(n)} = E_0^{(n)} + \lambda E_1^{(n)} + \lambda^2 E_2^{(n)} + \cdots$$

(6) $$\left(H_0 + \lambda \mathcal{H}\right) u^{(n)} = E^{(n)} u^{(n)}$$

(7) $$H_0 u_0^{(n)} = E_0^{(n)} u_0^{(n)}$$ ← this is (2)

(8) $$H_0 u_1^{(n)} - E_0^{(n)} u_1^{(n)} - E_1^{(n)} u_0^{(n)} = - \mathcal{H} u_0^{(n)}$$

(9) $$H_0 u_2^{(n)} - E_0^{(n)} u_2^{(n)} - E_2^{(n)} u_0^{(n)} = - \mathcal{H} u_1^{(n)} + E_1^{(n)} u_1^{(n)}$$

- - - - - (comment on this)

(10) Put $$u_1^{(n)} = \sum{}' c_{nm}^{(1)} u_0^{(m)}$$
$$u_2^{(n)} = \sum{}' c_{nm}^{(2)} u_0^{(m)}$$

Substitute in (8), (9) using (2) or (7)

(11) $$\sum_m{}' c_{nm}^{(1)} \left(E_0^{(m)} - E_0^{(n)}\right) u_0^{(m)} - E_1^{(n)} u_0^{(n)} = - \mathcal{H} u_0^{(n)}$$

(12) $$\sum_m{}' c_{nm}^{(2)} \left(E_m^{(0)} - E_n^{(0)}\right) u_0^{(m)} - E_2^{(n)} u_0^{(n)} = - \mathcal{H} u_1^{(n)} + E_1^{(n)} u_1^{(n)}$$

- - - - -

Phys 342 – 1954 21-2

Matrix element

$$(13)\quad \mathcal{H}_{mn} = \left(u_0^{(m)} \middle| \mathcal{H} u_0^{(n)}\right) = \langle m|\mathcal{H}|n\rangle = \int u_0^{m*} \mathcal{H} u_0^{n}\, dx = \widetilde{u_0^{(m)}} \mathcal{H} u_0^{(n)}$$

ⓐ Determine $E_1^{(n)}$. Multiply (11) by $\widetilde{u_0^{(n)}}$ to left, use orthogonality

$$(14)\quad \widetilde{u_0^{n}} u^{m} = \delta_{nm}$$

$$(15)\quad E_1^{(n)} = \widetilde{u_0^{(n)}} \mathcal{H} u_0^{(n)} = \mathcal{H}_{nn}$$

~~Pota~~ First order perturbation of of energy is mean value of $\mathcal{H}$ over unperturbed state.

Next $\widetilde{u_0^{(m)}} \times (11)$ yields

$$(16)\quad c_{nm}^{(1)} = \frac{\mathcal{H}_{mn}}{E_0^{(n)} - E_0^{(m)}}$$

or e.f's to first order

$$(17)\quad u_0^{(n)} + \sum_m{}' \frac{\mathcal{H}_{mn}}{E_0^{(n)} - E_0^{(m)}} u_0^{(m)}$$

Same treatment on (12) yields

$$(18)\quad E_2^{(n)} = \sum_m{}' \frac{\mathcal{H}_{nm}\mathcal{H}_{mn}}{E_0^{(n)} - E_0^{(m)}} = \sum_m{}' \frac{|\mathcal{H}_{nm}|^2}{E_0^{(n)} - E_0^{(m)}}$$

$$(19)\quad c_{nm}^{(2)} = \sum_s{}' \frac{\mathcal{H}_{ms}\mathcal{H}_{sn}}{(E_0^n - E_0^s)(E_0^n - E_0^m)} - \frac{\mathcal{H}_{mn}\mathcal{H}_{nn}}{(E_0^n - E_0^m)^2}$$

Phy 342 – 1954 21-3

Example – Lin. oscillator perturbed by const. force F

(20) $\mathcal{H} = -Fx$

(21) $\begin{cases} \mathcal{H}_{nm} = -F x_{nm} & \text{From (p. 17-6)} \\ x_{n,n+1} = \sqrt{\frac{\hbar}{2m\omega}}\sqrt{n+1} & \\ x_{n,n-1} = \sqrt{\frac{\hbar}{2m\omega}}\sqrt{n} & E_0^{(n)} = \hbar\omega\left(n+\frac{1}{2}\right) \end{cases}$

$\ldots = x_{n,n-3} = x_{n,n-2} = x_{nn} = x_{n,n+2} = x_{n,n+3} = \ldots = 0$

Then pert of energy. First order

(22) $E_1^{(n)} = \mathcal{H}_{nn} = -F x_{nn} = 0$

Second order

(23) $\begin{cases} E_2^{(n)} = \sum' \frac{|\mathcal{H}_{nm}|^2}{E^n - E^m} = F^2\left(\frac{|x_{n,n+1}|^2}{-\hbar\omega} + \frac{|x_{n,n-1}|^2}{\hbar\omega}\right) = \\ = \frac{F^2}{\hbar\omega}\left(-\frac{\hbar}{2m\omega}(n+1) + \frac{\hbar}{2m\omega}n\right) = -\frac{F^2}{2m\omega^2} \end{cases}$

Energy of all states is decreased by $F^2/(2m\omega^2)$

Direct proof

(24) $H = \frac{1}{2m}p^2 + \frac{m\omega^2}{2}x^2 - Fx =$

$= \frac{1}{2m}p^2 + \frac{m\omega^2}{2}\left(x - \frac{F}{m\omega^2}\right)^2 - \frac{F^2}{2m\omega^2}$

correction of energy as above (arrow to $-\frac{F^2}{2m\omega^2}$)

shift of eq. position (arrow to $\frac{F}{m\omega^2}$)

Phys 342 – 1954 24-4

<u>Example</u> – Zeeman effect (no spin) ($p \to p - \frac{e}{c}A$)

(25) $H = \frac{1}{2M}\left(p - \frac{e}{c}A\right)^2 + U(r)$ A = vect. pot $H = \nabla \times A$

$= \frac{1}{2M} p^2 + U(r) - \frac{e}{2Mc} p \cdot A$ + quadr. terms in (A) neglected

(comment: $p \cdot A - A \cdot p = \frac{\hbar}{i} \nabla \cdot A = 0$ in static case)

Mag. field // to z, intensity B

(26) $A_x = -\frac{B}{2} y, \quad A_y = \frac{B}{2} x, \quad A_z = 0$

(27) $H = \underbrace{\frac{1}{2M} p^2 + U(r)}_{H_0} - \underbrace{\frac{eB}{2Mc}\left(x p_y - y p_x\right)}_{\mathcal{H}}$

Unpert. e.f.'s

(28) $u_{n,l,m}(r, \vartheta, \varphi) = R_{nl}(r)\, Y_{lm}(\vartheta, \varphi)$

In this case pert. theory trivial because (28) are also e.f.'s of (27).

(29) $\begin{cases} H_0 u_{nlm} = E^{(0)}_{nl} u_{nlm} \\ \mathcal{H} u_{nlm} = -\frac{eB}{2Mc} m\, u_{nlm} \\ E_{nlm} = E^{(0)}_{nl} - \frac{eB}{2Mc} m \end{cases}$

m=0 →
m=1 →
m=2 →
m=0 →

<u>Discussion</u> (Selection rule $m \to m \pm 1$, $\to m$. also corresp. principle)

Discuss role of constants of motion in limiting types of unpert. e.f's that enter into perturbation sums.

21-5

<u>Bohr magneton.</u>

Write ~~(...)~~ perturbation repr. int. of orbit and field in (27)

$$(30)\quad \begin{cases} \mathcal{H} = -\vec{B}\cdot\vec{\mu} & \vec{\mu} = \text{magn. mom. of orbit} \\ \vec{\mu} = \frac{e\hbar}{2mc}\left(\frac{1}{\hbar}\vec{M}\right) & \frac{\vec{M}}{\hbar} = \text{ang. mom. of orbit in } \hbar \text{ units.} \end{cases}$$

(31) Interpret: to each unit $\hbar$ of ang. momentum of the orbit there is associated a unit

$$\mu_0 = \frac{e\hbar}{2mc} = 9.2732\times 10^{-21}\ \text{cm}^{5/2}\ \text{gr}^{1/2}\ \text{sec}^{-1}$$

of magnetic moment (μ_0 = Bohr magneton).

<u>Topics for discussion.</u>

Proof of (31) from classical orbit model

Proof of (31) from current density derived from continuity equation (2-(7)) and (2-(9))

$$(32)\quad J = \frac{\hbar e}{2imc}\left(\psi^*\nabla\psi - \psi\nabla\psi^*\right)$$

$$(33)\quad \begin{cases} \mu_z = \int \frac{1}{2}(\vec{x}\times J)_z\, d^3x \\ \psi = F(r,\vartheta)e^{im\varphi} \quad \psi^* = F(r,\vartheta)e^{-im\varphi} \\ \int |\psi|^2 d^3x = 1 \end{cases}$$

$$(34)\quad \longrightarrow \mu_z = \frac{e\hbar}{2mc}m$$

21-6

Ritz Method. From (22). ψ approximates exact $\psi^{(n)}$ with error ~~by terms~~ of first order. Then

(35) $$\overline{H} = (\psi|H\psi) = \tilde{\psi} H\psi = \int \psi^* H\psi\, dx$$

approximates $E^{(n)}$ with error of second order.

(36) Practical application: Guess wave function. Compute $\tilde{\psi} H \psi$. If guess of ψ is fair guess of E is good.

~~Another procedure~~

More precisely. Theorem: Minimum problem

(37) $$\delta(\tilde{\psi} H \psi) = 0 \quad \text{with condition } \tilde{\psi}\psi = 1$$

Leads to Schrödinger equation

(38) Proof $$\widetilde{\delta\psi} H\psi + \tilde{\psi} H\delta\psi - \lambda\tilde{\psi}\delta\psi - \lambda\widetilde{\delta\psi}\psi = 0$$

$$\widetilde{\delta\psi}(H\psi - \lambda\psi) + \widetilde{(H\psi - \lambda\psi)}\delta\psi = 0$$

leads to ~~equation~~

$$H\psi = \lambda\psi \quad (= \text{Schrod. eq. with } E = \lambda)$$

Therefore: Solve min. problem (37). The min. value is the lowest e.v., extremal values are other e.v's.

Practical application: Choose reasonable guess for $\psi^{(0)} \approx f(x, \alpha, \beta, \ldots)$. $\alpha, \beta, \ldots$ are adjustable parameters. Compute

(39) $$E(\alpha, \beta, \ldots) = \frac{\int f^*(x, \alpha, \ldots) H f(x, \alpha, \ldots) dx}{\int f^*(x, \alpha, \ldots) f(x, \alpha, \ldots) dx}$$

21-7

Find ~~some~~ values of $\alpha, \beta, \cdots$ that

(40) $$E(\alpha, \beta, \ldots) = \min$$

The min value of E is close to lowest energy level, $f(x, \alpha, \beta, \ldots)$ is fair approx. to e.f.

Example. Oscillator problem

(41) $$H = \frac{1}{2}p^2 + \frac{1}{2}x^2 \quad (\hbar = 1 \quad m = 1 \quad \omega = 1)$$

Trial $f(x)$

$\langle \alpha \rangle$ 1

Find

(42) $$E(\alpha) = \frac{\frac{1}{2}\int_{-\alpha}^{\alpha} x^2 f^2(x)\,dx - \frac{1}{2}\int_{-\alpha}^{\alpha} f(x) f''(x)\,dx}{\int_{-\alpha}^{\alpha} f^2(x)\,dx} = \frac{\frac{\alpha^3}{30} + \frac{1}{\alpha}}{\frac{2}{3}\alpha} = \frac{1}{20}\alpha^2 + \frac{3}{2}\frac{1}{\alpha^2}$$

(43) Min at ~~EQ~~ $\alpha = \sqrt[4]{30} = 2.34$

$E(2.34) = 0.548$, within 10% of correct lowest e.v. 0.500000

Proove: $E(\alpha, \beta, ..)$ given by (29) obeys

(44) $$E(\alpha, \beta, \ldots) \geq E_0$$

with E_0 = lowest en. e.v. (For proof develop f in e.f's of H)

Discussion of practical use.

Phys 342-1954 22-1

22- Case of degeneracy or quasi degeneracy

Perturbation procedure of Sect 21 breaks down when $E_0^{(n)} - E_0^{(m)} = 0$ or very small.
(See 21 (18) and (21-16))

unpert. e.f's

(1) $\underbrace{u_0^{(1)}\ u_0^{(2)} \cdots u_0^{(g)}}$ $\underbrace{u_0^{(g+1)}\ u_0^{(g+2)} \cdots}$

These deg. or quasi degenerate for unp. problem — These have unpert. energies quite different from previous.

Search for solutions (of first order approx) of type

(2) $$u = \sum_1^g c_s u_0^{(s)} + \sum_{g+1}^\infty c_\alpha u_0^{(\alpha)} =$$

c_α small of first order
c_s large

$$H = H_0 + \mathcal{H}$$

$$Hu = Eu \qquad E = E_0 + \varepsilon$$

In first approximation

(3) $$\left\{ \sum_1^g c_s (H-E) u_0^{(s)} + \underbrace{\sum_{g+1}^\infty c_\alpha (H_0 - E_0) u_0^{(\alpha)}}_{\sum_{g+1}^\infty c_\alpha \left(E_0^{(\alpha)} - E_0\right) u_0^{(\alpha)}} \doteq 0 \right.$$

Multiply by $\widetilde{u_0^{(l)}}$ to left, $l = 1, 2, \ldots, g$.

(4) $$\sum_1^g c_s (H_{ls} - E) = 0$$

This is secular problem of order g

$$\begin{vmatrix} H_{11}-E & H_{12} \cdots & H_{1g} \\ H_{21} & H_{22}-E \cdots & H_{2g} \\ - & - \quad - & - \\ H_{g1} & H_{g2} \cdots & H_{gg}-E \end{vmatrix} = 0$$

Determines the g energy levels corresp. to the degenerate or quasi deg. set of g levels of unpert problem.

Phys 342 – 1954 22-2

Determine then

$$(5)\qquad c_\alpha = \frac{\sum_1^g c_s H_{\alpha s}}{E_0 - E_0^{(\alpha)}}$$ large denominator!

gives first order correction to wave function.

Comments: role of conservation theorems in reducing secular problem (4)

Example Stark effect in H $n=2$ levels

Perturbation

$$(6)\qquad \mathcal{H} = +eFz \qquad F = \text{electric field}$$

4 deg levels of unpert. problem

(7) $2s, 2p_1, 2p_0, 2p_{-1}$ (see p. 8-4)

Observe:

$$(8)\qquad [\mathcal{H}, M_z] = 0$$

Therefore perturbation mixes only states of equal m, like $2s$ and $2p_0$.

$2p_1$ and $2p_{-1}$ have their energies perturbed (as in case of non degeneracy) in first approx. (21-(15)) by amt

$$(9)\begin{cases} \langle 2p_1 | eFz | 2p_1 \rangle = \\ = eF\int z |\psi_{2p_1}|^2 d^3x = 0 \quad \left(\begin{array}{l}\text{because } z \text{ odd} \\ |\psi_{2p_1}|^2 \text{ even}\end{array}\right)\end{cases}$$

Same for $2p_{-1}$

Therefore $2p_1$ & $2p_{-1}$ unperturbed in first approximation.

(10) $$\psi_{2s} = \frac{1}{\sqrt{32\pi a^3}} \left(2 - \frac{r}{a}\right) e^{-\frac{r}{2a}}$$

(11) $$\psi_{2p_0} = \frac{1}{\sqrt{32\pi a^3}} \frac{r}{a} e^{-\frac{r}{2a}} \cos\vartheta$$

$$\langle 2s|z|2s\rangle = \langle 2p_0|z|2p_0\rangle = 0$$

(12) $$\begin{cases} \langle 2s|z|2p_0\rangle = \dfrac{1}{32\pi a^3}\displaystyle\int_0^\infty\int_0^\pi \left(2-\frac{r}{a}\right)\frac{r}{a} e^{-\frac{r}{a}} r\cos^2\vartheta \, 2\pi r^2 dr \sin\vartheta d\vartheta \\ = \dfrac{1}{16a^3}\underbrace{\displaystyle\int_0^\infty \left(2-\frac{r}{a}\right)\frac{r}{a} r^3 e^{-\frac{r}{a}} dr}_{-72a^4} \underbrace{\displaystyle\int_0^\pi \cos^2\vartheta \sin\vartheta d\vartheta}_{2/3} = -3a \end{cases}$$

Perturb matrix

(13) $$eF\begin{vmatrix} 0 & -3a \\ -3a & 0 \end{vmatrix}$$ has e.v.'s $\pm 3eFa$

Therefore in

(14)

Energy level to first approx.	E.f of zero approx.
$-\frac{me^4}{2\hbar^2}\frac{1}{4}$	ψ_{2p_1}
$-\frac{me^4}{2\hbar^2}\frac{1}{4}$	$\psi_{2p_{-1}}$
$-\frac{me^4}{2\hbar^2}\frac{1}{4} + 3eFa$	$\frac{1}{\sqrt{2}}\left(\psi_{2s} + \psi_{2p_0}\right)$
$-\frac{me^4}{2\hbar^2}\frac{1}{4} - 3eFa$	$\frac{1}{\sqrt{2}}\left(\psi_{2s} - \psi_{2p_0}\right)$

Phys 342 - 1954 23-1

23- Time dependent perturbation theory, Born approximation.

$$(1) \quad \left\{ \quad H = H_0 + \mathcal{H} \qquad \begin{array}{l} H_0 \text{ time independent} \\ \mathcal{H} \text{ may be time dependent} \end{array} \right.$$

Unperturbed Sch. eq.

$$(2) \qquad i\hbar \dot{\psi}_0 = H_0 \psi_0$$

has solution

$$(3) \qquad \psi_0 = \sum a_n^{(0)} u_0^{(n)} e^{-\frac{i}{\hbar} E_0^{(n)} t}$$

$a_n^{(0)}$ constants.

$$(4) \qquad H_0 u_0^{(n)} = E_0^{(n)} u_0^{(n)}$$

Solve Schr eq

$$(5) \qquad i\hbar \dot{\psi} = (H_0 + \mathcal{H}) \psi$$

by

$$(6) \qquad \psi = \sum a_n(t) u_0^{(n)} e^{-\frac{i}{\hbar} E_0^{(n)} t}$$

then multiply by $u_0^{(s)}$ to left + use orthonormality and (4).

$$(7) \qquad \dot{a}_s = -\frac{i}{\hbar} \sum_n a_n \langle s | \mathcal{H} | n \rangle e^{\frac{i}{\hbar}(E_0^{(s)} - E_0^{(n)})t}$$

$$(8) \qquad \langle s | \mathcal{H} | n \rangle = \widetilde{u_0^{(s)}} \mathcal{H} u_0^{(n)} = \int u_0^{(s)*} \mathcal{H} u_0^{(n)} dx = \mathcal{H}_{sn}$$

(7) is exact. Use it approximately by substituting in right hand side $a_n(0)$ for $a_n(t)$. Then

$$(9) \qquad a_s(t) \approx a_s(0) - \frac{i}{\hbar} \sum_n a_n(0) \int_0^t \mathcal{H}_{sn}(t) e^{\frac{i}{\hbar}(E_0^{(s)} - E_0^{(n)})t} dt$$

23-2

Important special case, at $t=0$ system in state n. Then $a_n(0)=1$, all other a's are zeros.

$$(10)\quad (s\neq n)\quad a_s(t) = -\frac{i}{\hbar}\int_0^t \mathcal{H}_{sn}(t)\, e^{\frac{i}{\hbar}\left(E_0^{(s)}-E_0^{(n)}\right)t}\, dt$$

Matrix element $\mathcal{H}_{sn}(t)$ causes transitions $n\to s$.

Transitions from n to a continuum of states

(11) Assume $\mathcal{H}_{sn}$ indep. of time, then

$$a_s(t) = -\mathcal{H}_{sn}\,\frac{e^{\frac{i}{\hbar}(E_0^s-E_0^n)t}-1}{E_0^s-E_0^n}$$

$$|a_s(t)|^2 = 4|\mathcal{H}_{sn}|^2\,\frac{\sin^2\frac{t}{2\hbar}\left(E_0^{(s)}-E_0^{(n)}\right)}{\left(E_0^{(s)}-E_0^{(n)}\right)^2}$$

Prob of transition to one state s

(12)

$$P(t)=\sum_s|a_s(t)|^2 = 4\overline{|\mathcal{H}_{sn}|^2}\sum\frac{\sin^2\frac{t}{2\hbar}(E^s-E^n)}{(E^s-E^n)^2}=$$

$$=4\overline{|\mathcal{H}_{sn}|^2}\,\rho(E_n)\underbrace{\int\frac{\sin^2\frac{t}{2\hbar}(E^s-E^n)\,d(E^s-E^n)}{(E^s-E^n)^2}}_{\frac{\pi t}{2\hbar}}$$

$$=t\,\frac{2\pi}{\hbar}\overline{|\mathcal{H}_{sn}|^2}\,\rho(E_n)$$

$$\int\frac{\sin^2\alpha x}{x^2}dx=\frac{\pi}{\alpha}$$

(13) $\rho(E_n)$ = no of states s, close to E_n per unit energy interval.

$$\boxed{\text{Rate of transition} = \frac{2\pi}{\hbar}\overline{|\mathcal{H}_{sn}|^2}\,\rho(E_n)}$$

Discuss: distribution of final states as function of t & relation with uncertainty principle

23-3

Example : Born approximation.

(14) Scattering by a potential $V(\vec{x})$

initial $\xrightarrow{p}$ $U(x)$ final p', ϑ $|p'| = |p|$

$U(x) = \mathcal{H}$ treated as perturbation

(15) initial state $\frac{1}{\sqrt{\Omega}} e^{\frac{i}{\hbar}\vec{p}\cdot\vec{x}}$ (Ω = vol. of box)

final state $\frac{1}{\sqrt{\Omega}} e^{\frac{i}{\hbar}\vec{p}'\cdot\vec{x}}$

$$\langle p'|\mathcal{H}|p\rangle = \frac{1}{\Omega}\int U(x)\, e^{\frac{i}{\hbar}(\vec{p}-\vec{p}')\cdot\vec{x}}\, d^3x$$

$$= \frac{1}{\Omega} U_{p-p'} \quad \text{Fourier transform of } U$$

(16) No of final states in solid angle $\underline{d\omega}$ per unit energy interval

$$\rho_{d\omega} = \frac{\Omega\, d\omega}{(2\pi\hbar)^3}\frac{p^2 dp}{v\, dp} = \frac{\Omega p^2}{8\pi^3\hbar^3 v} d\omega$$

v = velocity $\quad v\,dp = dE$ (correct also relativistically)

Rate of transitions into $\underline{d\omega}$

$$d\omega\, \frac{v}{\Omega}\frac{d\sigma}{d\omega} = \frac{2\pi}{\hbar}\left|\frac{1}{\Omega}U_{p-p'}\right|^2 \frac{\Omega p^2}{8\pi^3\hbar^3 v} d\omega$$

(17)
$$\boxed{\frac{d\sigma}{d\omega} = \frac{1}{4\pi^2\hbar^4}\frac{p^2}{v^2}\left|U_{p-p'}\right|^2}$$

(18) For non relativistic mechanics $m = \frac{p}{v}$

$$\frac{d\sigma}{d\omega} = \frac{m^2}{4\pi^2\hbar^4}\left|U_{p-p'}\right|^2$$

23-4

Limits of validity (discuss)

(19) $\frac{1}{\hbar}L\left(\sqrt{p^2 \pm 2mU}-p\right) \ll 1$

< L >

$\hat{U}$

Scattering by Coulomb center

(20) $$\begin{cases} U = \frac{zZe^2}{r} \\ U_{p-p'} = zZe^2 \int \frac{e^{\frac{i}{\hbar}(\vec{p}-\vec{p}')\cdot\vec{r}}}{r} d^3x = \frac{4\pi zZe^2}{\frac{1}{\hbar^2}|\vec{p}-\vec{p}'|^2} = \\ = \frac{4\pi\hbar^2 zZe^2}{4p^2\sin^2\frac{\vartheta}{2}} \end{cases}$$

use $\nabla^2\varphi = -4\pi\frac{e^{i\alpha x}}{r}$

(21) $$\frac{d\sigma}{d\omega} = \frac{z^2Z^2}{4}\left(\frac{me^2}{p^2}\right)^2\frac{1}{\sin^4\frac{\vartheta}{2}}$$ (Identical to classical Rutherford formula)

Suggested discussion topics.

Scattering by potential well – Nuclear forces

Limit of long wave length – isotropic scattering

" " short " " – forward "

Role of the mass (neutrino)

Exponential decay of original state in case (11)

Phys 342-1954 24-1

24- Emission and absorption of radiation.

(1) $\mathcal{H} = eBz\cos\omega t$

B = amplitude,

At $t=0$ atom in state n. From (23-(10))

(2) $a_m(t) = -\frac{i}{\hbar} eBz_{mn} \int_0^t \cos\omega t \, e^{i\omega_{mn}t} dt$

$\omega_{mn} = \frac{E^{(m)} - E^{(n)}}{\hbar} > 0$ $\quad \cos\omega t = \frac{e^{i\omega t} + e^{-i\omega t}}{2}$

↑ this term only important when $\omega \approx \omega_{mn}$ then

[margin sketch: levels m and n separated by $\hbar\omega_{mn}$]

$a_m(t) \approx -\frac{ieB}{2\hbar} z_{mn} \int_0^t e^{i(\omega_{mn}-\omega)t} dt =$

$= +\frac{eB}{2\hbar} z_{mn} \frac{e^{-i(\omega-\omega_{mn})t} - 1}{\omega - \omega_{mn}}$

(3) $|a_m(t)|^2 = \frac{e^2B^2}{\hbar^2} |z_{mn}|^2 \frac{\sin^2 \frac{t}{2}(\omega - \omega_{mn})}{(\omega - \omega_{mn})^2}$

Comments on resonance

Light intensity $= \frac{cB^2}{8\pi}$

Absorption from continuum overlapping ω_{mn}

(4) $\frac{cB^2}{8\pi} = \frac{dI}{d\omega} d\omega$ Substitute in (3), then $\int d\omega$

use $\int \frac{\sin^2 \alpha x}{x^2} dx = \pi\alpha$

$|a_m|^2 = t \times \frac{4\pi^2 e^2}{c\hbar^2} |z_{mn}|^2 \frac{dI}{d\omega}$ $\quad$ (ω = ang. frequency, not solid angle!)

(5) $\boxed{\text{Rate of absorption} = \frac{4\pi^2 e^2}{c\hbar^2} |z_{mn}|^2 \frac{dI}{d\omega}}$

For isotropic radiation of volume energy density $u(\omega)\,d\omega$

(6) Rate of absorption $= \frac{4\pi^2 e^2}{3\hbar^2} |\vec{x}_{mn}|^2 u(\omega_{mn})$

(factor 1/3 from averaging over directions of polarization)

24-2

Relationship between emission & absorption could be derived from quantum electrodynamics — However simpler to use Einsteins A & B method

Rate of $n \to m$ $\quad B\,u(\omega)\,N(n) =$

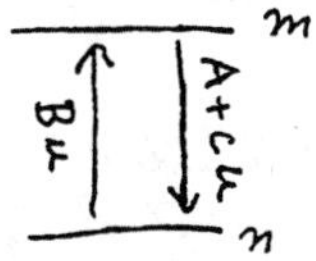

This B is a coefficient. Has nothing to do with B of page 1

From (6)

(7) $$B = \frac{4\pi^2 e^2}{3\hbar^2}\left|\vec{x}_{mn}\right|^2$$

Rate of $m \to n$) $\quad [A + C\,u(\omega)]\,N(m)$

this is number of atoms in state (n) or (m)

forced transitions

Spontaneous transitions

For thermal equilibrium

(8) $$\frac{N(m)}{N(n)} = e^{-\frac{E^{(m)}-E^{(n)}}{kT}} = e^{-\frac{\hbar\omega_{mn}}{kT}}$$ Boltzmann distribution

At equilibrium: Rate $n \to m$ = Rate $m \to n$

(9) $$\frac{A}{B\,u(\omega)} + \frac{C}{B} = \frac{N_n}{N_m} = e^{\frac{\hbar\omega}{kT}}$$

Planck's law

(10) $$u = \frac{\hbar\omega^3/\pi^2 c^3}{e^{\frac{\hbar\omega}{kT}} - 1}$$

$$\frac{\pi^2 c^3}{\hbar\omega^3}\frac{A}{B}\left(e^{\frac{\hbar\omega}{kT}} - 1\right) + \frac{C}{B} = e^{\frac{\hbar\omega}{kT}}$$

Must hold at all T's Therefore:

$$\frac{\pi^2 c^3}{\hbar\omega^3}\frac{A}{B} = 1 \qquad \frac{C}{B} = 1$$

Einstein's relations

(11) $$\boxed{A = \frac{\hbar\omega^3}{\pi^2 c^3} B\,; \quad C = B}$$ Then from (7)

(12) $$\boxed{\frac{1}{\tau} = A = \frac{4}{3}\frac{e^2\omega^3}{\hbar c^3}\left|\vec{x}_{mn}\right|^2}$$ for spontaneous transitions

(12) generalized to many particles by change

(13) $e\vec{x} \to \sum e_i \vec{x}_i$ (sum to all particles)

(14) $\frac{1}{\tau} = \frac{4}{3}\frac{\omega^3}{\hbar c^3}\left|\sum e_i \langle m|\vec{x}_i|n\rangle\right|^2$

Intensity of radiation proportional to square of matrix element of coordinates (for one electron) or of electric moment (13) for several charged particles.

Discuss – Limitations to validity of (12)

dimensions of atom $\ll \lambda\!\!\!^{-}$ of radiation

Quadrupole radiation

Case of central forces – Selection rules (See Sect 7)

Spherical harmonics identities

(15)
$$\left\{\begin{aligned}
&\sqrt{\frac{8\pi}{3}}\,Y_{11}\,Y_{l,m-1} = \sqrt{\frac{(l+m)(l+1+m)}{(2l+1)(2l+3)}}\,Y_{l+1,m} - \sqrt{\frac{(l-m)(l+1-m)}{(2l+1)(2l-1)}}\,Y_{l-1,m}\\
&\sqrt{\frac{4\pi}{3}}\,Y_{10}\,Y_{l,m} = \sqrt{\frac{(l+1)^2-m^2}{(2l+1)(2l+3)}}\,Y_{l+1,m} + \sqrt{\frac{l^2-m^2}{(2l+1)(2l-1)}}\,Y_{l-1,m}\\
&\sqrt{\frac{8\pi}{3}}\,Y_{1,-1}\,Y_{l,m+1} = \sqrt{\frac{(l-m)(l+1\mp m)}{(2l+1)(2l+3)}}\,Y_{l+1,m} - \sqrt{\frac{(l+m)(l+1+m)}{(2l+1)(2l-1)}}\,Y_{l-1,m}
\end{aligned}\right.$$

(16)
$$\left\{\ \sqrt{\frac{8\pi}{3}}\,Y_{11} = -\sin\vartheta\, e^{i\varphi};\quad \sqrt{\frac{4\pi}{3}}\,Y_{10} = \cos\vartheta;\quad \sqrt{\frac{8\pi}{3}}\,Y_{1,-1} = \sin\vartheta\, e^{-i\varphi}\right.$$

Follows: The matrix elements of the coordinates vanish unless

(17) $l' = l \pm 1$ and $m' = m \pm 1$ or m (Selection rules)

Matrix elements

(18)
$$\langle n', l+1, m+1 | x+iy | n, l, m\rangle = -\mathcal{J}\sqrt{\frac{(l+m+2)(l+1+m)}{(2l+1)(2l+3)}}$$
$$\langle n', l+1, m+1 | x-iy | n, l, m\rangle = 0$$
$$\langle n', l+1, m | z | n, l, m\rangle = \mathcal{J}\sqrt{\frac{(l+1)^2-m^2}{(2l+1)(2l+3)}}$$
$$\langle n', l+1, m-1 | x+iy | n, l, m\rangle = 0$$
$$\langle n', l+1, m-1 | x-iy | n, l, m\rangle = \mathcal{J}\sqrt{\frac{(l+1-m)(l+2-m)}{(2l+1)(2l+3)}}$$

(19)
$$\mathcal{J} = \int_0^\infty R_{nl}(r)\, R_{n', l+1}(r)\, r^3\, dr$$

Derive

(20)
$$|\langle n', l+1, m+1 | \vec{x} | n, l, m\rangle|^2 + |\langle n', l+1, m | \vec{x} | n\, l\, m\rangle|^2 + |\langle n', l+1, m-1 | \vec{x} | n, l, m\rangle|^2 = \frac{l+1}{2l+1}\mathcal{J}^2 \quad (\text{indep. of } m)$$

(21) Therefore: rate of transition
$$(n, l, m) \to (n', l+1, \text{any } m')$$
$$= \frac{4}{3}\frac{e^2\omega^3}{\hbar c^3}\frac{l+1}{2l+1}\mathcal{J}^2$$

Comments on independence of $\underline{m}$

Similarly

(22)
$$\text{Rate}(n, l, m \to n', l-1, \text{any } m) =$$
$$= \frac{4}{3}\frac{e^2\omega^3}{\hbar c^3}\frac{l}{2l-1}\left\{\int_0^\infty R_{nl}(r)\, R_{n', l-1}(r)\, r^3\, dr\right\}^2$$

24-5

Example – Life time of 2p state of hydrogen

$$R_{1s}(r) = \frac{2}{a^{3/2}} e^{-r/a}; \quad R_{2p}(r) = \frac{1}{\sqrt{24a^3}} \frac{r}{a} e^{-r/2a}$$

$$J = \int R_{1s} R_{2p} r^3 dr = \frac{192\sqrt{2}}{243} a$$

$$\text{Rate}(2p \to 1s) = \frac{294912}{177147} \frac{e^2 \omega^3 a^2}{\hbar c^3} \qquad \omega = \frac{3}{4}\frac{me^4}{2\hbar^3}$$

$$= \frac{1152}{6561}\left(\frac{e^2}{\hbar c}\right)^3\left(\frac{me^4}{2\hbar^3}\right) \qquad a = \frac{\hbar^2}{me^2}$$

$$= 1.41 \times 10^9 \text{ sec}^{-1}$$

$\frac{e^2}{\hbar c} = \frac{1}{137}$; $\frac{me^4}{2\hbar^3} = \frac{\text{Ryd}}{\hbar} = 2.067 \times 10^{16} \text{ sec}^{-1}$

Topics for discussion

Permitted & forbidden lines

Metastable states

Generalization of selection rules

Irradiation by a linear oscillator

Sum rule & effective number of electrons

Polarization of emitted light

Phys 342-1954 25-1

25 - Pauli theory of spin,

Int. degree of freedom - dicotomic variable -

Operators on spin variable

(1) $$\begin{vmatrix} a_{11} & a_{12} \\ a_{21} & a_{22} \end{vmatrix}$$

Search for operators

(2) $$\sigma_x, \sigma_y, \sigma_z$$

Normalize them to e.v.'s ±1. Then

(2) $$\sigma_x^2 = \sigma_y^2 = \sigma_z^2 = 1 = \begin{vmatrix} 1 & 0 \\ 0 & 1 \end{vmatrix}$$

Also

(3) $$(\alpha\sigma_x + \beta\sigma_y + \gamma\sigma_z)^2 = 1$$ α, β, γ = direction cosines

(4) $$\rightarrow \sigma_x\sigma_y + \sigma_y\sigma_x = 0, \ldots$$ (anticommutation)

Choose base for σ_z diagonal

(5) $$\sigma_z = \begin{vmatrix} 1 & 0 \\ 0 & -1 \end{vmatrix}$$

(E) $\sigma_x = \begin{vmatrix} a & b \\ b^* & c \end{vmatrix}$ from $\sigma_x\sigma_z + \sigma_z\sigma_x = 1$ follows

$$\begin{vmatrix} a, & -b \\ b^*, & -c \end{vmatrix} + \begin{vmatrix} a & b \\ -b^* & -c \end{vmatrix} = 0 \longrightarrow \{ a = c = 0$$

$$\sigma_x = \begin{vmatrix} 0 & b \\ b^* & 0 \end{vmatrix} \qquad \sigma_x^2 = \begin{vmatrix} |b|^2 & 0 \\ 0 & |b|^2 \end{vmatrix} = \begin{vmatrix} 1 & 0 \\ 0 & 1 \end{vmatrix} \longrightarrow |b|^2 = 1$$

(B) $\sigma_x = \begin{vmatrix} 0 & e^{i\alpha} \\ e^{-i\alpha} & 0 \end{vmatrix}$ Dispose of phases of base vectors to make $\alpha = 1$. Then

(6) $$\sigma_x = \begin{vmatrix} 0 & 1 \\ 1 & 0 \end{vmatrix}$$

As above $\sigma_y = \begin{vmatrix} 0 & e^{i\beta} \\ e^{-i\beta} & 0 \end{vmatrix}$, From $\sigma_x\sigma_y + \sigma_y\sigma_x = 0$, find $e^{i\beta} + e^{-i\beta} = 0$ or $e^{i\beta} = \pm i$

25-2

$\sigma_y =$ either $\begin{vmatrix} 0 & i \\ -i & 0 \end{vmatrix}$ or $\begin{vmatrix} 0 & -i \\ i & 0 \end{vmatrix}$

Eliminate first choice. Because

(6) $\sigma_z = \begin{vmatrix} 1 & 0 \\ 0 & -1 \end{vmatrix}$ $\sigma_x = \begin{vmatrix} 0 & 1 \\ 1 & 0 \end{vmatrix}$ $\sigma_y = \begin{vmatrix} 0 & i \\ -i & 0 \end{vmatrix}$

First consider in place of $\vec{\sigma}$, $-\vec{\sigma}$ or $\vec{\sigma} \to -\vec{\sigma}$

$$\sigma_z = \begin{vmatrix} -1 & 0 \\ 0 & 1 \end{vmatrix} \quad \sigma_x = \begin{vmatrix} 0 & -1 \\ -1 & 0 \end{vmatrix} \quad \sigma_y = \begin{vmatrix} 0 & -i \\ i & 0 \end{vmatrix}$$

Then unitary transf. $T = \sigma_y$ transforms to standard form of Pauli spin operators

(7) $\sigma_x = \begin{vmatrix} 0 & 1 \\ 1 & 0 \end{vmatrix}$; $\sigma_y = \begin{vmatrix} 0 & -i \\ i & 0 \end{vmatrix}$; $\sigma_z = \begin{vmatrix} 1 & 0 \\ 0 & -1 \end{vmatrix}$

Check from (7)

(8) $\sigma_x^2 = \sigma_y^2 = \sigma_z^2 = 1 \qquad \vec{\sigma}^2 = \sigma_x^2 + \sigma_y^2 + \sigma_z^2 = 3$

(9) $\sigma_x \sigma_y + \sigma_y \sigma_x = 0$; $\sigma_y \sigma_z + \sigma_z \sigma_y = 0$; $\sigma_z \sigma_x + \sigma_x \sigma_z = 0$

(10) $\sigma_x \sigma_y = i\sigma_z$; $\sigma_y \sigma_z = i\sigma_x$; $\sigma_z \sigma_x = i\sigma_y$

(11) $[\sigma_x, \sigma_y] = 2i\sigma_z$; $[\sigma_y, \sigma_z] = 2i\sigma_x$; $[\sigma_z, \sigma_x] = 2i\sigma_y$

or

(12) $\vec{\sigma} \times \vec{\sigma} = 2i\vec{\sigma}$

Consider vector

(13) $\vec{s} = \frac{\hbar}{2}\vec{\sigma}$ Then,

(14) $\vec{s} \times \vec{s} = i\hbar\vec{s}$

Identical to exch. rules (18-(5)) or (20-(26)) of ang. mom. vectors. Therefore $\vec{s} = \frac{\hbar}{2}\vec{\sigma}$ = intrinsic ang. mom of electron.

25-3

(15) E.v. of s_x, s_y, s_z are $\pm\frac{\hbar}{2}$
Also $\vec{s}^{\,2} = s_x^2 + s_y^2 + s_z^2 = \frac{\hbar^2}{4}\vec{\sigma}^{\,2} = \frac{3}{4}\hbar^2 = \hbar^2\frac{1}{2}\times\left(\frac{1}{2}+1\right)$
Both mean: Spin angular momentum = $\hbar/2$

Magnetic moment. Zeeman effect requires that spin carries a magn. moment

(16) $\vec{\mu} = \mu_0\vec{\sigma}$ $\quad \mu_0 = \frac{e\hbar}{2mc}$ = Bohr magneton

Same conclusion from Dirac relativistic theory of electron. Schwinger (1948) computed radiative correction

(17) $\mu_0 = \frac{e\hbar}{2mc}\left(1+\frac{1}{2\pi}\frac{e^2}{\hbar c}\right) = \frac{e\hbar}{2mc}\times 1.00116$

in better agreement with expt.

When electron moves in ext magn. field B (‖ to z axis) add to Hamiltonian (21-(27)) the term

(18) $-B\mu_0\sigma_z = -B\frac{e\hbar}{2mc}\sigma_z$

Observe

$$\frac{\text{mag. moment}}{\text{ang. momentum}/\hbar} = \begin{cases}\mu_0 & \text{for orbital motion}\\ 2\mu_0 & \text{for spin}\end{cases}$$

Topics for discussion — Motion of an isolated spin vector in a constant or variable magnetic field. Meaning of direction of spin vector

Phys 342—1954 26-1

26—Electron in central field.

(1) Potential $= -eV(r)$

Spin orbit interaction (Classical)

$$E = -\frac{dV}{dr}$$

Apparent mag. field for electron

(2)
$$\approx -\frac{1}{c}\vec{v}\times\vec{E} \qquad \vec{E} = -\frac{dV}{dr}\frac{\vec{x}}{r}$$
$$= -\frac{1}{c}\frac{1}{r}\frac{dV}{dr}\vec{x}\times\vec{v} = -\frac{1}{mc}\frac{1}{r}V'(r)\vec{M} = -\frac{\hbar}{mc}\frac{V'(r)}{r}\vec{L}$$

(3) $\vec{M} =$ orb. ang. momentum $= \hbar\vec{L}$

Mag. moment of electron $= \mu_0\vec{\sigma} = \frac{e\hbar}{2mc}\vec{\sigma}$

Mutual energy of intrinsic mag. mom and apparent field

(4)
$$-\frac{V'(r)}{r}\frac{\hbar\mu_0}{mc}(\vec{L}\cdot\vec{\sigma}) = \frac{-e\hbar^2 V'(r)}{2m^2c^2 r}(\vec{L}\cdot\vec{\sigma})$$
(minus sign because electron negative)

Thomas correction. Is a relativistic term that cancels half of (4)—Also from completely relativistic Dirac theory. In conclusion:

Spin orbit interaction adopted

(5)
$$-\frac{\hbar\mu_0}{2mc}\frac{V'(r)}{r}(\vec{L}\cdot\vec{\sigma}) = -\frac{e\hbar^2}{4m^2c^2}\frac{V'(r)}{r}(\vec{L}\cdot\vec{\sigma})$$

Hamiltonian of electron

(6)
$$H = \frac{1}{2m}p^2 - eV(r) - \frac{e\hbar^2}{4m^2c^2}\frac{V'(r)}{r}(\vec{L}\cdot\vec{\sigma})$$

26-2

Put

(7) $\vec{S} = \frac{\vec{\sigma}}{2}$ (this = intrinsic spin ang. mom. in unit $\hbar$)

(8) $$\begin{cases} H = \frac{1}{2m}p^2 - eV(r) - \frac{e\hbar^2 V'(r)}{2m^2c^2 r}(\vec{L}\cdot\vec{S}) \\ \quad = H_1 + H_2(\vec{L}\cdot\vec{S}) \end{cases}$$ $H_1 = \frac{1}{2m}p^2 - eV(r)$ $H_2 = -\frac{e\hbar^2}{2m^2c^2}\frac{V'(r)}{r}$

Introduce also

(9) $\vec{J} = \vec{L} + \vec{S}$ = tot. ang. mom. in $\hbar$ units.

List of commutation properties:

(10). $$\begin{cases} \vec{L}\times\vec{L} = i\vec{L} \; ; \; \vec{S}\times\vec{S} = i\vec{S} \\ [L_x, L_y] = iL_z \text{ \& similar } [L_x, L^2] = 0, \dots \\ [S_x, S_y] = iS_z \text{ \& '' } [S_x, S^2] = 0, \dots \end{cases}$$

(11) $\{[L_x, S_x] = 0 \quad [L_x, S_y] = 0$ and similar

(12) $\{ \quad S^2 = \frac{3}{4}$

Follows from (10) (11) (9)

(13) $\vec{J}\times\vec{J} = i\vec{J}$ or $[J_x, J_y] = iJ_z$ & similar

$\vec{J}$ behaves like an ang. mom. vector. From (13)

(14) $[J_x, J^2] = 0$, and similar

(15) $\begin{cases}\text{All components of } \vec{L}, \vec{S}, \vec{J} \text{ and also } L^2, S^2 = \frac{3}{4}, J^2 \\ \text{commute with } H_1, H_2. \end{cases}$

(16) $[(\vec{L}\cdot\vec{S}), J_x] = 0$

Proof: $[(L_xS_x + L_yS_y + L_zS_z), (L_x + S_x)] = [L_yL_x]S_y + [L_zL_x]S_z +$
$+ L_y[S_yS_x] + L_z[S_zS_x] = -iL_zS_y + iL_yS_z - iL_yS_z + iL_zS_y = 0$

26-3

$$(16)\begin{cases}[(\vec{L}\cdot\vec{S}),J^2]=0\\ [(\vec{L}\cdot\vec{S}),L^2]=0\\ [(\vec{L}\cdot\vec{S}),S^2]=0\end{cases}$$

Therefore

$$(17)\quad [H,J^2]=[H,L^2]=[H,S^2]=0$$

Also

$$(18)\quad [H,(L\cdot S)]=0$$

$$(19)\quad [H,J_x]=[H,J_y]=[H,J_z]=0$$

$$(20)\quad J^2=L^2+S^2+2(L\cdot S)$$

Hence

$$(21)\quad [J^2,L^2]=[J^2,S^2]=0$$

$$(22)\quad [J_z,L^2]=[J_z,S^2]=[J_z,J^2]=0$$

First characterize state by making diagonal following intercommuting quantities

$$23\begin{cases}H_1,\ H_2,\ L^2=l(l+1),\ S^2=\frac{3}{4},\ L_z=m_l,\ S_z=m_s \\ m_l=l,l-1,\dots,-l+1,-l \qquad J_z=m_l+m_s=m \\ m_s=\pm 1/2 \qquad l-\frac{1}{2}\leq J_z\leq l+\frac{1}{2}\end{cases}$$

H in general <u>not</u> diagonal because $(L\cdot S)$ does not commute with L_z or S_z. But $[(L\cdot S),J_z]=0$

Therefore $(L\cdot S)$ mixes states of same $J_z=m$ and different L_z, S_z. Two such states:

26-4

(24)
$$\left\{\begin{array}{l} L_z = m-\frac{1}{2},\ S_z=\frac{1}{2}\quad \text{state } |m-\frac{1}{2},\frac{1}{2}\rangle \\ \text{and } L_z = m+\frac{1}{2}\quad S_z=-\frac{1}{2}\quad \text{state } |m+\frac{1}{2},\frac{-1}{2}\rangle \\ |m-\frac{1}{2},\frac{1}{2}\rangle = \psi_{m-\frac{1}{2},\frac{1}{2}} = f(r)\, Y_{l,m-\frac{1}{2}} \begin{vmatrix}1\\0\end{vmatrix} \\ |m+\frac{1}{2},\frac{-1}{2}\rangle = \psi_{m+\frac{1}{2},\frac{-1}{2}} = f(r)\, Y_{l,m+\frac{1}{2}} \begin{vmatrix}0\\1\end{vmatrix} \end{array}\right.$$

Find from Sects (18 especially (17) (18)) and

(25) Sect (25) use $S_x+iS_y = \begin{vmatrix}0&1\\0&0\end{vmatrix}$ $S_x-iS_y = \begin{vmatrix}0&0\\1&0\end{vmatrix}$ $S_z = \begin{vmatrix}1&0\\0&-1\end{vmatrix}$

(26) $$(L\cdot S) = \frac{1}{2}(L_x+iL_y)(S_x-iS_y)+\frac{1}{2}(L_x-iL_y)(S_x+iS_y)+L_zS_z$$

(27)
$$\left\{\begin{array}{l} (L_x+iL_y)\, Y_{l,m-\frac{1}{2}} = \sqrt{(l+\frac{1}{2})^2-m^2}\; Y_{l,m+\frac{1}{2}} \\ (L_x-iL_y)\, Y_{l,m+\frac{1}{2}} = \sqrt{(l+\frac{1}{2})^2-m^2}\; Y_{l,m-\frac{1}{2}} \end{array}\right.$$

($m\pm\frac{1}{2}$ = integral number)

(28)
$$\left\{\begin{array}{ll} (S_x+iS_y)\begin{vmatrix}1\\0\end{vmatrix}=0 & (S_x+iS_y)\begin{vmatrix}0\\1\end{vmatrix}=\begin{vmatrix}1\\0\end{vmatrix} \\ (S_x-iS_y)\begin{vmatrix}0\\1\end{vmatrix}=0 & (S_x-iS_y)\begin{vmatrix}1\\0\end{vmatrix}=\begin{vmatrix}0\\1\end{vmatrix} \end{array}\right.$$

Find

(29)
$$\left\{\begin{array}{l} (L\cdot S)\,|m-\frac{1}{2},\frac{1}{2}\rangle = \frac{1}{2}(m-\frac{1}{2})\,|m-\frac{1}{2},\frac{1}{2}\rangle + \frac{1}{2}\sqrt{(l+\frac{1}{2})^2-m^2}\,|m+\frac{1}{2},\frac{-1}{2}\rangle \\ (L\cdot S)\,|m+\frac{1}{2},-\frac{1}{2}\rangle = \frac{1}{2}\sqrt{(l+\frac{1}{2})^2-m^2}\,|m-\frac{1}{2},\frac{1}{2}\rangle - \frac{1}{2}(m+\frac{1}{2})\,|m+\frac{1}{2},\frac{-1}{2}\rangle \end{array}\right.$$

(30) $$(L\cdot S) = \begin{Vmatrix} \frac{1}{2}(m-\frac{1}{2}), & \frac{1}{2}\sqrt{(l+1/2)^2-m^2} \\ \frac{1}{2}\sqrt{(l+1/2)^2-m^2}, & -\frac{1}{2}(m+\frac{1}{2}) \end{Vmatrix}$$

26-5

e.v's of $(\vec{L}\cdot\vec{S})$ ~~areas~~ & corresp e.f's are

(31) $\vec{L}\cdot\vec{S} = \frac{1}{2}l$ with e.f (normalized)

$$\sqrt{\frac{1}{2}+\frac{m}{2l+1}}\left|m-\frac{1}{2},\frac{1}{2}\right\rangle+\sqrt{\frac{1}{2}-\frac{m}{2l+1}}\left|m+\frac{1}{2},\frac{-1}{2}\right\rangle$$

and

(32) $\vec{L}\cdot\vec{S} = -\frac{1}{2}(l+1)$ with normalized e.f.

$$-\sqrt{\frac{1}{2}-\frac{m}{2l+1}}\left|m-\frac{1}{2},\frac{1}{2}\right\rangle+\sqrt{\frac{1}{2}+\frac{m}{2l+1}}\left|m+\frac{1}{2},\frac{-1}{2}\right\rangle$$

E.v's of J^2 from (20) (31) (32)

(33) for $LS = \frac{l}{2}$, $J^2 = l(l+1)+\frac{3}{4}+l = (l+\frac{1}{2})(l+\frac{1}{2}+1)$
s ∥ to l or vector model, $J = l+\frac{1}{2}$
$\vec{J}^2 = J(J+1)$. E.f is (31).

(34) for $L\cdot S = -\frac{1}{2}(l+1)$, $J^2 = l(l+1)+\frac{3}{4}-l-1 = (l-\frac{1}{2})(l+\frac{1}{2})$
Spin antiparallel to l, $J = l-\frac{1}{2}$
E.f is (32). $\vec{J}^2 = J(J+1) = l^2-\frac{1}{4}$

Doublet splitting of energy levels. From (8)

(35) $-\dfrac{e\hbar^2}{2m^2c^2}\dfrac{V'(r)}{r}(L\cdot S)$ treated as perturbation, yields energy perturbation

this, usually, positive ↙ ; R_l = radial wave function ↙

(36) $$\delta E = \frac{e\hbar^2}{2m^2c^2}\left(\int\left\{V'(r)\right\}R_l^2(r)\,r\,dr\right)\times\begin{cases} l/2 & \text{for } J=l+\frac{1}{2}\\ \text{or} & \\ -(l+1)/2 & \text{for } J=l-\frac{1}{2}\end{cases}$$

26-6

Doublet spectrum (Typical case Alkali atoms)

(s) $l=0$ J ↓ 1/2, 1/2, 1/2

(p) $l=1$ J ↓ 3/2, 1/2; 3/2, 1/2

(d) $l=2$ J ↓ 5/2, 3/2

Notation: $s_{1/2}, p_{1/2}, p_{3/2}, d_{3/2}, d_{5/2}$

D lines of sodium $\lambda = 5890$ Å and $\lambda = 5896$ Å

Case of $n=2$ levels of hydrogen. From lect. 8

$$E = -\frac{me^4}{2\hbar^2 \times 2^2} \text{ for } 2s + 2p \text{ levels.}$$

Spin perturbation (36) ($\delta_1 E$)

(37) $\delta_1 E(2s) = 0 \qquad \delta_1 E(2p) = \frac{e^2\hbar^2}{48 m^2 c^2}\frac{1}{a^3}\begin{cases} 1/2 \\ -1 \end{cases}$

$2s_{1/2}$, $2p_{3/2}$ $\propto 1/2$, $2p_{1/2}$ $\propto -1$

Use $R_{2p} = \frac{r\, e^{-r/2a}}{\sqrt{24a^5}}$ and $V = \frac{e}{r}$ in (36)

Relativity perturbation ($\delta_2 E$)

(38) $$\text{kin. energy} = \sqrt{m^2c^4 + c^2p^2} - mc^2 = \frac{p^2}{2m} - \frac{p^4}{8m^3c^2} + \dots$$

(39) $$\text{Perturbation} = -\frac{1}{8m^3c^2}p^4 = -\frac{\hbar^4}{8m^3c^2}(\nabla^2)^2$$

(40) One finds using first approx. perturbation theory

$$\delta_2 E(2s) = -\frac{5}{128}\frac{e^8 m}{\hbar^4 c^2} \qquad \delta_2 E(2p) = -\frac{7}{384}\frac{e^8 m}{\hbar^4 c^2}$$

(See for general formulas: Schiff p. 325, 326)

21-7

$$\delta_1(E_{2s})+\delta_2(E_{2s}) = -\frac{5}{128}\frac{e^8 m}{\hbar^4 c^2} \qquad \leftarrow \ !!$$

$$\delta_1(E_{2p_{1/2}})+\delta_2(E_{2p_{1/2}}) = \left(-\frac{1}{48}-\frac{7}{384}\right)\frac{e^8 m}{\hbar^4 c^2} = -\frac{5}{128}\frac{e^8 m}{\hbar^4 c^2}$$

$$\delta_1(E_{2p_{3/2}})+\delta_2(E_{2p_{3/2}}) = \left(\frac{1}{96}-\frac{7}{384}\right)\frac{e^8 m}{\hbar^4 c^2} = -\frac{1}{128}\frac{e^8 m}{\hbar^4 c^2}$$

unperturbed | δ_1 | $\delta_1+\delta_2$ | $\delta_1+\delta_2+$ Lamb

$2s, 2p_{1/2}, 2p_{3/2}$ — $2p_{3/2}$, $2s$, $2p_{1/2}$ — $2p_{3/2}$; .365 cm^{-1}; $2s, 2p_{1/2}$ — $2p_{3/2}$; $2s$; .035 cm^{-1}; $2p_{1/2}$

Qualitative comments on Lamb shift;

Bethe formula for Lamb shift of ns-levels

$$\frac{8}{3\pi n^3}\frac{me^4}{2\hbar^2}\left(\frac{e^2}{\hbar c}\right)^3 \overline{\ln\frac{mc^2}{|E_n-E_s|}} + \text{higher order corrections}$$

Phys 342 - 1954 27-1

27 - Anomalous Zeeman effect.

To prec. case add mag. field B ∥ to z

Magn. energy

(1) $$B\mu_0(L_z+2S_z)$$

Unpert. hamiltonian

(2) $$H_1=\frac{p^2}{2m}-eV(r)$$

Perturbation

(3) $$\mathcal{H}=\frac{e\hbar^2}{2m^2c^2}\frac{-V'(r)}{r}(\vec{L}\cdot\vec{S})+B\mu_0(L_z+2S_z)$$

(4) Observe L^2, $S^2=\frac{3}{4}$, $m=L_z+S_z$ commute with $\mathcal{H}$, ~~[illegible]~~

(5) Unperturbed problem has 2l-fold deg.
Unpert. e.f's
$$R_l(r)\,Y_{lm}(\theta,\varphi)\times\text{spin}\binom{\text{up}}{\text{or down}}$$

~~Abt~~ Coeff of expression (26-(36))

(6) $$k=\frac{e\hbar^2}{2m^2c^2}\int(-V'(r))\,R_l^2(r)\,r\,dr$$

Pert. matrix mixes states (26-(24)) see also (26-(39))

(7) $$\frac{k}{2}\begin{vmatrix} m-\frac{1}{2} & \sqrt{(l+\frac{1}{2})^2-m^2} \\ \sqrt{(l+\frac{1}{2})^2-m^2}, & -m-\frac{1}{2}\end{vmatrix}+B\mu_0\begin{vmatrix} m+\frac{1}{2} & 0 \\ 0 & m-\frac{1}{2}\end{vmatrix}$$

27-2

Find eigenvalues as roots of

$$(8)\quad x^2+\left(\frac{k}{2}-2B\mu_0 m\right)x+\left(m^2-\frac{1}{4}\right)B^2\mu_0^2-B\mu_0 km-\frac{k^2}{4}l(l+1)=0$$

$$(9)\quad \delta E=-\frac{k}{4}+B\mu_0 m\pm\frac{1}{2}\sqrt{k^2\left(l+\frac{1}{2}\right)^2+2B\mu_0 km+B^2\mu^2}$$

(9) valid for $|m|\leq l-\frac{1}{2}$,
for $m=\pm\left(l+\frac{1}{2}\right)$, $\delta E=\frac{k}{2}l\pm B\mu_0(l+1)$

For $B\mu_0\ll k$

$$(10)\quad \delta E=\begin{cases}\frac{k}{2}l+B\mu_0 m\frac{2l+2}{2l+1} & -l-\frac{1}{2}\leq m\leq l+\frac{1}{2}\\ -\frac{k}{2}(l+1)+B\mu_0 m\frac{2l}{2l+1} & -l+\frac{1}{2}\leq m\leq l-\frac{1}{2}\end{cases}$$

For $B\mu_0\gg k$

$$(11)\quad \delta E=\begin{cases}B\mu_0\left(m+\frac{1}{2}\right)\\ B\mu_0\left(m-\frac{1}{2}\right)\end{cases}$$

For $l=1$

Phys 342 – 1954 28-1

28 – Addition of ang. momentum vectors.

(1) $\vec{L}\ ,\ \vec{S}\ ,\ \vec{L}+\vec{S}=\vec{J}$

L orbital
S spin
J total

Assume

(2) $[\vec{L},\vec{S}]=0$

(3) $\vec{L}\times\vec{L}=i\vec{L}\ ,\ \vec{S}\times\vec{S}=i\vec{S}$ ($\hbar=1$)

Follows

(4) $\vec{J}\times\vec{J}=i\vec{J}$

Two intercommuting sets of operators:

(5) Set a) L^2, S^2, L_z, S_z

(6) Set b) L^2, S^2, J^2, J_z

First: operators (a) diagonal

(7) $$\begin{cases} L^2=l(l+1) & S^2=s(s+1) \\ L_z=\lambda & S_z=\mu \\ \lambda=-l,-l+1,\dots,l-2,l-1,l \\ \mu=-s,-s+1,\dots,s-1,s \end{cases}$$

l, s are integral or half odd numbers when l is the resultant orbital ang. mom l is integral. When s is the resultant spin s is integral for even number of electrons, half odd for odd number of electrons.

An eigenvector for (7)

(8) $$\left\{\begin{array}{l} |L_z=\lambda, S_z=\mu\rangle \\ \text{or briefly } |\lambda,\mu\rangle . \quad (2l+1)\times(2s+1) \text{ such vectors} \end{array}\right.$$

Representation with vectors $|\lambda,\mu\rangle$ transformed now to a new one with set (b)

28-2

Operators for (6) diagonal

(9)
$$\begin{cases} L^2 = l(l+1) \qquad S^2 = s(s+1) \\ J^2 = j(j+1) \qquad J_z = L_z + S_z = m \\ j = \text{integer or half odd} \\ m = -j, -j+1, \dots, j-2, j-1, j \end{cases}$$

Eigenvectors for (9)

(10)
$$\begin{cases} |J^2 = j(j+1); J_z = m\rangle \quad \text{or briefly} \\ |j, m\rangle \end{cases}$$

Question: Given l, s what are the possible values of j?

(11) Vector model rule $j = l+s, l+s-1, \dots, |l-s|$

Hint of proof: $m = \lambda + \mu \qquad \lambda \le l, \ \mu \le s$

(12) $m \le l+s$ Therefore $j_{max} = l+s$

Observe

(13) $|\lambda = l, \mu = s\rangle = |j = l+s, m = l+s\rangle$

(14) Apply to (13) $J_- = J_x - iJ_y = L_x - iL_y + S_x - iS_y$ to obtain successively $|j = l+s, m = l+s\rangle, |j = l+s, m = l+s-1\rangle, \dots, |j = l+s, m = -j\rangle$

These are $2(l+s)+1$ eigenvectors of type (10)

28-3

$m = l+s-1$ possible in two ways

(15) $|\lambda = l-1, \mu = s\rangle$ or $|\lambda = l, \mu = s-1\rangle$

One linear comb. already under (14), other lin. comb. has

(16) $\left\{\begin{array}{l} |j = l+s-1, m=j\rangle \\ | \quad " \quad j-1\rangle \\ | \quad " \quad j-2\rangle \\ \vdots \quad \vdots \quad -j\rangle \end{array}\right\}$ ← apply J_- to form $2(l+s)-1$ eigen vector of type (10)

and so forth.

Clebsch - Gordan coefficients

(17) $\left\{\begin{array}{l} \langle \lambda, \mu | j, m\rangle = 0 \quad \text{for } \lambda+\mu \neq m \\ \langle \lambda, m-\lambda | j, m\rangle \text{ obtained by following} \end{array}\right.$

above procedure – General formulas are extremely complicated. Important special cases: $s = 1/2$ (See (26-(31)(32))

(18)

$s = 1/2$

	$l_z = m-\frac{1}{2}$ $s_z = 1/2$	$l_z = m+1/2$ $s_z = -1/2$
$j = l+\frac{1}{2}$	$\sqrt{\frac{1}{2}+\frac{m}{2l+1}}$	$\sqrt{\frac{1}{2}-\frac{m}{2l+1}}$
$j = l-\frac{1}{2}$	$-\sqrt{\frac{1}{2}-\frac{m}{2l+1}}$	$\sqrt{\frac{1}{2}+\frac{m}{2l+1}}$

28-4

S = 1

(19)

	$l_z=m-1$, $s_z=1$	$l_z=m$, $s_z=0$	$l_z=m+1$, $s_z=-1$
$j=l+1$	$\sqrt{\frac{(l+m)(l+m+1)}{(2l+1)(2l+2)}}$	$\sqrt{\frac{(l-m+1)(l+m+1)}{(2l+1)(l+1)}}$	$\sqrt{\frac{(l-m)(l-m+1)}{(2l+1)(2l+2)}}$
$j=l$	$-\sqrt{\frac{(l+m)(l-m+1)}{2l(l+1)}}$	$\frac{m}{\sqrt{l(l+1)}}$	$\sqrt{\frac{(l-m)(l+m+1)}{2l(l+1)}}$
$j=l-1$	$\sqrt{\frac{(l-m)(l-m+1)}{2l(2l+1)}}$	$-\sqrt{\frac{(l-m)(l+m)}{l(2l+1)}}$	$\sqrt{\frac{(l+m+1)(l+m)}{2l(2l+1)}}$

More similar formulae in Condon & Shortley

Value of $\vec{L}\cdot\vec{S}$

(20) $$\vec{L}\cdot\vec{S}=\frac{1}{2}\{j(j+1)-l(l+1)-s(s+1)\}$$

Because $\vec{L}+\vec{S}=\vec{J}$

$$\vec{J}^2=\vec{L}^2+\vec{S}^2+2\vec{L}\cdot\vec{S}$$

Observe: (20) independent of $\underline{m}$! more general

· Theorem: Classify e.f's by

(21) $$|n,j,m\rangle$$

Let A a rotation invariant operator.
(Means $[A,\vec{J}]=0$). Then:

85 copies
28-5

(22) $\langle n', j', m' | A | n, j, m \rangle = \delta_{j,j'} \delta_{mm'} f(n, n', j)$

Comments & connection with Wigner theorem p. 20-4

<u>Theorems</u> on matrix elements of a vector operator $\vec{A}$

(23) $\langle n' j', m' | \vec{A} | n, j, m \rangle = 0$ except when
$j' = j+1, j, j-1$
$m' = m+1, m, m-1$

also $\langle n', 0, 0 | \vec{A} | n, 0, 0 \rangle = 0$

Comments on <u>selection rules for optical transitions</u>

(24) Permitted transitions: $j \to j+1, j, j-1$ $\quad m \to m+1, m, m-1$

$j=0 \to j=0$ forbidden

(25) Selection rule for parity: for permitted transitions, change of parity.

(This is because electric moment is a polar vector)

Discuss: selection rules for electric quadrupole, magnetic dipole, etc..

(26) The matrix elements of the components of a vector are expressed as the product of ~~[illegible]~~ a function $f(n, n', j, j')$ times certain expressions that depend on j, j', m, m' and the component chosen.

Only different from zero

$$\langle m+1|X+iY|m\rangle, \ \langle m|Z|m\rangle, \ \langle m-1|X-iY|m\rangle$$

(explain)

$X, Y, Z =$ components of $\vec{A}$

(27) Transitions $j \to j+1$

$$\langle m+1|X+iY|m\rangle \propto -\sqrt{(j+m+1)(j+m+2)}$$

$$\langle m|Z|m\rangle \propto \sqrt{(j-m+1)(j+m+1)}$$

$$\langle m-1|X-iY|m\rangle \propto \sqrt{(j-m+1)(j-m+2)}$$

(28) Transitions $j \to j$

$$\langle m+1|X+iY|m\rangle \propto \sqrt{(j+m+1)(j-m)}$$

$$\langle m|Z|m\rangle \propto m$$

$$\langle m-1|X-iY|m\rangle \propto \sqrt{(j-m+1)(j+m)}$$

(29) Transitions $j \to j-1$

$$\langle m+1|X+iY|m\rangle \propto -\sqrt{(j-m-1)(j-m)}$$

$$\langle m|Z|m\rangle \propto -\sqrt{j^2-m^2}$$

$$\langle m-1|X-iY|m\rangle \propto \sqrt{(j+m)(j+m-1)}$$

Warning. Proportionality coefficients are different for (27)(28)(29).

Observe: in all 3 cases above

$$\sum_{m'} |\langle m'|X|m\rangle|^2 + |\langle m'|Y|m\rangle|^2 + |\langle m'|Z|m\rangle|^2 \text{ is}$$

independent of m. Comments on equal lifetime of states with different m.

Phys 342 – 1954 29 1

29 – Atomic multiplets

Qualitative discussion

(1) $\begin{cases} H = H_1 + H_2 (\vec{L}\cdot\vec{S}) \\ H_1, H_2 \text{ commute with } \vec{L} \text{ and } \vec{S}. \text{ Then} \\ H \text{ commutes with } \vec{L}^2, \vec{S}^2, \vec{J}^2, J_z \end{cases}$

Use (28-(20))

(2) $$\vec{L}\cdot\vec{S} = \frac{1}{2}\{J(J+1) - L(L+1) - S(S+1)\}$$

(3) $\begin{cases} \text{note change of notation to usual spectroscopic} \\ \text{notation } \vec{L}, \vec{S}, \vec{J} \text{ are vector operators} \\ L, S, J \text{ are numbers (integers or half odd)} \end{cases}$

(4) $\begin{cases} \text{Then for fixed values of } L, S \\ |L-S| \le J \le L+S \quad J \text{ by integral steps} \end{cases}$

For a set of levels with n, L, S fixed

(5) $$H = H_1 + \frac{1}{2} H_2 \{J(J+1) - L(L+1) - S(S+1)\}$$

Assume H_2 small, then perturbation theory with H_1 diagonal (together with $\vec{L}^2, \vec{S}^2, \vec{J}$). For an isolated group of levels H_1 & H_2 behave like numbers $H_2 \to$ its mean value $H_1 \to$ its diagonal value.

There is in multiplet one distinct energy level of each J value. From (4) J takes $2S+1$ values for $S \le L$ or $2L+1$ values for $S > L$. However always called $(2S+1)$-plet. $S=0$, singlet; $S=\frac{1}{2}$, doublet

$S=1$, triplet ;...

(6) $\begin{cases} H_2 > 0 & \text{normal multiplet} \\ H_2 < 0 & \text{inverted multiplet} \end{cases}$

value of L, by letter $S, P, D \ldots$

Notation $^3D_1$ and similar $\quad {}^{2S+1}L_J$

Normal D-triplet

$^3D_3$ ——

$3H_2$

$^3D_2$ ——

$2H_2$

$^3D_1$ ——

Note: Interval rule – The spacing between two levels of multiplet number J and $J+1$ is $\propto J+1$

Each of the multiplet levels is $2J+1$ fold

Degeneracy removed by magn. field $B \parallel z$,

This adds to energy perturbation term

(7) $$H_3 = B\mu_0(L_z + 2S_z) = B\mu_0(J_z + S_z) = \\ = B\mu_0(m + S_z)$$

assume

(8) $$H_3 \ll H_2$$

Then first approx pert. theory. Observe

$$[H_3, J_z] = 0$$

therefore no mixing of $2J+1$ degenerate terms. Then

(9) $$\delta E_3 = \langle J, m | H_3 | J, m \rangle = \\ = B\mu_0(m + \langle J, m | S_z | J, m \rangle)$$

29-3

From (28-(28))

(10) $$\langle J,m|S_z|J,m\rangle = \frac{\langle J,J|S_z|J,J\rangle}{J}\, m$$

Also,

(11) $$\langle J,J|S_z|J,J\rangle = \frac{S(S+1)+J(J+1)-L(L+1)}{2(J+1)}$$

Outline of proof: From $\vec{L} = \vec{J} - \vec{S}$

$$2\,\vec{J}\cdot\vec{S} = J(J+1) + S(J+1) - L(L+1)$$

$$2\,\vec{J}\cdot\vec{S} = 2J_zS_z + S_-J_+ + S_+J_-$$

$$= 2(J_z+1)S_z + S_-J_+ + J_-S_+ \leftarrow$$

$J_\pm = J_x \pm iJ_y$

$S_\pm = S_x \pm iS_y$

use $S_xS_y - S_yS_x = iS_z$

Use $J_+|J,J\rangle = 0 \qquad \langle J,J|J_- = 0$

Find

$\langle J,J|2\,\vec{J}\cdot\vec{S}|J,J\rangle = 2(J+1)\langle J,J|S_z|J,J\rangle$, hence proof

Then

(12) $$\delta E_3 = B\mu_0 g m$$

(13) $$\begin{cases} g = 1 + \dfrac{J(J+1)+S(S+1)-L(L+1)}{2J(J+1)} & \text{(Landé } g\text{-factor)} \\ g = \dfrac{3}{2} + \dfrac{S(S+1)-L(L+1)}{2J(J+1)} \end{cases}$$

Compare with (27-(10)) for case $S = 1/2$

<u>For discussion</u>

(4) Limiting case $B\mu_0 \gg H_2$ (Paschen Back effect)

29-4

Selection & polarization rules from (28-(27)(28)(29))

For permitted transitions

(15) $J \begin{smallmatrix} \nearrow J+1 \\ \rightarrow J \\ \searrow J-1 \end{smallmatrix}$ ($J=0 \rightarrow 0=J$ forbidden)

(16) $\begin{cases} m \rightarrow m & \text{polarized } \parallel \\ m \rightarrow m+1 & \text{polarized } \circlearrowleft \\ m \rightarrow m-1 & \text{"} \quad \circlearrowright \end{cases}$ } both $\perp$

also parity rule

(17) even → odd
odd → even

weaker selection rules

(18) $\begin{cases} S \rightarrow S \\ L \begin{smallmatrix} \nearrow L+1 \\ \rightarrow L \\ \searrow L-1 \end{smallmatrix} \end{cases}$ } especially for light elements

Topics for discussion.

General data on atomic structure, Screening

Pauli principle (as empirical rule)

Atomic shells (table on next page)

Spectra of alkali's, alkaline earths and earths. Spectral series. Spectra of ions.

Electrons & holes in a shell.

Hyperfine structure

multiplets

29 – 5

Electron Orbits of Atoms

	n=1 K	n=2 L		n=3 M			n=4 N				n=5 O					n=6 P						n=7 Q						
L =	0	0	1	0	1	2	0	1	2	3	0	1	2	3	4	0	1	2	3	4	5	0	1	2	3	4	5	6
1 H	1																											
2 He	2																											
3 Li	2	1																										
4 Be	2	2																										
5 B	2	2	1																									
10 Ne	2	2	6																									
11 Na	2	2	6	1																								
12 Mg	2	2	6	2																								
13 Al	2	2	6	2	1																							
18 A	2	2	6	2	6																							
19 K	2	2	6	2	6		1																					
20 Ca	2	2	6	2	6		2																					
29 Cu	2	2	6	2	6	10	1																					
30 Zn	2	2	6	2	6	10	2																					
31 Ga	2	2	6	2	6	10	2	1																				
36 Kr	2	2	6	2	6	10	2	6																				
37 Rb	2	2	6	2	6	10	2	6			1																	
38 Sr	2	2	6	2	6	10	2	6			2																	
47 Ag	2	2	6	2	6	10	2	6	10		1																	
48 Cd	2	2	6	2	6	10	2	6	10		2																	
49 In	2	2	6	2	6	10	2	6	10		2	1																
54 X	2	2	6	2	6	10	2	6	10		2	6																
55 Cs	2	2	6	2	6	10	2	6	10		2	6				1												
56 Ba	2	2	6	2	6	10	2	6	10		2	6				2												
79 Au	2	2	6	2	6	10	2	6	10	14	2	6	10			1												
80 Hg	2	2	6	2	6	10	2	6	10	14	2	6	10			2												
81 Tl	2	2	6	2	6	10	2	6	10	14	2	6	10			2	1											
86 Em	2	2	6	2	6	10	2	6	10	14	2	6	10			2	6											
87 --	2	2	6	2	6	10	2	6	10	14	2	6	10			2	6					1						
88 Ra	2	2	6	2	6	10	2	6	10	14	2	6	10			2	6					2						
92 U	2	2	6	2	6	10	2	6	10	14	2	6	10	3		2	6	1				2						
100 —	2	2	6	2	6	10	2	6	10	14	2	6	10	11		2	6	1				2						

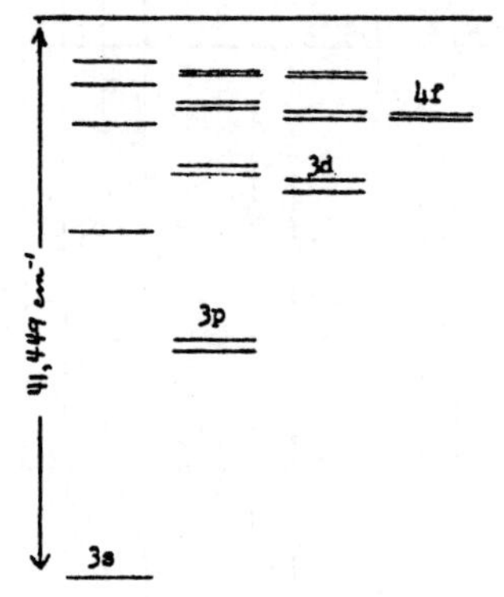

Energy levels of sodium (Z = 11). The doublet separation has been exagerated to make it visible.

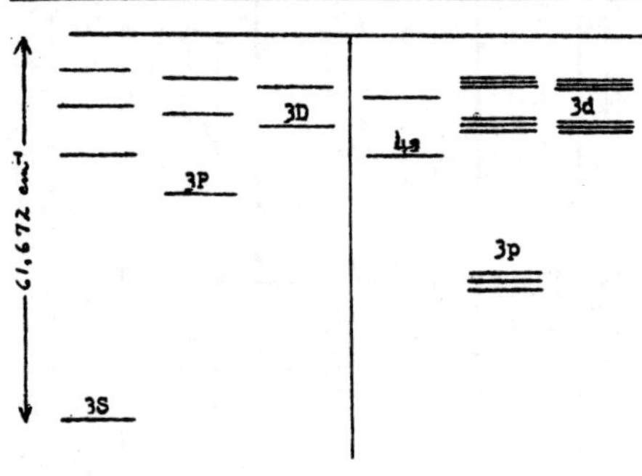

Energy levels of magnesium (Z = 12). The separation of triplets has been exagerated to make it visible.

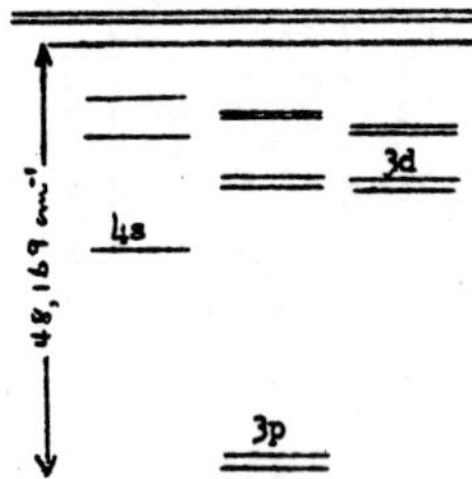

Energy levels of aluminum (Z = 13). The separation has been exagerated to make it visible.

Phys 342 – 1954 30-1

30 – Systems with identical particles

Generalities.

Case of two identical prtcls

$$(1)\quad \begin{aligned} H\psi(x_1,x_2) &= E\psi(x_1,x_2) \\ H\psi(x_2,x_1) &= E\psi(x_2 x_1) \end{aligned}$$

Therefore Ⓔ E non deg. then

$$(2)\quad \psi(x_1 x_2) = k\psi(x_2 x_1)$$

but $\psi(x_1 x_2) = k\psi(x_2 x_1) = k^2\psi(x_1 x_2)$

$$(3)\quad k^2 = 1 \qquad k = \pm 1$$

(4) Either $\psi(x_1, x_2) = \psi(x_2 x_1)$ (symmetric)

or $\psi(x_1, x_2) = -\psi(x_2, x_1)$ (antisymmetric)

If E was deg. two may fail. But instead of base fcts $\psi(x_1 x_2), \psi(x_2 x_1)$ may choose

(5) $\psi(x_1 x_2) + \psi(x_2 x_1)$ (symmetric)

or $\psi(x_1 x_2) - \psi(x_2 x_1)$ (antisym)

Therefore in general.

(6) The e.f.'s of a system with two identical prtcls may always be taken to be either symmetric or antisimmetric

30-2

(7) **Theorem**. If $\psi(x_1, x_2, 0)$ is (anti)symmetric, so is $\psi(x_1, x_2, t)$

Because

(8) $$H \begin{Bmatrix} \text{symm function} \\ \text{antisym function} \end{Bmatrix} = \begin{Bmatrix} \text{sim} \\ \text{antisim} \end{Bmatrix} \text{function}$$

Then

$$\dot{\psi} = \frac{1}{i\hbar} H\psi$$ has same symmetry of ψ.

Then proof by induction from t to $t+dt$

Postulate: Some types of particles (electrons, protons, neutrons, neutrinos, ...) have antisym wave fcts. Others (photons, pions, ...) have symmetric wave functions.

(9) $$\psi(x_1 x_2 \dots x_i \dots x_k \dots x_n) = \pm \psi(x_1 x_2 \dots x_k \dots x_i \dots x_n)$$

+ sign for photons, pions, ...

− sign for electron, protons, neutrons, ...

(10) **Comments**. Pauli has prooved that:
antisym particles have half odd spin
simmetric " integral "

No exceptions are known

(11) Consider a particle (e.g. an atom) made of other particles (e.g. some electrons, some protons, some neutrons). For this type of particle parity is $(-1)^N$ where N is the number of antisymmetric

30-3

particles entering in its structure.

Examples

H atom, α particle, deuteron	are sym.	Deuterium atom, Tritium nucleus, Nitrogen (N^{14}) atom	are antisym.

Case of independent particles

(12) $$H = H_1 + H_2 + \cdots + H_n$$

H_1 operates on prtcle 1, H_2 " " " 2, ... e.g. $H_i = \frac{1}{2m_i} p_i^2 + V_i(\vec{x}_i)$

Do <u>not assume</u> at first that ①, ②, ... are identical particles.

Find immediately eigenfunctions

(13)
$$\psi(x_1 x_2 \cdots x_n) = \psi_1(x_1)\,\psi_2(x_2)\cdots\psi_n(x_n)$$
$$E = E_1 + E_2 + \cdots + E_n$$
where
$$H_i\,\psi_i(x_i) = E_i\,\psi_i(x_i)$$

Namely: The ~~wave~~ eigenfunctions of independent particles are products of the eigenfunctions of the individual particles. The corresponding e.v. is the sum of the individual e.v.'s

Assume <u>now</u> particles identical.

Then (13) in general not acceptable because

(14) $$\psi_{n_1}(x_1)\,\psi_{n_2}(x_2)\cdots\psi_{n_n}(x_n)$$

is in general neither sym. nor antisym.

30-4

(14) is solution of $H\psi = E\psi$ with

(15) $$E = \sum_{i=1}^{m} E_{n_i}$$

Other deg. solutions with same E are obtained by permuting the lower indices $n_1\, n_2 \cdots n_m$.

Then: form symmetric solution

$(n_1\, n_2 \cdots n_m) \to (Pn_1, Pn_2, \ldots, Pn_m)$ by permutation P

(16) $$\psi_{sym} = \sum_{(P)} \psi_{Pn_1}(x_1)\,\psi_{Pn_2}(x_2)\cdots\psi_{Pn_m}(x_m)$$ For normalized wave function see (21)

Σ over all permutations.

Form antisym solution

(17) $$\psi_{anti} = \sum_{(P)} (-1)^P \psi_{Pn_1}(x_1)\cdots\psi_{Pn_m}(x_m) =$$

or equivalent

(18) $$\psi_{anti} = \begin{vmatrix} \psi_{n_1}(x_1), \psi_{n_1}(x_2), \ldots, \psi_{n_1}(x_m) \\ \psi_{n_2}(x_1), \psi_{n_2}(x_2), \ldots, \psi_{n_2}(x_m) \\ \cdots \\ \psi_{n_m}(x_1), \psi_{n_m}(x_2), \ldots, \psi_{n_m}(x_m) \end{vmatrix}$$ this is a determinant

normalization factor, see (27)

(16) or (17) will be selected according to the type of particles.

(19) Pauli principle. For antisymmetric particles: Solution (18) obviously vanishes when two or more of individual state indices $n_1, n_2, \ldots, n_m$ are equal. Therefore: For these particles (electrons, protons, neutrons, ...) no state exists in which two identical particles are in the same (completely specified) state.

30-5

Occupation numbers.

(20) $N_1\ N_2 \dots N_s \dots$, $N_1+N_2+\dots+N_s+\dots = m$

are no's of id. ptcles in indiv. states $1, 2, \dots, s, \dots$

<u>a – Sym. particles</u>: (16) is completely defined by the occupation numbers. Therefore: <u>giving the occ. numbers completely defines the state</u>. Rewrite (16) with normalization factor:

$$(21)\quad \psi_{sim} = \sqrt{\frac{N_1!\,N_2!\dots N_s!\dots}{m!}} \sum_{(P)} \psi_{Pn_1}(x_1)\dots\psi_{Pn_m}(x_m)$$

<u>b – Antisym. particles</u>. Also in this case e.f. (17) or (18) is compl. specified by occ. no's (20). However, only allowable values of occ. no's are 0 and 1. Rewrite (18) with norm. factor

$$(22)\quad \psi_{antis} = \frac{1}{\sqrt{m!}} \begin{vmatrix} \psi_{n_1}(x_1) & \psi_{n_1}(x_2) & \dots & \psi_{n_m}(x_m) \\ \psi_{n_2}(x_1) & \psi_{n_2}(x_2) & \dots & \psi_{n_2}(x_m) \\ - & - & - & - \\ \psi_{n_m}(x_1) & \psi_{n_m}(x_2) & \dots & \psi_{n_m}(x_m) \end{vmatrix}$$

Discuss here foundation of <u>quantum statistics</u>; Statistical wts of (20):

$$(23)\begin{cases} \text{Boltzmann}) & \dfrac{N!}{N_1!\,N_2!\dots}, \quad \text{B.E.}) \ 1 \text{ (one)}, \\ \text{F.D.} & \begin{cases} 1 & \text{if no occ. no is } >1 \\ 0 & \text{if some " " " } >1 \end{cases} \end{cases}$$

Discussion & comments: With respect to Boltzmann, B.E. favors bunching, F.D. discourages bunching.

31- Two electron system.

Notation

(1) $\alpha = \begin{vmatrix} 1 \\ 0 \end{vmatrix}$ $\beta = \begin{vmatrix} 0 \\ 1 \end{vmatrix}$ α spin up, β spin down

For two electrons, 1 & 2, notation: For example

(2) $\alpha(\zeta_1)\beta(\zeta_2) = \alpha\beta$ & similar

Then 4 spin functions:

(3) $\alpha\alpha, \alpha\beta, \beta\alpha, \beta\beta$

Are the base of all two electron spin fcts,

change the base: Total spin

(4) $\vec{S} = \vec{S}_1 + \vec{S}_2$

Make

(5) $\vec{S}^2$ & $\vec{S}_z$ diagonal

Use general method of sect. 28 (or directly)

(6)

Base fcts	$\vec{S}^2$	$\lvert\vec{S}\rvert$	S_z	Spins	Spin symmetry
$\alpha\alpha$	2	1	1	parallel	symm.
$(\alpha\beta+\beta\alpha)/\sqrt{2}$	2	1	0	"	"
$\beta\beta$	2	1	-1	"	"
$(\alpha\beta-\beta\alpha)/\sqrt{2}$	0	0	0	antiparallel	antisym.

(7) Observe: $\left\{\begin{array}{l}\text{parallel}\\ \text{antiparallel}\end{array}\right\}$ spins have spin wave fcts $\left\{\begin{array}{l}\text{sym.}\\ \text{antisym.}\end{array}\right\}$

Two electron wave fct must be antisymmetric then following possibilities

(8) $$\begin{cases} \alpha\alpha\, u(\vec{x}_1\vec{x}_2), \quad \dfrac{\alpha\beta+\beta\alpha}{\sqrt{2}}\, u(\vec{x}_1\vec{x}_2), \quad \beta\beta\, u(\vec{x}_1\vec{x}_2) \\ \dfrac{\alpha\beta-\beta\alpha}{\sqrt{2}}\, v(\vec{x}_1\vec{x}_2) \end{cases}$$

with $u(\vec{x}_1\vec{x}_2)$ antisymmetric, $v(\vec{x}_1,\vec{x}_2)$ symmetric

31-2

Case (a). Two independent electrons

(9) $H_0 = H(1) + H(2)$

Neglect spin orbit interaction

Then let

(10) $H(1)\psi_n(\vec{x}_1) = E_n \psi_n(\vec{x}_1)$

be soln of one particle problem.

Note: one electron problem has two deg. sol'ns $\alpha\psi_n(\vec{x}_1)$. $\beta\psi_n(\vec{x}_2)$

Then two electron problem has e.v.'s $E_n + E_m$ with following (degenerate) sol'ns

(11)
$(\alpha\alpha)[\psi_n(x_1)\psi_m(x_2) - \psi_m(x_1)\psi_n(x_2)]/\sqrt{2}$

or $\frac{\alpha\beta+\beta\alpha}{\sqrt{2}}[\quad \text{same} \quad]/\sqrt{2}$

or $(\beta\beta)[\quad \text{same} \quad]/\sqrt{2}$

These have S=1 orbital antisym. spin symmetric

or $\frac{\alpha\beta-\beta\alpha}{\sqrt{2}}[\psi_n(x_1)\psi_m(x_2) + \psi_m(x_1)\psi_n(x_2)]/\sqrt{2}$

This has S=1 orbital sym. spin antisym.

Introduce now Coulomb interaction

(12) $H_{coulomb} = \frac{e^2}{|\vec{x}_1 - \vec{x}_2|} = \frac{e^2}{r_{12}}$

Treat (12) as perturbation (first order)

(13) $\delta E_{coul} = \overline{H_{coul}} = \iint \sum_{spin} d^3x_1 d^3x_2 \, |\text{wave fct}|^2$

Result different for S=1 (triplet) states and S=0 (singlet) states

31-3

(Comment: no off diagonal elements). Find

~~δE(triplet)~~ (upper sign for triplets, lower " " singlets)

$$(14)\quad \delta E_{coulomb} = \iint \frac{e^2}{r_{12}} |\psi_1(x_1)|^2 |\psi_2(x_2)|^2 d\vec{x}_1 d\vec{x}_2 \mp$$

This is electrostatic mutual energy

(assume ψ_1; ψ_2 real)

$$\mp \iint \frac{e^2}{r_{12}} \psi_1(x_1)\psi_2(x_1)\psi_1(x_2)\psi_2(x_2) d\vec{x}_1 d\vec{x}_2$$

This is exchange integral

Discussion & comments on this formula

Exchange integral as an apparent very strong spin spin coupling.

Relationship to theory of ferromagnetism.

Role of spin orbit interactions and triplet splitting.

The He spectrum.

Para-helium (Singlet)	$1s^2\ {}^1S_0 = 198305$ $2s1s\ {}^1S_0 = 32033$ $3s1s\ {}^1S_0 = 19446$	$2p1s\ {}^1P_0 = 27176$ $3d1s\ {}^1D_0 = 12206$
Ortho-helium (Triplet)	$2s1s\ {}^3S_1 = 38455$ $3s1s\ {}^3S_1 = 15074$	$2p1s\ {}^3P_0 = 29223.87$ " $\ {}^3P_1 = 29223.799$ " $\ {}^3P_2 = 29223.878$

(Comments)

Ritz with trial fct $e^{-\alpha\frac{r_1+r_2}{a}}$ gives $\alpha = \frac{27}{16}$

Ground level $\left(2\times\frac{27^2}{16^2} - 4\right)$ Rydberg $= 186{,}000\ \text{cm}^{-1}$

32- Hydrogen molecule

Generalities on molecular spectra

Rotational oscillation and electronic levels.

Electronic levels of H_2- molecule

①

②

a r b

(1) $H = \frac{p_1^2 + p_2^2}{2m} + \frac{e^2}{r} + \frac{e^2}{r_{12}} - \frac{e^2}{r_{a1}} - \frac{e^2}{r_{a2}} - \frac{e^2}{r_{b1}} - \frac{e^2}{r_{b2}}$

Heitler London method.

Discuss two zero approx wave fcts

(2) $\psi = a(1)\, b(2) \pm a(2)\, b(1)$ $\quad$ + for S=0 (singlet) $\quad$ − for S=1 (triplet)

$a(1)$, $b(1)$ are hydrogen wave fcts for electron ① near nucleus $\underline{a}$ or $\underline{b}$.

Step ⓐ: normalization

(3) $\int \psi^2 d\vec{x}_1\, d\vec{x}_2 = \left(\int a^2(1)\, dx_1\right)\left(\int b^2(2)\, dx_2\right) + \left(\int a^2(2)\, dx_2\right)\left(\int b^2(1) dx_1\right)$

$\pm 2 \int a(1)\, b(1)\, dx_1 \int a(2)\, b(2)\, dx_2$

$= 2(1 + \beta^2)$

(4) $\beta = \int a(1)\, b(1)\, d\vec{x}_1$

Normalized wave fcts

(5) $\psi_\pm = \frac{a(1)\, b(2) \pm a(2)\, b(1)}{\sqrt{2(1 \pm \beta^2)}}$

32-2

(6) $$E_\pm = \iint \psi_\pm \, H \, \psi_\pm \, dx_1 \, dx_2$$

Use

(7) $$\left(\frac{1}{2m} p_1^2 - \frac{e^2}{r_{a1}}\right) a(1) = -R\, a(1)$$

R = Rydberg energy = +13.6 eV

Find

(8) $$H a(1) b(2) = \left(-2R + \frac{e^2}{r} + \frac{e^2}{r_{12}} - \frac{e^2}{r_{a2}} - \frac{e^2}{r_{b1}}\right) a(1) b(2)$$

Find

(9) $$E_\pm = -2R + \frac{e^2}{r} + \frac{1}{1 \pm \beta^2}\iint\left(\frac{e^2}{r_{12}} - \frac{e^2}{r_{a2}} - \frac{e^2}{r_{b1}}\right) a^2(1)\, b^2(2)\, dx_1 dx_2 \pm$$

$$\pm \frac{1}{1 \pm \beta^2}\iint\left(\frac{e^2}{r_{12}} - \frac{e^2}{r_{a2}} - \frac{e^2}{r_{b1}}\right) a(1) b(1) a(2) b(2)\, dx_1 dx_2$$

Discussion

Take $-2R$ as zero energy (energy of two distant atoms)

Term $\frac{e^2}{r}$ is potential energy of nuclei

first $\iint$-term (apart of small β) is mutual electrostatic interaction of two electron clouds $e\,a^2(1)$ and $e\,b^2(2)$ between each other and with the other nucleus.

Second $\iint$ is exchange integral. This is negative and depends on r as follows

r Adding various term find

E₋ E₊ r equil distance

No binding for E_-

Binding for E_+

For ground state of H_2 two electrons have then opposite spins $(S=0)$

Heitler London method sketched above is quantitatively poor.

Better for ground state Wang method with Ritz trial fct

(10) $$\psi(x_1, x_2) = e^{-\frac{z}{a}(r_{a1}+r_{b2})} + e^{-\frac{z}{a}(r_{b1}+r_{a2})}$$

a = Bohr radius

z = adjustable parameter of Ritz method

Minimize for each value of r

(11) $$\bar{H} = \frac{\int \psi(x_1 x_2)\, H\, \psi(x_1 x_2)\, d\vec{x}_1\, d\vec{x}_2}{\int |\psi(x_1 x_2)|^2\, d\vec{x}_1\, d\vec{x}_2}$$

(12)

	Wang	Experiment
Bind. Energy	.278 Rydberg	.326 Rydberg
Mom. of inertia	$.459 \times 10^{-40}$	$.467 \times 10^{-40}$
Oscill. frequency	$4900\ cm^{-1}$	$4360\ cm^{-1}$

32-4

Rotational levels (Role of nuclear spin)

Approx. hamiltonian for rotational levels only

~~(see Sect 2~~

(13) $-\frac{\hbar^2}{2A}\Lambda$ [See Sect 2 (14)]

A = mom. of inertia

yields rot. energy levels

(14) $\begin{cases} \frac{\hbar^2}{2A} l(l+1) & l = 0, 1, 2, \ldots \\ \psi_l = Y_{lm}(\vartheta,\varphi) \end{cases}$

(14) applies to diatomic molecules when there is no resultant ang. mom. of the electrons along figure axis.

Even in this case, however, complications for identical nuclei.

Example: two nuclei identical with nuclear spin 0, and B.E. statistics require symmetric wave funct. Now $Y_{lm}(\vartheta,\varphi)$ sym for interchange of nuclei only when l even. Therefore in this case all odd <u>l</u>'s are absent

(Comment as to possible complications due to symmetry of electronic levels)

For hydrogen, the two protons have spin 1/2 and antisym. wave fcts

32-5

Therefore (like for two electron system) rotational terms split into

Para hydrogen terms

Nuclear spins antiparallel $l = 0, 2, 4, \dots$

and

Orthohydrogen terms

Nuclear spins parallel $l = 1, 3, 5, \dots$

Comments. Alternating band intensities

Very slow ortho-para conversion in hydrogen

Specific heat of hydrogen rotation.

Topics for discussion — Band spectra of diatomic molecules.

Phys 342-1954

33- Collision theory

Scattering by short range central force field.

(1) $\psi \to e^{ikz} - f(\theta)\frac{e^{ikr}}{r}$ (asymptotic for $r \to \infty$)

(2) $k = \frac{1}{\hbar} p$

(1) yields diff cross sect

(3) $\frac{d\sigma}{d\omega} = |f(\theta)|^2$

Develop (1) in sph. harmonics by

(4) $e^{ikz} = \frac{\pi\sqrt{2}}{\sqrt{kr}} \sum_{l=0}^{\infty} i^l \sqrt{2l+1}\, Y_{l,0}(\theta) J_{l+\frac{1}{2}}(kr)$

Also use

$$J_n(x) \longrightarrow \sqrt{\frac{2}{\pi x}} \cos\left(x - \frac{\pi}{4} - \frac{\pi n}{2}\right)$$

(5) $e^{ikz} \to \frac{\sqrt{4\pi}}{kr} \sum_0^{\infty} i^l \sqrt{2l+1}\, Y_{l0} \sin\left(kr - \frac{\pi l}{2}\right) =$

$$= \frac{\sin kr}{kr} + \ldots$$

Also dev. $f(\theta)$ in sph. harm. by

(6) $f(\theta) = \sum_l a_l P_l(\cos\theta) = \sqrt{4\pi} \sum_l \frac{a_l}{\sqrt{2l+1}} Y_{l0}(\theta)$

(7) $\psi \longrightarrow \frac{\sqrt{4\pi}}{kr} \sum_l \frac{Y_{l0}}{\sqrt{2l+1}} \left\{ e^{ikr}\left[-a_l - \frac{i}{2}\frac{2l+1}{k}\right] + \right.$

$$\left. + e^{-ikr} (-1)^l \frac{i}{2}\frac{2l+1}{k} \right\}$$

33-2

Comments — In- and outgoing wave ~~have~~ must have = amplitudes. Then

(8) $a_l + \frac{i}{2}\frac{2l+1}{k} = e^{2i\alpha_l}\left(\frac{i}{2}\frac{2l+1}{k}\right)$

or

(9) $a_l = \frac{i}{2}\frac{2l+1}{k}\left(e^{2i\alpha_l}-1\right)$

and radial wave fct of $\underline{l}$, $R_l(r) = \frac{u_l(r)}{r}$

(10) ~~$r R_l(r)$~~ $u_l(r) \to \sin\left(kr - \frac{\pi l}{2} + \alpha_l\right)$ ← phase shift.

Determine α_l from radial equation

(11) $\begin{cases} u_l''(r) - \frac{l(l+1)}{r^2}u_l + \frac{2m}{\hbar^2}\left[E - U(r)\right]u_l = 0 \\ E = \frac{\hbar^2}{2m}k^2 \end{cases}$

(12) $u_l'' + \left\{k^2 - \frac{2m}{\hbar^2}U(r) - \frac{l(l+1)}{r^2}\right\}u_l = 0$

Solution behavior ~~for~~ r small & large

(13) $r^{l+1} \longleftarrow u_l(r) \longrightarrow \text{const} \times \sin\left(kr + \alpha_l - \frac{\pi l}{2}\right)$

determines α_l.

Express $\frac{d\sigma}{d\omega}$ in terms of α_l (use (9), (6), (3))

(14) $\frac{d\sigma}{d\omega} = \frac{1}{4k^2}\left|\sum_l (2l+1) P_l(\cos\vartheta)\left(e^{2i\alpha_l}-1\right)\right|^2$

Integrate:

(15) $\sigma = 4\pi \lambda\!\!\!^{-2} \sum_l (2l+1) \sin^2 \alpha_l$ ($\lambda\!\!\!^{-} = 1/k$)

α_0 at low energy only important $l=0$

(16) $\left\{ \begin{array}{l} \alpha_0 = -k \times \text{scattering length} = -kb_0 \\ \text{(at low energy)} \end{array} \right.$

Then at low energy

(17) $\sigma \to 4\pi b^2$

One can proove that in simple cases at low energy

$$\alpha_l \sim k^{2l+1}$$

Comments — Examples — Coulomb forces (See Schiff Sect. 20) — Scattering by hard sphere

Absorption & shadow scattering —

Phys 342 — 1954 34-1

34 — Dirac's theory of the free electron ~~[illegible]~~

Time dep. Schrödinger eq. for particle

$$i\hbar \frac{\partial \psi}{\partial t} = -\frac{\hbar^2}{2m}\left(\frac{\partial^2 \psi}{\partial x^2} + \frac{\partial^2 \psi}{\partial y^2} + \frac{\partial^2 \psi}{\partial z^2}\right)$$

treats t, x, y, z very non symmetrically. Search for relativistic equation for electron of first order in t, x, y, z.

Notation

$$(1)\begin{cases} x = x_1 \quad y = x_2 \quad z = x_3 \quad ict = x_4 \quad (ct = x_0) \\ p_x = \frac{\hbar}{i}\frac{\partial}{\partial x} \text{ or } p_i = \frac{\hbar}{i}\frac{\partial}{\partial x_i} \\ p_4 = \frac{\hbar}{i}\frac{\partial}{\partial x_4} = -\frac{\hbar}{c}\frac{\partial}{\partial t} = \frac{i}{c}E \end{cases}$$

use $E = i\hbar \frac{\partial}{\partial t}$

Ordinary vectors

$$(2)\quad \vec{x} \equiv (x_1, x_2, x_3) \qquad \vec{p} = (p_1, p_2, p_3)$$

Sum over equal indices

Four vectors

$$(3)\quad \underset{\sim}{x} \equiv (x_1\, x_2\, x_3\, x_4) \text{ or } \underset{\sim}{p} \equiv (p_1\, p_2\, p_3\, p_4)$$

If ψ were a scalar, simplest first order eqn would be (constant coeff.)

$$\psi = a^{(1)}\frac{\partial \psi}{\partial x_1} + a^{(2)}\frac{\partial \psi}{\partial x_2} + a^{(3)}\frac{\partial \psi}{\partial x_3} + a^{(4)}\frac{\partial \psi}{\partial x_4} = \frac{i}{\hbar} a^{(\mu)} p_\mu \psi$$

It will prove necessary however to take ψ to have several (four) components. Instead of above, write

$$(4)\quad imc\,\psi_k = \gamma^{(\mu)}_{kl}\, p_\mu \psi_l = \frac{\hbar}{i}\gamma^{(\mu)}_{kl}\frac{\partial \psi_l}{\partial x_\mu}$$

34-2

In matrix notation: ψ a vertical slot of (four) elements $\gamma_\mu = \| \gamma^{(\mu)}_{kl} \|$ a square matrix (four x four matrix)

(5) $$i m c \psi = \gamma_\mu p_\mu \psi \quad \text{(sum over } \mu\text{)}$$
$$= \frac{\hbar}{i} \gamma_\mu \frac{\partial \psi}{\partial x_\mu}$$

$p_\mu = \frac{\hbar}{i} \frac{\partial}{\partial x_\mu}$ operates on dependence of ψ on x

γ_μ operates on an internal variable similar to the spin variable of Pauli, however with 4 components as will be seen. Follows:

(6) $\{ \ \gamma_\mu$ commutes with p_ν and x_ν

From (5)

$$(imc)^2 \psi = (\gamma_\mu p_\mu)^2 \psi$$

Or (omitting ψ) use (1) $p_4^2 = -\frac{E^2}{c^2}$ use (6)

$$-m^2c^2 = \gamma_1^2 p_1^2 + \gamma_2^2 p_2^2 + \gamma_3^2 p_3^2 - \gamma_4^2 \frac{E^2}{c^2} +$$
$$+ (\gamma_1\gamma_2 + \gamma_2\gamma_1) p_1 p_2 + \text{similar terms}$$

This can be identified with the relativistic momentum energy relation

(7) $$m^2c^2 + \vec{p}^2 = \frac{E^2}{c^2}$$ by postulating

(8) $$\gamma_1^2 = \gamma_2^2 = \gamma_3^2 = \gamma_4^2 = 1 \qquad \gamma_\mu\gamma_\nu + \gamma_\nu\gamma_\mu = 0 \text{ for } \mu \neq \nu$$

One finds that the lowest order matrices for which (8) can be fulfilled is the 4-th. For order four there are many solutions that are essentially equivalent. We choose the "standard" solution

(9) $$\gamma_1 = \begin{vmatrix} 0 & 0 & 0 & -i \\ 0 & 0 & -i & 0 \\ 0 & i & 0 & 0 \\ i & 0 & 0 & 0 \end{vmatrix} ; \quad \gamma_2 = \begin{vmatrix} 0 & 0 & 0 & -1 \\ 0 & 0 & 1 & 0 \\ 0 & 1 & 0 & 0 \\ -1 & 0 & 0 & 0 \end{vmatrix} ; \quad \gamma_3 = \begin{vmatrix} 0 & 0 & -i & 0 \\ 0 & 0 & 0 & i \\ i & 0 & 0 & 0 \\ 0 & -i & 0 & 0 \end{vmatrix}$$

and

(10) $$\beta = \gamma_4 = \begin{vmatrix} 1 & 0 & 0 & 0 \\ 0 & 1 & 0 & 0 \\ 0 & 0 & -1 & 0 \\ 0 & 0 & 0 & -1 \end{vmatrix}$$

$\gamma_1, \gamma_2, \gamma_3$ act in many ways as the components of a vector and will be denoted by

(11) $$\vec{\gamma} = (\gamma_1, \gamma_2, \gamma_3) \quad \text{also} \quad \underset{\sim}{\gamma} = (\gamma_1\ \gamma_2\ \gamma_3\ \gamma_4)$$

four vector

Then (5) becomes

(12) $$imc\psi = \left(\vec{\gamma}\cdot\vec{p} + \frac{i}{c}E\gamma_4\right)\psi = \underset{\sim}{\gamma}\cdot\underset{\sim}{p}\,\psi$$

Multiply to left by $\gamma_4 = \beta$ using $\gamma_4^2 = \beta^2 = 1$

(13) $$\boxed{E\psi = \left(mc^2\beta + c\vec{\alpha}\cdot\vec{p}\right)\psi}$$

where

(14) $$\vec{\alpha} = i\beta\vec{\gamma} \quad (\text{or } \alpha_1 = i\beta\gamma_1 \quad \alpha_2 = i\beta\gamma_2 \quad \alpha_3 = i\beta\gamma_3)$$

(15) $$\alpha_1 = \begin{vmatrix} 0 & 0 & 0 & 1 \\ 0 & 0 & 1 & 0 \\ 0 & 1 & 0 & 0 \\ 1 & 0 & 0 & 0 \end{vmatrix} ; \quad \alpha_2 = \begin{vmatrix} 0 & 0 & 0 & -i \\ 0 & 0 & i & 0 \\ 0 & -i & 0 & 0 \\ i & 0 & 0 & 0 \end{vmatrix} \quad \alpha_3 = \begin{vmatrix} 0 & 0 & 1 & 0 \\ 0 & 0 & 0 & -1 \\ 1 & 0 & 0 & 0 \\ 0 & -1 & 0 & 0 \end{vmatrix}$$

Properties (check directly)

(16) $\beta^2 = \alpha_1^2 = \alpha_2^2 = \alpha_3^2 = 1$

(17) $\begin{cases} \beta\alpha_1 + \alpha_1\beta = 0 \quad \beta\alpha_2 + \alpha_2\beta = 0 \quad \beta\alpha_3 + \alpha_3\beta = 0 \\ \alpha_1\alpha_2 + \alpha_2\alpha_1 = 0 \quad \alpha_2\alpha_3 + \alpha_3\alpha_2 = 0 \quad \alpha_3\alpha_1 + \alpha_1\alpha_3 = 0 \end{cases}$

(18) { β & the α's have square = unit matrix
β & the α's anticommute with each other.
β & the α's are hermitian

One can prove that all the physical consequences of (13) do not depend on the special choice (10), (15) of $\alpha_1\ \alpha_2\ \alpha_3\ \beta$. They would be the same if a different set of four 4×4 matrices with the specifications (18) had been chosen. In particular it is possible by unitary transformation to interchange the roles of the four matrices. So that their differences are only apparent.

(19) { Check that for each of the 7 matrices $\gamma_4 = \beta, \alpha_1, \alpha_2, \alpha_3, \gamma_1, \gamma_2, \gamma_3$ the eigenvalues are $+1$, twice and -1 twice

34-5

(13) is written also

(20) $$E\psi = H\psi$$

(21) $$\begin{cases} H = \text{hamiltonian} \\ H = mc^2\beta + c\,\vec{\alpha}\cdot\vec{p} \end{cases}$$ for $\psi = \begin{vmatrix} \psi_1 \\ \psi_2 \\ \psi_3 \\ \psi_4 \end{vmatrix}$

Time indep. equation

(22) $$\begin{cases} E\psi_1 = mc^2\psi_1 + \frac{c\hbar}{i}\left\{\frac{\partial\psi_4}{\partial x} - i\frac{\partial\psi_4}{\partial y} + \frac{\partial\psi_3}{\partial z}\right\} \\ E\psi_2 = mc^2\psi_2 + \frac{c\hbar}{i}\left\{\frac{\partial\psi_3}{\partial x} + i\frac{\partial\psi_3}{\partial y} - \frac{\partial\psi_4}{\partial z}\right\} \\ E\psi_3 = -mc^2\psi_3 + \frac{c\hbar}{i}\left\{\frac{\partial\psi_2}{\partial x} - i\frac{\partial\psi_2}{\partial y} + \frac{\partial\psi_1}{\partial z}\right\} \\ E\psi_4 = -mc^2\psi_4 + \frac{c\hbar}{i}\left\{\frac{\partial\psi_1}{\partial x} + i\frac{\partial\psi_1}{\partial y} - \frac{\partial\psi_2}{\partial z}\right\} \end{cases}$$

Also time dep. Schr. eq by $E \to i\hbar\frac{\partial}{\partial t}$

Plane wave solution. Take

(23) $$\psi = \begin{vmatrix} u_1 \\ u_2 \\ u_3 \\ u_4 \end{vmatrix} e^{\frac{i}{\hbar}\vec{p}\cdot\vec{x}}$$ ($\vec{p}$ now a numerical vector)

$u_1\ u_2\ u_3\ u_4$ are constants.

Substitute in (22) (Divide by common exp. factor)

(24) $$\begin{cases} Eu_1 = mc^2u_1 + c(p_x - ip_y)u_4 + cp_z u_3 \\ Eu_2 = mc^2u_2 + c(p_x + ip_y)u_3 - cp_z u_4 \\ Eu_3 = -mc^2u_3 + c(p_x - ip_y)u_2 + cp_z u_1 \\ Eu_4 = -mc^2u_4 + c(p_x + ip_y)u_1 - cp_z u_2 \end{cases}$$

Four homog. linear eq. for $u_1\ u_2\ u_3\ u_4$.

Require det = 0. One finds e.v's of E

(25) $$E = +\sqrt{m^2c^4 + c^2p^2} \text{ twice and } E = -\sqrt{m^2c^4+c^2p^2} \text{ twice}$$

34-6

For each $\vec{p}$, E has twice ~~the~~ value $E = \sqrt{m^2c^4 + c^2p^2}$ but also twice the negative value $E = -\sqrt{m^2c^4+c^2p^2}$ (Comments)

A set of 4 orthogonal normalized spinors u is

(26) For $E = +\sqrt{m^2c^4+c^2p^2} = R$

$$u^{(1)} = \sqrt{\frac{mc^2+R}{2R}} \begin{vmatrix} 1 \\ 0 \\ \frac{cp_z}{mc^2+R} \\ \frac{c(p_x+ip_y)}{mc^2+R} \end{vmatrix} \quad \text{or} \quad u^{(2)} = \sqrt{\frac{mc^2+R}{2R}} \begin{vmatrix} 0 \\ 1 \\ \frac{c(p_x-ip_y)}{mc^2+R} \\ \frac{-cp_z}{mc^2+R} \end{vmatrix}$$

(27) For $E = -R = -\sqrt{m^2c^4+c^2p^2}$

$$u^{(3)} = \sqrt{\frac{R-mc^2}{2R}} \begin{vmatrix} \frac{cp_z}{R-mc^2} \\ \frac{c(p_x+ip_y)}{R-mc^2} \\ 1 \\ 0 \end{vmatrix} \quad \text{or} \quad u^{(4)} = \sqrt{\frac{R-mc^2}{2R}} \begin{vmatrix} \frac{c(p_x-ip_y)}{R-mc^2} \\ \frac{-cp_z}{R-mc^2} \\ 0 \\ 1 \end{vmatrix}$$

Observe: for $|p| < mc$ the third + fourth component of the positive energy solutions $u^{(1)}$ + $u^{(2)}$ are very small and the first and second component of the neg. en. solutions $u^{(3)}$ + $u^{(4)}$ are very small (of order p/mc)

34-7

Meaning of neg. + pos. energy levels.

The Dirac sea — Vacuum state

Positrons as holes.

mc^2 / $-mc^2$

Mom + energy of the positron are $(-\vec{p} + -\vec{E})$ of the "hole" state.

(28) $u^{(1)} e^{\frac{i}{\hbar}\vec{p}\cdot\vec{x}}, \ u^{(2)} e^{\frac{i}{\hbar}\vec{p}\cdot\vec{x}}$ electron states (spin up + down) (mom. $= \vec{p}$, energy $= +\sqrt{m^2c^4+c^2p^2}$)

(29) $\left.\begin{matrix} u^{(3)} e^{\frac{i}{\hbar}\vec{p}\cdot\vec{x}} \\ u^{(4)} e^{\frac{i}{\hbar}\vec{p}\cdot\vec{x}} \end{matrix}\right\}$ are positron states with momentum $= -\vec{p}$, energy $= +\sqrt{m^2c^4+c^2p^2}$

Given $\psi = u\, e^{\frac{i}{\hbar}p\cdot x}$ (u = 4 component spinor) it is important to have two operators $\mathcal{P}$ + $\mathcal{N}$ (<u>projection</u> <u>operators</u>) such that $\mathcal{P}\psi$ contains only electron wave fcts, $\mathcal{N}\psi$ contains only neg. energy wave fcts (positron states). $\mathcal{P}, \mathcal{N}$

(30) are spinor operators ~~such~~ defined by $\mathcal{P}u^{(1)} = u^{(1)}$, $\mathcal{P}u^{(2)} = u^{(2)}$, $\mathcal{P}u^{(3)} = 0$, $\mathcal{P}u^{(4)} = 0$ and

(31) $\mathcal{N}u^{(1)} = 0, \ \mathcal{N}u^{(2)} = 0, \ \mathcal{N}u^{(3)} = u^{(3)}, \ \mathcal{N}u^{(4)} = u^{(4)}$

These properties define uniquely $\mathcal{P}$ + $\mathcal{N}$

34-8

Observe: $Hu^{(1)} = Ru^{(1)}$, $Hu^{(2)} = Ru^{(2)}$, $Hu^{(3)} = -Ru^{(3)}$
$Hu^{(4)} = -Ru^{(4)}$
with
$$R = +\sqrt{m^2c^4 + c^2p^2} \quad (\vec{p} \text{ here a c-vector})$$
and H from (21). Then

(32) $$\mathcal{P} = \frac{1}{2} + \frac{1}{2R}H \quad ; \quad \mathcal{N} = \frac{1}{2} - \frac{1}{2R}H$$

Angular momentum. From (21)

(33) $$[H, xp_y - yp_x] = \frac{\hbar c}{i}(\alpha_1 p_y - \alpha_2 p_x) \neq 0$$

Therefore $xp_y - yp_x$ not a time constant for free Dirac electron. However

(34) $$xp_y - yp_x + \frac{1}{2}\frac{\hbar}{i}\alpha_1\alpha_2 = \hbar J_z$$

Commutes with H. Interpret $\hbar J_z$ as z component of ang. mom.

(35) $$\hbar\vec{J} = \underbrace{\vec{x}\times\vec{p}}_{\text{orbital part}} + \underbrace{\frac{\hbar}{2i}\begin{cases}\alpha_2\alpha_3\\ \alpha_3\alpha_1\\ \alpha_1\alpha_2\end{cases}}_{\text{spin part}} = \vec{x}\times\vec{p} + \frac{\hbar}{2}\vec{\sigma}'$$

with

(36) $$\sigma_x' = \frac{1}{i}\alpha_2\alpha_3 = \begin{vmatrix}0&1&0&0\\1&0&0&0\\0&0&0&1\\0&0&1&0\end{vmatrix}; \quad \sigma_y' = \frac{1}{i}\alpha_3\alpha_1 = \begin{vmatrix}0&-i&0&0\\i&0&0&0\\0&0&0&-i\\0&0&i&0\end{vmatrix}; \quad \sigma_z' = \frac{1}{i}\alpha_1\alpha_2 = \begin{vmatrix}1&0&0&0\\0&-1&0&0\\0&0&1&0\\0&0&0&-1\end{vmatrix}$$

Observe analogy with Pauli operators $\vec{\sigma}$ & $\vec{\sigma}'$

Phys 342 – 1954 35-1

35 – Dirac electron in electromagnetic field

Notation

(1)
$$\begin{cases} \vec{A} \equiv (A_1, A_2, A_3) = \text{vector potential} \\ A_4 = i\varphi = (i \times \text{scalar potential}) \\ \underset{\sim}{A} \equiv (A_1, A_2, A_3, A_4) = \text{4-vector potential} \end{cases}$$

(2) $$F_{ik} = \frac{\partial A_k}{\partial x_i} - \frac{\partial A_i}{\partial x_k} = \text{antisym. tensor "electromagnetic field"}$$

(3)
$$\begin{cases} (F_{12}, F_{23}, F_{31}) \equiv \vec{B} = \text{magnetic field} \\ (F_{41}, F_{42}, F_{43}) \equiv i\vec{E} \quad (\vec{E} = \text{electric field}) \end{cases}$$

Introduce e.m. field in Dirac equation (34-(12) or (20)(21)) by

(4) $$\vec{p} \to \vec{p} - \frac{e}{c}\vec{A} \qquad E \to E - e\varphi$$

or equivalents

(5)
$$\begin{cases} \underset{\sim}{p} \to \underset{\sim}{p} - \frac{e}{c}\underset{\sim}{A} \\ \frac{\partial}{\partial x_l} \to \frac{\partial}{\partial x_l} - \frac{ie}{\hbar c} A_l \qquad (l = 1, 2, 3, 4) \\ \underset{\sim}{\nabla} \to \underset{\sim}{\nabla} - \frac{ie}{\hbar c}\underset{\sim}{A} \end{cases}$$

Find equivalent equations

(6) $$imc\psi = \underset{\sim}{\gamma} \cdot \left(\underset{\sim}{p} - \frac{e}{c}\underset{\sim}{A}\right)\psi$$

or

(7) $\left(\frac{mc}{\hbar} + \underset{\sim}{\gamma} \cdot \underset{\sim}{\nabla} - \frac{ie}{\hbar c} \underset{\sim}{A} \cdot \underset{\sim}{\gamma}\right)\psi = 0$

or

(8) $E\psi = H\psi$

with hamiltonian

(9) $H = +e\varphi - e\vec{A}\cdot\vec{\alpha} + mc^2\beta + c\vec{\alpha}\cdot\vec{p}$

(8) is equiv to four eq.ns similar to (34-(22))

$$
(10)\begin{cases}
(E-e\varphi-mc^2)\psi_1 = \frac{c\hbar}{i}\left(\frac{\partial\psi_4}{\partial x} - i\frac{\partial\psi_4}{\partial y} + \frac{\partial\psi_3}{\partial z}\right) - e\{(A_x - iA_y)\psi_4 + A_z\psi_3\} \\
(E-e\varphi-mc^2)\psi_2 = \frac{c\hbar}{i}\left(\frac{\partial\psi_3}{\partial x} + i\frac{\partial\psi_3}{\partial y} - \frac{\partial\psi_4}{\partial z}\right) - e\{(A_x + iA_y)\psi_3 - A_z\psi_4\} \\
(E-e\varphi+mc^2)\psi_3 = \frac{c\hbar}{i}\left(\frac{\partial\psi_2}{\partial x} - i\frac{\partial\psi_2}{\partial y} + \frac{\partial\psi_1}{\partial z}\right) - e\{(A_x - iA_y)\psi_2 + A_z\psi_1\} \\
(E-e\varphi+mc^2)\psi_4 = \frac{c\hbar}{i}\left(\frac{\partial\psi_1}{\partial x} + i\frac{\partial\psi_1}{\partial y} - \frac{\partial\psi_2}{\partial z}\right) - e\{(A_x + iA_y)\psi_1 - A_z\psi_2\}
\end{cases}
$$

Introduce two dicotomic variables

(11) $u = \begin{vmatrix} \psi_1 \\ \psi_2 \end{vmatrix} \qquad v = \begin{vmatrix} \psi_3 \\ \psi_4 \end{vmatrix}$

and the Pauli's operators $\vec{\sigma} = (\sigma_x, \sigma_y, \sigma_y)$. (10) becomes

$$
(12)\begin{cases}
\frac{i}{c\hbar}(E - mc^2 - e\varphi)u = \vec{\sigma}\cdot\left(\vec{\nabla} - \frac{ie}{c\hbar}\vec{A}\right)v \\
\frac{i}{c\hbar}(E + mc^2 - e\varphi)v = \vec{\sigma}\cdot\left(\vec{\nabla} - \frac{ie}{c\hbar}\vec{A}\right)u
\end{cases}
$$

$$
(13)\begin{cases}
\frac{1}{c}(E - mc^2 - e\varphi)u = \vec{\sigma}\cdot\left(\vec{p} - \frac{e}{c}\vec{A}\right)v \\
\frac{1}{c}(E + mc^2 - e\varphi)v = \vec{\sigma}\cdot\left(\vec{p} - \frac{e}{c}\vec{A}\right)u
\end{cases}
$$

Eliminate $\underline{v}$ from (13):

$$\frac{1}{c^2}(E+mc^2-e\varphi)(E-mc^2-e\varphi)u=\frac{1}{c^2}\{(E-e\varphi)^2-m^2c^4\}u=$$

$$=\frac{1}{c}(E+mc^2-e\varphi)\vec{\sigma}\cdot\left(\vec{p}-\frac{e}{c}\vec{A}\right)v=$$

$$=\left\{\left(\vec{\sigma}\cdot\vec{p}-\frac{e}{c}\vec{A}\right)\frac{E+mc^2-e\varphi}{c}-\frac{e}{c^2}\vec{\sigma}\cdot[E,\vec{A}]-\frac{e}{c}\vec{\sigma}\cdot[\varphi,\vec{p}]\right\}v$$

$$=\left(\vec{\sigma}\cdot\vec{p}-\frac{e}{c}\vec{A}\right)^2u+\left(\frac{e\hbar}{ic^2}\vec{\sigma}\cdot\frac{\partial\vec{A}}{\partial t}+\frac{e\hbar}{ic}\vec{\sigma}\cdot\vec{\nabla}\varphi\right)v=$$

$$=\left(\vec{p}-\frac{e}{c}\vec{A}\right)^2u+i\vec{\sigma}\cdot\left(\vec{p}-\frac{e}{c}\vec{A}\right)\times\left(\vec{p}-\frac{e}{c}\vec{A}\right)u-\frac{e\hbar}{ic}(\vec{\sigma}\cdot\vec{\mathcal{E}})v$$

$$-\frac{e}{c}(\vec{p}\times\vec{A}+\vec{A}\times\vec{p}) = -\frac{e}{c}\frac{\hbar}{i}\nabla\times A=-\frac{e\hbar}{ci}B$$

($\vec{\mathcal{E}}$ = electric field $=-\nabla\varphi-\frac{1}{c}\frac{\partial A}{\partial t}$)

Find then

$$(14)\quad \left\{\frac{(E-e\varphi)^2}{c^2}-m^2c^2-\left(\vec{p}-\frac{e}{c}\vec{A}\right)^2\right\}u=-\frac{e\hbar}{c}\vec{B}\cdot\vec{\sigma}u-\frac{e\hbar}{ic}(\vec{\sigma}\cdot\vec{\mathcal{E}})v$$

(This part only would yield Klein Gordon equation)

Reduce further neglecting $\frac{1}{c^3}$ terms

(15) $E=mc^2+w$. Then second (13) gives in lowest approx.

(16) $v\approx\frac{1}{2mc}\sigma\cdot p\,u$ (good enough for)

(14) becomes:

(use $(\sigma\cdot\mathcal{E})(\sigma\cdot p)=$ $=\mathcal{E}\cdot p+i\sigma\cdot\mathcal{E}\times p$)

(17) $w\,u=\mathcal{H}\,u$

$$(18)\quad \mathcal{H}=\frac{1}{2m}\left(\vec{p}-\frac{e\vec{A}}{c}\right)^2+e\varphi-\frac{1}{8m^3c^2}\left(p-\frac{eA}{c}\right)^4-\frac{e\hbar}{4im^2c^2}\vec{\mathcal{E}}\cdot\vec{p}-\frac{e\hbar}{4m^2c^2}\vec{\sigma}\cdot\vec{\mathcal{E}}\times\vec{p}-\frac{e\hbar}{2mc}\vec{B}\cdot\vec{\sigma}$$

35-4

First two terms are classical hamiltonian. Next two terms are spin independent relativ. corrections, The interesting terms are the last two:

(19) $$-\frac{e\hbar}{2mc}\vec{\sigma}\cdot\vec{B}$$

Is energy of mag. mom $\frac{e\hbar}{2mc}\vec{\sigma} = \mu_0\vec{\sigma}$ in mag. field $\underline{B}$.

(20) $$-\frac{e\hbar}{4m^2c^2}\vec{\sigma}\cdot\vec{\mathcal{E}}\times\vec{p}$$

is the mutual energy of $\mu_0\vec{\sigma}$ in apparent magn. field $\vec{\mathcal{E}}\times\frac{\vec{v}}{c} \approx \frac{1}{mc}\vec{\mathcal{E}}\times\vec{p}$ divided by 2 (Thomas correction) See Sect. 26

Phys 342 - 1954 36-1

36 - Dirac Electron in Central field - Hydrogen atom

Assume

(1) $\varphi = \varphi(r) \qquad \vec{A} = 0$

(26-(9)) →

(2) $H = -e\varphi(r) + mc^2\beta + c\vec{\alpha}\cdot\vec{p}$

(26-(13)) →

(3) $$\begin{cases} \frac{1}{c}(E - mc^2 + e\varphi)u = \vec{\sigma}\cdot\vec{p}\, v \\ \frac{1}{c}(E + mc^2 + e\varphi)v = \vec{\sigma}\cdot\vec{p}\, u \end{cases}$$

Formulas written for electron of charge $-e$

ang. mom (34-(35))

(4) $\hbar\vec{J} = \vec{x}\times\vec{p} + \frac{\hbar}{2}\vec{\sigma}'$

Commutes with H, Take then

(5) $$\begin{cases} \vec{J}^2 = j(j+1) & \text{and} \\ J_z = m & -j \leq m \leq j \end{cases}$$

diagonal

Observe $\vec{\sigma}'$ has same commutation properties of $\vec{\sigma}$

(6) $\sigma_x'^2 = \sigma_y'^2 = \sigma_z'^2 = 1 \qquad \vec{\sigma}'\times\vec{\sigma}' = 2i\vec{\sigma}'$

Then from (4) + (5) allowable values of $\vec{l}$, l_z are

(7) $l = j \pm \frac{1}{2} \quad + \quad l_z = m \pm \frac{1}{2}$

From (3) follows (because $\vec{\sigma}\cdot\vec{p}$ is a pseudoscalar) that u, v have opposite parity. From this

~~And expression~~ find as on p. 26-5 two types of solutions.

First type $(l = j - \frac{1}{2})$

$$(8)\begin{cases} u = \dfrac{R(r)}{\sqrt{2j}} \begin{vmatrix} \sqrt{j+m}\; Y_{j-\frac{1}{2}, m-\frac{1}{2}} \\ \sqrt{j-m}\; Y_{j-\frac{1}{2}, m+\frac{1}{2}} \end{vmatrix} = R(r) Z_{j, j-\frac{1}{2}, m} & \begin{matrix} \leftarrow 1\text{st} \\ \leftarrow 2\text{nd} \end{matrix} \\ v = \dfrac{iS(r)}{\sqrt{2(j+1)}} \begin{vmatrix} +\sqrt{j+1-m}\; Y_{j+\frac{1}{2}, m-\frac{1}{2}} \\ -\sqrt{j+1+m}\; Y_{j+\frac{1}{2}, m+\frac{1}{2}} \end{vmatrix} = iS(r) Z_{j, j+\frac{1}{2}, m} & \begin{matrix} \leftarrow 3\text{rd} \\ \leftarrow 4\text{th} \end{matrix} \end{cases}$$

Dirac components

Properties of the $Z_{j, j\pm\frac{1}{2}, m}$ dicotomic functions

These functions play the role of the spherical harmonics for problems with spin. They have $l = j \pm \frac{1}{2}$

$$(9)\qquad (\vec{\sigma} \cdot \vec{x})\left(f(r) Z_{j, j\pm\frac{1}{2}, m}\right) = r f(r) Z_{j, j\mp\frac{1}{2}, m}$$

$$(10)\qquad (\vec{\sigma} \cdot \vec{p})\left(f(r) Z_{j, j\pm\frac{1}{2}, m}\right) = \frac{\hbar}{i}\left(f'(r) + \left(1 \pm j \pm \frac{1}{2}\right)\frac{f}{r}\right) Z_{j, j\mp\frac{1}{2}, m}$$

Substituting (8) in (3)

$$(11)\begin{cases} \dfrac{1}{\hbar c}\left(E - mc^2 + e\varphi\right) R(r) = S'(r) + \left(j + \frac{3}{2}\right) S(r)/r \\ \dfrac{1}{\hbar c}\left(E + mc^2 + e\varphi\right) S(r) = -R'(r) + \left(j - \frac{1}{2}\right) R(r)/r \end{cases}$$

36-3

The two first order eqns (11) are the equivalent of the single non relativistic radial eq.n of the second order. In this solution

R large
S small $\quad l = j - \frac{1}{2}$

Another type solution has $l = j + \frac{1}{2}$. For it (8) + (11) are instead

Second type $\left(l = j + \frac{1}{2}\right)$

$$(12)\begin{cases} u = R(r)\, Z_{j,\, j+\frac{1}{2},\, m} \\ v = -i\, S\, Z_{j,\, j-\frac{1}{2},\, m} \end{cases}$$

And the two coupled radial equations are instead of (11)

$$(13)\begin{cases} \dfrac{E - mc^2 + e\varphi}{\hbar c} R = -S' + \left(j - \frac{1}{2}\right) S/r \\ \dfrac{E + mc^2 + e\varphi}{\hbar c} S = R' + \left(j + \frac{3}{2}\right) R/r \end{cases}$$

For the Coulomb potential $e\varphi = \dfrac{Ze^2}{r}$
(11) + (13) can be solved exactly (See Schiff Sect. 44)

For example: ground state of hydrogen-like atom

$j=\frac{1}{2}$, $l=0$ (Use first type (8) (11)) (11) are

$$(14)\begin{cases}\left(\varepsilon-\mu+\frac{z}{r}\right)R=S'+\frac{2}{r}S\\ \left(\varepsilon+\mu+\frac{z}{r}\right)S=-R'\end{cases}$$

$$(15)\begin{cases}\varepsilon=\frac{E}{\hbar c}\quad \mu=\frac{mc}{\hbar}\quad z=\frac{Ze^2}{\hbar c}=\frac{Z}{137}\end{cases}$$

Try $\quad R=r^{\gamma}e^{-\lambda r}$

Substituting in (14) find solution with

$$(16)\begin{cases}\gamma=-1+\sqrt{1-z^2}\qquad \lambda=z\mu=Z\frac{em}{\hbar^2}\\ \frac{S(r)}{R(r)}=\frac{1-\sqrt{1-z^2}}{z}=\text{constant}\end{cases}$$

$$(17)\begin{cases}\varepsilon=\mu\sqrt{1-z^2}\quad \text{or}\quad E=mc^2\sqrt{1-\left(\frac{Ze^2}{\hbar c}\right)^2}=\\ \qquad =mc^2-\frac{Z^2e^4m}{2\hbar^2}-\frac{Z^4e^8}{8\hbar^4c^2}+\dots\end{cases}$$

(mc^2: This is rest energy; $\frac{Z^2e^4m}{2\hbar^2}$: This is non relativistic value)

Normalized solution is

$$(18)\begin{cases}R(r)=(2z\mu)^{\sqrt{1-z^2}}\sqrt{\frac{z\mu\left(1+\sqrt{1-z^2}\right)}{\left(2\sqrt{1-z^2}\right)!}}\;r^{-1+\sqrt{1-z^2}}\;e^{-z\mu r}\\ S(r)=\frac{1-\sqrt{1-z^2}}{z}R(r)\end{cases}$$

Substitute these in (8) with $j=\frac{1}{2}$, $m=\pm\frac{1}{2}$ to find the two normalized ground state solutions with electron spin up or down

37 – Transformation of Dirac spinors.

Rewrite (35-(7)) Dirac eq.ns

(1) $\left(\frac{mc}{\hbar} + \underset{\sim}{\gamma} \cdot \underset{\sim}{\nabla} - \frac{ie}{\hbar c} \underset{\sim}{\gamma} \cdot \underset{\sim}{A}\right)\psi = 0$

Indep. of frame requires: In new frame

(2) $x_\mu \to x'_\mu = a_{\mu\nu} x_\nu$ (Sums over equal indices)

(3) $\psi \to \psi' = T\psi$ (T is 4×4 Dirac-like matrix)

(4) $\begin{cases} \nabla_\mu \to \nabla'_\mu = a_{\mu\nu} \nabla_\nu \\ A_\mu \to A'_\mu = a_{\mu\nu} A_\nu \end{cases}$ ($a_{\mu\nu}$ is orthogonal)

In new frame same eq. for ψ', ∇', A'

$\left(\frac{mc}{\hbar} + \underset{\sim}{\gamma} \cdot \underset{\sim}{\nabla}'\right)\psi' = 0$ (omit A for brevity)

$\psi' \to T^{-1}\psi$ multiply left by T & find

$\left(\frac{mc}{\hbar} + T\underset{\sim}{\gamma} T^{-1} \cdot \nabla'\right)\psi = 0$

This must be = (1) without A term, which requires

(5) $\boxed{T\gamma_\mu T^{-1} = a_{\mu\nu}\gamma_\nu}$

Consider infinitesimal transformation

(6) $a_{\mu\nu} = \delta_{\mu\nu} + \varepsilon_{\mu\nu}$ neglect squares of ε's

Orthogonality requirement

(7) $\varepsilon_{\mu\nu} = -\varepsilon_{\nu\mu}$ ($\varepsilon_{\nu\nu} = 0$)

(8) $\begin{cases} \text{Reality requirement: } \varepsilon_{mn} \text{ are real} \\ \varepsilon_{4n} = -\varepsilon_{n4} \text{ are pure imag.} \quad n, m = 1,2,3 \end{cases}$

37-2

Assume T differs from unit matrix by order ε

(9) $$T = 1 + S \qquad \text{(S order } \varepsilon)$$

then

(10) $$T^{-1} = 1 - S$$

and (5) →

(11) $$S\gamma_\mu - \gamma_\mu S = \varepsilon_{\mu\nu}\gamma_\nu$$

This condition is satisfied by

(12) $$S = -\frac{1}{4}\varepsilon_{\mu\nu}\gamma_\mu\gamma_\nu$$

Therefore

(13) $$T = 1 - \frac{1}{4}\sum_{\mu\nu}\varepsilon_{\mu\nu}\gamma_\mu\gamma_\nu$$

Lorentz group combined from infinitesimal transformations (6) on coordinates (13) on ψ

Example: infinitesimal rotation around z

(14) $$\begin{cases} x'_4 = x_4 \quad x'_3 = x_3 \quad & x'_1 = x_1 - \varepsilon x_2 \\ & x'_2 = x_2 + \varepsilon x_1 \\ \text{or} \quad \varepsilon_{12} = -\varepsilon \quad \varepsilon_{21} = \varepsilon & \text{all others zero} \\ T_\varepsilon = 1 + \frac{\varepsilon}{2}\gamma_1\gamma_2 = \begin{vmatrix} 1+\frac{i}{2}\varepsilon & 0 & 0 & 0 \\ 0 & 1-\frac{i}{2}\varepsilon & 0 & 0 \\ 0 & 0 & 1+\frac{i\varepsilon}{2} & 0 \\ 0 & 0 & 0 & 1-\frac{i\varepsilon}{2} \end{vmatrix} \end{cases}$$

For finite rotation around z by angle φ (take $T_\varepsilon^{\varphi/\varepsilon} = T_\varphi$) find:

(15) $$T_\varphi = \begin{vmatrix} e^{\frac{i\varphi}{2}} & 0 & 0 & 0 \\ 0 & e^{-\frac{i\varphi}{2}} & 0 & 0 \\ 0 & 0 & e^{\frac{i\varphi}{2}} & 0 \\ 0 & 0 & 0 & e^{-\frac{i\varphi}{2}} \end{vmatrix}$$

37-3

Corresp. transformation of ψ

(16) $\psi'_1 = e^{i\frac{\varphi}{2}}\psi_1 \quad \psi'_2 = e^{-\frac{i\varphi}{2}}\psi_2 \quad \psi'_3 = e^{\frac{i\varphi}{2}}\psi_3 \quad \psi'_4 = e^{-\frac{i\varphi}{2}}\psi_4$

Observe: for $\varphi = 2\pi$ $\psi' = -\psi$ (Comments)

Example: Infinitesimal Lorentz transform

(17)
$$x'_1 = x_1 - \varepsilon tc = x_1 + i\varepsilon x_4 \qquad x'_2 = x_2$$
$$x'_4 = x_4 - i\varepsilon x_1 \qquad x'_3 = x_3$$

(18)
$$T_\varepsilon = 1 - \frac{i\varepsilon}{2}\gamma_1\gamma_4 = 1 + \frac{\varepsilon}{2}\alpha_1 = \begin{vmatrix} 1 & 0 & 0 & \frac{\varepsilon}{2} \\ 0 & 1 & \frac{\varepsilon}{2} & 0 \\ 0 & \frac{\varepsilon}{2} & 1 & 0 \\ \frac{\varepsilon}{2} & 0 & 0 & 1 \end{vmatrix}$$

Obtain finite Lorentz transf.

$x_0 = ct$

(19)
$$x'_1 = \frac{x_1 - \beta x_0}{\sqrt{1-\beta^2}} \qquad x'_0 = \frac{x_0 - \beta x_1}{\sqrt{1-\beta^2}}$$

by iterating (17) a number of times

$$n = \frac{1}{\varepsilon}\,\mathrm{artgh}\,\beta$$

Take corresp

(20)
$$\begin{cases} T_\beta = T_\varepsilon^{\,n} = \left(1 + \frac{\varepsilon}{2}\alpha_1\right)^n = e^{\frac{n\varepsilon}{2}\alpha_1} = \\ = \cosh\frac{n\varepsilon}{2} + \alpha_1 \sinh\frac{n\varepsilon}{2} = \\ = \cosh\left(\frac{1}{2}\mathrm{artgh}\,\beta\right) + \alpha_1 \sinh\left(\frac{1}{2}\mathrm{artgh}\,\beta\right) = \\ = \sqrt{\frac{1+\sqrt{1-\beta^2}}{2\sqrt{1-\beta^2}}} + \alpha_1\sqrt{\frac{1-\sqrt{1-\beta^2}}{2\sqrt{1-\beta^2}}} \end{cases}$$

(because $\alpha_1^2 = 1$)

Space reflection

(21) $\begin{cases} x'_n = -x_n & n = 1,2,3 \\ x'_4 = x_4 \end{cases}$

(22) $\{ \psi \to \psi' = T_{ref}\, \psi$

From (5)

(23) $T_{ref}\, \gamma_n\, T_{ref}^{-1} = -\gamma_n$, $T_{ref}\, \gamma_4\, T_{ref}^{-1} = \gamma_4$

Satisfied by

(24) $\boxed{T_{ref} = \gamma_4 = \beta}$

Observe:

(25) $T_{ref} = T_{ref}^{-1} = \widetilde{T}_{ref}$

Observe: for our choice of γ_4 (34-(10))

(26) $\psi'_1 = \psi_1 \quad \psi'_2 = \psi_2 \quad \psi'_3 = -\psi_3 \quad \psi'_4 = -\psi_4$

Parity behavior change between ψ_1, ψ_2 and ψ_3, ψ_4. Then: for an even state

(27) $\begin{cases} \psi_1(\vec{x}) = \psi_1(-\vec{x}),\ \psi_2(\vec{x}) = \psi_2(-\vec{x}),\ \psi_3(\vec{x}) = -\psi_3(-\vec{x}),\ \psi_4(\vec{x}) = -\psi_4(-\vec{x}) \\ \text{and for an odd state} \\ \psi_{\substack{1\\2}}(\vec{x}) = -\psi_{\substack{1\\2}}(\vec{x})\ ;\ \psi_{\substack{3\\4}}(\vec{x}) = \psi_{\substack{3\\4}}(-\vec{x}) \end{cases}$

Compare with (36-(8)(12)). Find: parity of l = parity of state, for electron states. For positron states the large components are ψ_3, ψ_4 which have parity reversed.

Properties

(28) $T_{ref}\, \gamma_\mu\, \widetilde{T}_{ref} = \begin{cases} -\gamma_\mu \text{ for } \mu = 1,2,3 \\ \gamma_\mu \text{ for } \mu = 4 \end{cases}$ and $T_{ref}\, \beta\gamma_\mu\, \widetilde{T}_{ref} = \begin{cases} -\beta\gamma_\mu & (\mu = 1,2,3) \\ \beta\gamma_\mu & (\mu = 4) \end{cases}$

37-5

Dirac spinor operators as scalars, vectors, tensors.

From (8) (13)

(latin indices = 1,2,3; greek indices = 1,2,3,4; sum over equal indices)

(29)
$$T = 1 - \frac{1}{4}\varepsilon_{\mu\nu}\gamma_\mu\gamma_\nu = 1 - \frac{1}{4}\varepsilon_{mn}\gamma_m\gamma_n - \frac{1}{2}\varepsilon_{4n}\beta\gamma_n$$

($\beta = \gamma_4$) ($\gamma_\mu\gamma_\nu + \gamma_\nu\gamma_\mu = 0$) ($\varepsilon_{mn}$ real) (ε_{4n} imaginary)

$$T^{-1} = 1 + \frac{1}{4}\varepsilon_{\mu\nu}\gamma_\mu\gamma_\nu = 1 + \frac{1}{4}\varepsilon_{mn}\gamma_m\gamma_n + \frac{1}{2}\varepsilon_{4n}\beta\gamma_n$$

$$\tilde{T} = 1 + \frac{1}{4}\varepsilon^*_{\mu\nu}\gamma_\mu\gamma_\nu = 1 + \frac{1}{4}\varepsilon_{mn}\gamma_m\gamma_n - \frac{1}{2}\varepsilon_{4n}\beta\gamma_n$$

(30) In general $\tilde{T} \neq T^{-1}$ (T non unitary: (comments))
T is unitary when $\varepsilon_{4n} = 0$ (i.e. pure space rotation)

(31) Finds
$$\beta\tilde{T}\beta = T^{-1}$$
$$\tilde{T}\beta = \beta T^{-1}, \quad \beta\tilde{T} = T^{-1}\beta$$

ⓐ Search for spinor u matrices behaving as a scalar. Means: for frame change (2) $x_\mu \to x'_\mu = a_{\mu\nu}x_n$ and associated spinor change
$$\psi \to \psi' = T\psi$$

(32) The expression $\tilde{\psi}u\psi \to \tilde{\psi}'u\psi' = \tilde{\psi}u\psi$
$$\tilde{\psi}'u\psi' = \widetilde{T\psi}\,uT\psi = \tilde{\psi}\tilde{T}uT\psi$$
Then should be
$$\tilde{T}uT = u$$
$\tilde{T}uT = \beta T^{-1}\beta uT = u$ hence ($\beta^2 = 1$)
$$(\beta u)T = T(\beta u) \text{ satisfied for } T = (29)$$
(33) by $\beta u = 1$ and $\beta u = \gamma_1\gamma_2\gamma_3\gamma_4 = \gamma_5$

This means e.g. $\psi'^{\dagger} u'_\mu \psi' = \psi^{\dagger} u_\mu \psi$ with $u'_\mu = a_{\mu\nu} u_\nu$ (see (21))

Two soln's
$u = \beta 1$ and $u = \beta\gamma_5$
behave differently for space reflection $T_{ref} = \beta$

$$\tilde{T}_{ref}\, \beta 1\, T_{ref} = \beta\beta 1 \beta = 1\beta = \beta 1$$

$$\tilde{T}_{ref}\, \beta\gamma_5\, T_{ref} = \beta\beta\gamma_5\beta = \gamma_5\beta = -\beta\gamma_5$$

Therefore:
$\beta 1 =$ scalar $\leftarrow \tilde{\psi}\beta 1 \psi$
$\beta\gamma_5 =$ pseudoscalar $\leftarrow \tilde{\psi}\beta\gamma_5\psi$

Comments on β-factor (notation)
$\psi^{\dagger} = \tilde{\psi}\beta$ Then

(34) $\psi^{\dagger} 1 \psi$ transforms like a scalar
$\psi^{\dagger}\gamma_5\psi$ " " a pseudoscalar

Comment: pseudoscalar pion interaction term
$\varphi\, \psi^{\dagger}\gamma_5\psi$ of field theory

Other Dirac operators are such that $\psi^{\dagger} u_\mu \psi$ or $\psi^{\dagger} u_{\mu\nu}\psi$ transform like the components of ~~pseudovector~~ four vectors

(35) axial four vectors or ~~a~~ antisymmetric tensor.

1	scalar
γ_5	pseudoscalar
$\gamma_1, \gamma_2, \gamma_3, \gamma_4$	four vector
$\gamma_2\gamma_3\gamma_4, \gamma_3\gamma_1\gamma_4, \gamma_1\gamma_2\gamma_4, \gamma_1\gamma_2\gamma_3$	axial four vector
$\gamma_2\gamma_3, \gamma_3\gamma_1, \gamma_1\gamma_2, \gamma_1\gamma_4, \gamma_2\gamma_4, \gamma_3\gamma_4$	antisym. tensor

Observe: all spinor operators are linear combinations of the 16 below

Time reversal – (general comments)

(36) $\begin{cases} \vec{x} \to \vec{x} & \vec{A} \to -\vec{A} & \vec{\nabla} \to \vec{\nabla} \\ x_4 \to -x_4 & A_4 \to A_4 & \nabla_4 \to -\nabla_4 \end{cases}$

Then ∃ ψ a solution of (1)

(37) $$0 = \frac{mc}{\hbar}\psi + \vec{\gamma}\cdot\left(\vec{\nabla} - \frac{ie}{\hbar c}\vec{A}\right)\psi + \gamma_4\left(\frac{\partial}{\partial x_4} - \frac{ie}{\hbar c}A_4\right)\psi$$

The corresp. time reversed solution ψ' must solve time reversed eq'n of (37)

(38) $$0 = \frac{mc}{\hbar}\psi' + \vec{\gamma}\cdot\left(\vec{\nabla} + \frac{ie}{\hbar c}\vec{A}\right)\psi' - \gamma_4\left(\frac{\partial}{\partial x_4} + \frac{ie}{\hbar c}A_4\right)\psi'$$

Clearly impossible to solve with $T\psi$.

However

(39) $$\psi' = S\psi^*$$

may work. From (37) $(i \to -i)$

(40) $$0 = \frac{mc}{\hbar}\psi^* + \vec{\gamma}^*\cdot\left(\vec{\nabla} + \frac{ie}{c\hbar}\vec{A}\right)\psi^* - \gamma_4^*\left(\frac{\partial}{\partial x_4} + \frac{ie}{\hbar c}A_4\right)\psi^*$$

Multiply to left by S. Identify to (38). Require

(41) $$S\vec{\gamma}^*S^{-1} = \vec{\gamma} \qquad S\gamma_4^*S^{-1} = -\gamma_4 \qquad \psi' = S\psi^*$$

(41) can be fulfilled e.g. for standard form (34-(9)(10)) of γ's by

(42) $$S = i\gamma_1\gamma_3 = \begin{vmatrix} 0 & -i & 0 & 0 \\ i & 0 & 0 & 0 \\ 0 & 0 & 0 & -i \\ 0 & 0 & i & 0 \end{vmatrix} = \sigma_y'$$ see (34-(36))

Charge conjugation. General comments.

Solutions of (37) contain both electron + positron sol'ns. Then expect that from each solution ψ it should be possible to obtain a ψ' obeying (37) with

(43) $$e \rightarrow -e$$

(44) $$\frac{mc}{\hbar}\psi' + \vec{\gamma}\cdot\left(\vec{\nabla} + \frac{ie}{\hbar c}\vec{A}\right)\psi' + \gamma_4\left(\nabla_4 + \frac{ie}{\hbar c}A_4\right)\psi' = 0$$

Try transform

(45) $$\psi' = C\psi^*$$

Apply C to left of compl. conj eq.n (40). Find that it goes into (44) provided:

(46) $$C\vec{\gamma}^* C^{-1} = \vec{\gamma}, \quad C\gamma_4^* C^{-1} = -\gamma_4$$

For standard form of γ's (34-p 3)

Solution of (46) is $C = \gamma_2$

Charge conjugate solution is

(47) $$\boxed{\psi_{ch.conj} = \gamma_2 \psi^*}$$

《汉译物理学世界名著 (暨诺贝尔物理学奖获得者著作选译系列)》

已 出 书 目

书目	出版时间	ISBN
朗道–理论物理学教程–第一卷–力学 (第五版) Л. Д. 朗道, E. M. 栗弗席兹 著, 李俊峰, 鞠国兴 译校	2007.4	ISBN 978-7-04-020849-8
朗道–理论物理学教程–第二卷–场论 (第八版) Л. Д. 朗道, E. M. 栗弗席兹 著, 鲁欣, 任朗, 袁炳南 译, 邹振隆 校	2012.8	ISBN 978-7-04-035173-6
朗道–理论物理学教程–第三卷–量子力学 (非相对论理论) (第六版) Л. Д. 朗道, E. M. 栗弗席兹 著, 严肃 译, 喀兴林 校	2008.10	ISBN 978-7-04-024306-2
朗道–理论物理学教程–第四卷–量子电动力学 (第四版) B. Б. 别列斯捷茨基, E. M. 栗弗席兹, Л. П. 皮塔耶夫斯基 著, 朱允伦 译, 庆承瑞 校	2015.3	ISBN 978-7-04-041597-1
朗道–理论物理学教程–第五卷–统计物理学 I (第五版) Л. Д. 朗道, E. M. 栗弗席兹 著, 束仁贵, 束莼 译, 郑伟谋 校	2011.4	ISBN 978-7-04-030572-2
朗道–理论物理学教程–第六卷–流体动力学 (第五版) Л. Д. 朗道, E. M. 栗弗席兹 著, 李植 译, 陈国谦 审	2013.1	ISBN 978-7-04-034659-6
朗道–理论物理学教程–第七卷–弹性理论 (第五版) Л. Д. 朗道, E. M. 栗弗席兹 著, 武际可, 刘寄星 译	2011.5	ISBN 978-7-04-031953-8
朗道–理论物理学教程–第八卷–连续介质电动力学 (第四版) Л. Д. 朗道, E. M. 栗弗席兹 著, 刘寄星, 周奇 译	2020.2	ISBN 978-7-04-052701-8
朗道–理论物理学教程–第九卷–统计物理学 II (凝聚态理论) (第四版) E. M. 栗弗席兹, Л. П. 皮塔耶夫斯基 著, 王锡绂 译	2008.7	ISBN 978-7-04-024160-0
朗道–理论物理学教程–第十卷–物理动理学 (第二版) E. M. 栗弗席兹, Л. П. 皮塔耶夫斯基 著, 徐锡申, 徐春华, 黄京民 译	2008.1	ISBN 978-7-04-023069-7
量子电动力学讲义 R. P. 费曼 著, 张邦固 译, 朱重远 校	2013.5	ISBN 978-7-04-036960-1
量子力学与路径积分 R. P. 费曼 著, 张邦固 译	2015.5	ISBN 978-7-04-042411-9

费曼统计力学讲义 R. P. 费曼 著, 戴越 译	2021.7	ISBN 978-7-04-055873-9 9 787040 558739
金属与合金的超导电性 P. G. 德热纳 著, 邵惠民 译	2013.3	ISBN 978-7-04-036886-4 9 787040 368864
高分子物理学中的标度概念 P. G. 德热纳 著, 吴大诚, 刘杰, 朱谱新 等译	2013.11	ISBN 978-7-04-038291-4 9 787040 382914
高分子动力学导引 P. G. 德热纳 著, 吴大诚, 文婉元 译	2014.1	ISBN 978-7-04-038562-5 9 787040 385625
软界面——1994 年狄拉克纪念讲演录 P. G. 德热纳 著, 吴大诚, 陈谊 译	2014.1	ISBN 978-7-04-038693-6 9 787040 386936
液晶物理学 (第二版) P. G. de Gennes, J. Prost 著, 孙政民 译	2017.6	ISBN 978-7-04-047622-4 9 787040 476224
统计热力学 E. 薛定谔 著, 徐锡申 译, 陈成琳 校	2014.2	ISBN 978-7-04-039141-1 9 787040 391411
量子力学 (第一卷) C. Cohen-Tannoudji, B. Diu, F. Laloë 著, 刘家谟, 陈星奎 译	2014.7	ISBN 978-7-04-039670-6 9 787040 396706
量子力学 (第二卷) C. Cohen-Tannoudji, B. Diu, F. Laloë 著, 陈星奎, 刘家谟 译	2016.1	ISBN 978-7-04-043991-5 9 787040 439915
泡利物理学讲义 (第一、二、三卷) W. 泡利 著, 洪铭熙, 苑之方 译	2014.8	ISBN 978-7-04-040409-8 9 787040 404098
泡利物理学讲义 (第四、五、六卷) W. 泡利 著, 洪铭熙, 苑之方 等译	2020.8	ISBN 978-7-04-054105-2 9 787040 541052
相对论 W. 泡利 著, 凌德洪, 周万生 译	2020.7	ISBN 978-7-04-053909-7 9 787040 539097
量子论的物理原理 W. 海森伯 著, 王正行, 李绍光, 张虞 译	2017.9	ISBN 978-7-04-048107-5 9 787040 481075
引力和宇宙学: 广义相对论的原理和应用 S. 温伯格 著, 邹振隆, 张历宁 等译	2018.2	ISBN 978-7-04-048718-3 9 787040 487183
量子场论: 第一卷 基础 S. 温伯格 著, 张驰 译, 戴伍圣 校	2021.6	ISBN 978-7-04-054601-9 9 787040 546019

黑洞的数学理论 S. 钱德拉塞卡 著, 卢炬甫 译	2018.4	ISBN 978-7-04-049097-8 9 787040 490978 >
理论物理学和理论天体物理学 (第三版) B. Л. 金兹堡 著, 刘寄星, 秦克诚 译	2021.6	ISBN 978-7-04-055491-5 9 787040 554915 >
物理世界 列昂·库珀 著, 杨基方, 汲长松 译	2023.1	ISBN 978-7-04-058456-1 9 787040 584561 >
费米量子力学 E. 费米 著, 罗吉庭 译, 赵富鑫 校	2023.6	ISBN 978-7-04-060025-4 9 787040 600254 >
朗道普通物理学: 力学和分子物理学 Л. Д. 朗道, Л. Д. 阿希泽尔, E. M. 栗弗席兹 著, 秦克诚 译	2023.7	ISBN 978-7-04-060023-0 9 787040 600230 >
弹性理论 (第三版) S. P. 铁摩辛柯, J. N. 古地尔 著, 徐芝纶 译	2013.5	ISBN 978-7-04-037077-5 9 787040 370775 >
统计力学 (第三版) R. K. Pathria, Paul D. Beale 著, 方锦清, 戴越 译	2017.9	ISBN 978-7-04-047913-3 9 787040 479133 >

ISBN: 978-7-04-040409-8　ISBN: 978-7-04-054105-2　ISBN: 978-7-04-053909-7

ISBN: 978-7-04-036886-4　ISBN: 978-7-04-047622-4　ISBN: 978-7-04-038291-4

1991年诺贝尔物理学奖获得者
德热纳
INTRODUCTION TO
POLYMER DYNAMICS
高分子动力学导引

ISBN: 978-7-04-038693-6　ISBN: 978-7-04-038562-5

ISBN: 978-7-04-048107-5　ISBN: 978-7-04-039141-1　ISBN: 978-7-04-060025-4

有ISBN号的截至本书出版时已出版